KAMPF um ADRAMALON

Geheimakte MARS 19

I0478839

© 2023 D. W. McGillen

Umschlagsfoto: Mit Lizenz

Paperback: ISBN: 9781547003501
Imprint: Independently published

Hardcover: ISBN: 9798860869103
Imprint: Independently published

ISBN-e-Book: ebenfalls erhältlich:

D.W. McGillen, 12.09.2023

Inhaltsverzeichnis

Rückblick

Episode 16:

Die Amazone Lorin konnte trotz aller Sicherheits-Maßnahmen fliehen. Eine Demonstration der wissenschaftlichen Genies Marin und Gareck nutzte sie, um durch den Wurmloch-Generator auf die Fluchtwelt der Redartaner zu gelangen. Der Krisenstab des Neuen-Imperiums reagierte sofort. Eiligst wurde ein Brückenkopf in dem Berg Gonral ausgebaut, um die geflüchtete Amazone wieder zu ergreifen. General Poison will verhindern, dass zu viele Informationen über die Nutzung der alten natradischen Hinterlassenschaften von Natrid durch die Terraner bekannt werden. Major Travis kehrt von seiner Mission zurück und entschließt sich, die geflohenen Offiziere des redartanischen Flotten-Oberkommandos zu unterstützen. Sie wurden von dem Kaiser ihres Amtes enthoben und sollen hingerichtet werden. Gemeinsam mit dem Widerstand soll versucht werden Lorin wieder einzufangen und den redartanischen Kaiser zu entmachten.

Episode 17:

Die Uylaner, ein Hilfsvolk der Mächtigen, dringt in das gesicherte Hoheitsgebiet der Adramelech ein. Sie wollen sich für die Genmanipulation an ihrer Rasse rächen. Doch ein Kolonial-Planet der Mächtigen macht es ihnen nicht einfach.

Die wissenschaftlichen Genies Marin und Gareck leiten den Aufbau der großen Wurmloch-Verbindung nach Redartan. Die neue Republik rechnet mit einem Angriff der Mächtigen. Kanzler Tarn-Lim bittet das Neuen-Imperiums um aktive Unterstützung. Aufgrund eines Besuches der lantranischen Führung im Sol-System, wird von Aritron die Unterstützung der lantranischen Flotte zugesagt.

In dem getarnten Kunst-System der Santaraner kommt es zu einem Eklat mit dem großen Auditorium. Admiral Tarin wird aus seiner Stasis-Kammer erweckt und unterstützt seinen Kollegen der Admiralität. Hiernach beabsichtigt er den Evakuierungs-Planeten zu verlassen, um nach der Rasse zu suchen, die für den Angriff der Rigo-Sauroiden auf Natrid verantwortlich war.

Episode 18:
Noch wurden die Uylaner, ein Hilfsvolk der Mächtigen, nicht aufgespürt. Eine neue Strategie des Regenten der Adramelech soll Abhilfe schaffen. Ihr ehemaliges Hilfsvolk verfolgt eigene Ziele. Erneut kommt es zu einer Eskalation mit ihren Herren. Admiral Tarin bereitet den Abflug seiner

Flotte vor. Die Santaraner haben sich sehr weit von den alten Idealen der evakuierten Natrader entfernt. Während des Fluges trifft man auf die Daraner, die immer noch nach den alten Zerstörern ihrer Brutwelten suchen. Eine natradische Splittergruppe hilft der großen Flotte in Bedrängnis. Diese steht unter dem Schutz einer alten Species, welche die ehemaligen Natrader als Zöglinge betitelt. Die neue Republik Redartan rechnet mit einem Angriff der Mächtigen. Kanzler Tarn-Lim intensiviert seine Kontakte zu dem Neuen-Imperiums. Aritron verhandelt mit der hohen Empore, dem Ältestenrat seiner Rasse, zwecks der Beteiligung einer Beistandsflotte. Auch die Lantraner haben noch eine Rechnung mit den Adramelech offen. Völlig unerwartet trifft starke Unterstützung im Sol-System ein. Die Gemeinschafts-Flotte ist bereit für die Suche nach den Adramelech, die sich selbst die Mächtigen des Universums nennen.

Flottenbewegungen

Kampfflotte der Uylaner

Der zentrale Monitor auf dem Flaggschiff des Doronger gab die erbarmungslose Raumschlacht wieder. Die große Flotte der Uylaner war in einen Sektor gesprungen, in dem der Flottenträger 3 der Adramelech stationiert war. Die überraschten Verbände der Mächtigen konnten nicht schnell genug reagieren. Wie Hornissen fielen die 470.000 Schiffe der Uylaner in Gruppen-Geschwadern über die Schiffe her. Obwohl der Träger noch seine 50 geladenen Schiffe starten konnte, wurden alle Verbände der Mächtigen von Staffeln der Uylaner umzingelt. Kurze Zeit später materialisierten weitere Schiffe der Uylaner und verstärkten die Angriffsfront. Die unzähligen Laserstrahlen zielten auf die Komprimierungsfelder der blauen Energie. Die nachrückenden Schiffe belegten die Schutzschirme der unterlegenen 25.000 Schiffe mit einem Dauerfeuer. Es vergingen nur wenige Sekunden, bis erste Detonationen auf dem Bildschirm angezeigt wurden.

Das Flaggschiff stand etwas hinter der Flotte und beobachte die Situation. Doronger Furgun Marey und sein 1. Offizier Bruksill lächelten zufrieden. Die zahlreichen Abschüsse roter Punkte auf dem Bildschirm bestätigten, dass die Adramelech nicht vorbereitet waren. Jedes ihrer Schiffe wurde von einem großen uylanischen Geschwader angegriffen, welches mindestens 25 Schiffe umfasste. Wohlwollende Schreie wurden auf der Brücke des Flaggschiffes der Uylaner hörbar. Die Kontrollanzeigen des Schiffes zeigten die Ausfälle des Feindes unnachgiebig an. Die Crew erkannte, wie die konzentrierten Einschläge ihrer Angriffsflotten die schützenden Energiefelder der Adramelech-Schiffe zusammenbrechen ließen. Jetzt standen nur noch die ungeschützten Bordwände den Energiestrahlen entgegen. In immer schneller werden Rhythmen, explodierten die Schiffe der Adramelech.

Sie hatten dem massiven konzentrierten Beschuss der Breitseiten von jeweils 25 angreifenden uylanischen Schiffen nichts entgegenzusetzen. Obwohl die eigenen Geschütze im Automatikmodus Laserfeuer auf die Angreifer verschossen, konnte das an der Situation nichts mehr ändern. Die aufblühenden Lichtpilze auf dem Bildschirm des Flaggschiffes zeigten dem Doronger erneut eine untergehende Flotte der gehassten Feinde an.

»Wir haben sie überrascht«, bemerkte der Flottenführer. »Sie haben nicht damit gerechnet, dass wir in diesen Raumsektor auftauchen würden. «

Erleichtert registrierte der Doronger, dass die Schiffe der Adramelech keinen Fluchtversuch unternahmen. Erbittert versuchten sie sich, aus der Falle zu befreien.

Doch alle Schiffe waren fest von Geschwader-Gruppen der Uylaner eingekesselt. Wie im Rausch schossen die hasserfüllten Uylaner ihre starken Laserkanonen ab und durchbohrten die Bordwände vieler ungeschützter Adramelech-Schiffe. Erneut explodierten Hunderte von Kreuzern unter den einschlagenden Strahlen. Die stolze Schutzflotte der Mächtigen schmolz in Sekunden zusammen. Wrackteile drifteten durchs All. Die Schiffe der Uylaner, die ihr Angriffsziel bereits zerstört hatten, vereinigten sich mit anderen Gruppen. Der Druck auf die verbliebenen kämpfenden Schiffe der Mächtigen wurde erdrückend. Schiffsverstrebungen ächzten unter dem Dauerbeschuss.

Die Schiffe der Adramelech stemmten sich gegen ihre Zerstörung und versuchten ihr Bestes. Doch die Überzahl war niederschmetternd. Ganze Schiffsstaffeln gingen in heißen Glutexplosionen auf. Wie Hornissen stießen die Schiffe der Uylaner zu. Der Kampf ging in die Endphase. Immer mehr Schiffe der Mächtigen wurden zerstört. Die konzentrierte uylanische Flotte formierte sich zu einer letzten Angriffswelle. Sie schossen die Lasersalven ihrer Waffentürme auf die verbliebenen Feind-Schiffe. In großen grellen Explosionen vergingen die Zerstörer fast gleichzeitig und übergaben ihre Trümmerstücke an den kalten Weltraum. Dann war die Raumschlacht beendet.

»Verluste an eigenen Schiffen? «, fragte der Doronger.
Offizier Turgan ließ die Zahlen von der Hypertronic-KI
errechnen.

»Wir haben Glück gehabt«, antwortete er. »Unsere KI
konnte unsere Verluste auf 57 Schiffe beziffern. So
wenige Abschüsse konnten wir noch nie registrieren. Wir
hatten die Flotte der Adramelech vollständig im
Würgegriff. «

»Sehr gut«, freute sich der Doronger. »Unsere Piloten
lernen dazu. Wir kommen unserem Ziel näher. Scannt
nach unseren Rettungskapseln. Wir lassen niemanden
zurück. «

»Bergungsschiffe sind unterwegs«, antwortete der 1.
Offizier. »Wir sollten unsere nächsten Sprung-
Koordinaten auswählen. Die Mächtigen werden
Verstärkung angefordert haben. «

»Ich konnte einen Hyperkomm-Funkspruch abfangen«,
meldete der Funk-Offizier Crygin. »Ein Flottenverband
von Tankschiffen, beladen mit ihrer blauen Energie, ist auf
dem Weg zu den Koordinaten 123.Cw004-8352-37. Dort
liegen Schiffsverbände, die dringend auf ihre Energie aus
dem Zwischenraum warten. «

Der Doronger dachte nach.

»Es kann sich um eine Falle handeln«, antwortete er. »Warum werden die Mächtigen jetzt so leichtsinnig, unverschlüsselte Funksprüche zu versenden? «

»Es kann sein, muss aber nicht«, antwortete der 1. Offizier. »Die Adramelech werden unmöglich ihre komplette Flotte in einem Sektor stationiert haben. Dafür ist ihr Imperium zu groß. «

»Es besteht die Möglichkeit die Flotte von Tankschiffen vor ihrem Ziel abzufangen«, überlegte Furgun Marey. »Wenn wir das schaffen, dann schnappt die Falle der Adramelech nicht zu. Konnten wir den Ausgangspunkt des Funkspruches ausmachen? «

Der Ortungs-Offizier blickte auf seine Daten.
»Der Ausgangspunkt liegt 20 Klicks vor dem Zielort«, antwortete er. »Es sind die Koordinaten 123.Cw004-8352-17, nicht weit von unserem Standort entfernt. «

Doronger Furgun Marey lehnte sich in seinem Kommandosessel zurück.

»Diese Gelegenheit sollten wir uns nicht entgehen lassen«, antwortete er. »Falls die Schiffe der Mächtigen tatsächlich auf die Energie warten, können sie ihr

Komprimierungsfeld unterhalb ihrer Schiffe nicht einsetzen. Sie sind dann eine leichte Beute für uns. «

»Sind Informationen über eine Begleitflotte bekannt? «, erkundigte sich der 1. Offizier. » Die Tankschiffe werden sich nicht ohne Schutz auf den Weg gemacht haben. «

»Das wurde in dem Funkspruch nicht mitgeteilt«, antwortete der Funkoffizier. »Hierüber liegen keine Informationen vor. «

»Ist es möglich die Flugroute der Tankschiffe zurückzuverfolgen? «, erkundigte sich der 1.Offizier erneut.

»Nur wenn sie eine direkte Route gewählt haben«, antwortete der Ortungs-Offizier. »Warum fragen sie hiernach? «

»Unter Umständen ist die Flotte von ihrer Zentralwelt gestartet«, erwiderte Bruksill. »Wenn sie keine Haken und Schleifen geflogen ist, dann könnten wir Hinweise auf die Position der Welt ihres Regenten finden. «

»Eine gute Idee«, antwortete der Doronger. »Unsere KI soll sofort mit den Auswertungen beginnen. «

»Ich lasse die Daten auswerten«, antwortete der 1. Offizier.

»In der Zwischenzeit nehmen wir Kurs auf die Tankflotte der Adramelech«, entschied der Doronger. »Sollten wir sie vor ihrem Bestimmungsort abfangen können, dann werden die Adramelech noch lange auf ihre blaue Energie warten. «

Er blickte seine Offiziere an.

»Falls wir in einen Hinterhalt geraten sollten, verzichten wir auf einen Kampf«, sagte er nachdenklich. »Wir springen dann sofort in den nächsten Sektor. Sicherlich werden uns die Adramelech verfolgen. Ich halte fünf Sprünge für erforderlich, um unsere Spuren zu verwischen. Diese werden uns in den Außenbereich ihres Imperiums bringen. Unser unsymmetrischer Kurs lässt sich sicher nur schwer verfolgen. Erst wenn wir sicher sein können, dass sie uns nicht verfolgen, werden wir den Kurs ändern und in die Richtung ihres Heimat-Systems fliegen.«

»Ich halte ihren Vorschlag für eine gute Entscheidung«, antwortete der Ortungs-Offizier. »So können wir mit unserer vollständigen Flotte ihre Zentralwelt angreifen. Hiermit werden die Adramelech nicht rechnen. «

Die restlichen Offiziere der Brückencrew nickten zustimmend.

Der Ortungs-Offizier eilte auf den Flottenführer zu.
»Unsere KI hat die Flugroute der Tankflotte ausgewertet«, erklärte er. »Die Daten passen zu einem Sternensystem, das in der Mitte der Adramalon-Galaxie liegt. «

»Legen sie die Karte auf den Bildschirm«, erwiderte der Befehlshaber.

Offizier Bruksill nahm einige Schaltungen an seiner Konsole vor. Eine Karte der Galaxie wurde angezeigt. In der Mitte blinkte ein Sternensystem.

»Vergrößern«, befahl Doronger Furgun Marey.
Das Bild zoomt heran und zeigte ein imposantes System an. Das Sternensystem wurde von einer Doppel-Sonne im Zentrum bestrahlt. Um die zwei dicht nebeneinander angeordneten Sonnen kreisten 15 Planeten. Der fünfte, sechste und siebte Planet, schienen in der habitablen Zone zu liegen.

Offizier Bruksill zeigte auf die sechste Welt.
»Bei einer geraden Linie, vorausgesetzt die Tankflotte hat ihren Flug nicht verschleiert, errechnet unsere KI den

sechsten Planeten als Ausgangspunkt der Flotte«, erklärte er. » Wenn wir Glück haben, handelt es sich um die Heimatwelt der Adramelech und Sitz des Regenten. «Verbissen schaute der Doronger auf die Karte.

»Jetzt haben wir sie«, knurrte er. »Die Tankschiffe sind voll beladen und schwerfällig zu navigieren. Ich denke, sie werden keine Kursänderungen durchgeführt haben. Ihre Aufgabe wird es sein, möglichst schnell die Flottenstützpunkte anzufliegen, auf denen ihre Schiffe auf die blaue Energie warten. «

»Die Daten sind nicht gesichert«, bemerkte der 1. Offizier. »Falls wir dort hinfliegen, befinden wir uns im Zentrum ihres Imperiums. Falls die Adramelech auf uns aufmerksam werden sollten, dann können sie uns von allen Seiten her angreifen. «

»Wie sollen uns die Mächtigen finden können? «, fragte der Doronger. » Sie tappen im Dunkeln. Bisher ist es ihnen auch nicht gelungen unserer Spur zu folgen. «

»Es ist ein Unterschied eine Flotte von ihnen auszulöschen«, antwortete Offizier Bruksill. »Ihr Heimatplanet wird gesichert sein. Sicherlich noch mit einer großen Flotte ihrer Heimatverteidigung geschützt sein. Wir werden Zeit brauchen ihre Schiffe aus dem Weg zu räumen. In dieser Zeit können die Adramelech starke Verbände zur Unterstützung anfordern. «

»Unser Angriff wird wohlüberlegt sein«, lächelte der Doronger. »Wir werden unsere kleinsten Drohnen in das System senden. Sie kundschaften die Stellungen ihrer Kommunikationsanlagen und ihrer Energietürme aus, die ihr Zeitfeld initiieren können. Diese heißt es, als erstes auszuschalten. Wenn diese Daten vorliegen, springen einige unserer Geschwader auf die Koordinaten und zerstören diese Anlagen. Hierfür setze ich die Schiffe des Sirgan-Clans ein.

Diese Schiffe besitzen eine Diskusform und können von den Adramelech nicht zugeordnet werden. Sie werden vermuten, dass eine fremde Rasse in ihr Gebiet eingedrungen ist. Es kann sein, dass sie einen Teil ihrer Flottenverbände in ihren Außensektoren belassen haben, um nach uns zu suchen. Das verschafft uns Vorteile. Wenn die Diskusschiffe die Funkanlagen und die Zeitfeldtürme ausgeschaltet haben, dringen wir mit unserer Hauptflotte in das System ein und vernichten ihre Heimatwelt. «

Der Doronger blickte seine Offiziere an.
»Sie soll brennen«, befahl er. »Nur so kann die Demütigung unserer Rasse gerächt werden. Niemand soll von den Mächtigen den Angriff überleben. «

»Hoffentlich verzetteln wir uns nicht«, sagte Sicherheits-Offizier Zyrill. »Wir sollten den Respekt vor dieser Rasse nicht verlieren. Sie sind kampferfahren und haben sich ein ganzes Imperium aufgebaut. «

Der Doronger blickte ihn nachdenklich an.
»Bekommen sie langsam Angst vor ihnen?«, fragte er. »Sie als unser Sicherheits-Offizier, sollten es besser wissen. Die Adramelech sind nicht mehr in der Lage ihr großes Imperium zu kontrollieren. Wir haben gesehen, dass sie ohne ihre blaue Energie schutzlos sind. Die Technik hat sich nicht weiterentwickelt. Schaltet man ihre Komprimierungsfelder aus, dann sind ihre Schiffe nicht besser als unsere. Das ist die Zielvorgabe. Die Adramelech dürfen ihre blaue Energie nicht zum Einsatz bringen können. Dafür werden wir sorgen. «

Tankflotte der Adramelech

Baron Oryill war ein erfahrener Flottenbefehlshaber des Imperiums der Mächtigen. Der Regent und der einflussreiche Lord Pidra'Borxon seiner Gefolgschaft hatten ihn ausgewählt, die Flotte der Tankschiffe zu dem Träger 7 zu kommandieren. Auf diesen Koordinaten warteten die starken Schiffsverbände von Prinz Dadra'Katyn, dem Oberbefehlshaber des Geheimdienstes und die Flotte der Zerstörer von Admiral Jordin'Rorxon, dem militärischen Oberbefehlshaber der Flotte des Regenten. Der Baron wusste, dass die beiden Befehlshaber insgesamt 350.760 Schiffe unter ihrem Kommando vereinten. An diesen Koordinaten sollte der Flotte der Uylaner eine Falle gestellt werden.

Der Baron spürte in seinen Adern das Blut pulsieren. Eigentlich wollte er sich an dem Kampf gegen die Uylanern beteiligen. Doch der Regent hatte diese Aufgabe für ihn ausgewählt. Er wusste, dass die Uylaner über eine große Kriegsflotte verfügten. Noch immer verstand er nicht, wie leichtsinnig die Führung des Imperiums gewesen war, diesem Hilfsvolk zu vertrauen und ihnen Technik und Schiffe zu überlassen.

»Jetzt zahlen wir die Zeche hierfür«, dachte er. »Die Brut hat keine Ehre. Sie stellt sich gegen ihre Herren. Dafür werden wir sie auslöschen. Hoffentlich ist das für die Berater des Regenten eine Lehre. «

Seit sechs Tagen befand sich seine Tankflotte auf dem Weg zu dem Sektor, in dem der Träger 7 stationiert war. Er fungiert als operative Leitstelle für die starken Verbände, die in den einzelnen Sektoren des Imperiums nach den Uylanern suchten. Bisher war alles ruhig verlaufen.

»Meine Schutzflotte von 200 Schiffen des Imperiums, wird die Streitmacht der Uylaner nicht lange aufhalten können«, erkannte er. » Wir werden uns ruhig verhalten und keine Angriffe provozieren. «

Er wusste, dass die Piloten seiner Flotte über sein Versteckspiel nicht glücklich waren. Sie wollten sich ihre Ehre verdienen und uylanische Geschwader vernichten. Doch der Baron wusste, dass er die Tankflotte zu den vereinbarten Rendezvous bringen musste. Das hatte eindeutig Vorrang.

»Den nächsten Sprung durchführen«, befahl er. »Geben sie den Befehl an die Flotte weiter. «

Der 1. Offizier bestätigte und instruierte die Schiffsverbände.

»Wie weit ist es noch zu unserem Ziel? «, fragte der Baron.

Der Ortungsoffizier blickte auf seine Instrumente.
»Den größten Teil des Fluges haben wir absolviert«, antwortete er. »Vor uns liegen noch 20 Klicks. Dann werden wir in dem Sektor eintreffen, in dem unsere Flottenverbände liegen. «

Die Flotte entmaterialisierte fast synchron in den Hyperraum. Wieder wurde eine große Flugstrecke absolviert. Nach kurzer Zeit materialisierte sie wieder im Normalraum.

»Ortungsanzeigen? «, erkundigte sich der Baron.

Der angesprochene Offizier blickte auf seine Instrumente. »Nichts«, antwortete er. »Wir haben keine Feindkontakte auf dem Schirm. «

»Gut«, antwortete der Baron. »Mir wird erst wohler, wenn wir unsere Flottenverbände erreicht haben. «

»Die Sprungkonverter der schweren Tankschiffe müssen sich auffüllen«, teilte der Offizier der Technik mit. » Wir haben 30 Minuten, bis zum nächsten Sprung. «

Der 1. Offizier kam zu dem Baron getreten.
»Ich habe unsere Ankunft mitgeteilt«, teilte er mit. »Die Flotte kennt jetzt unsere Position. «

Entgeistert blickte der Baron seinen 1. Offizier an.
»Sind sie von allen guten Geistern verlassen«, fluchte er. »Wollen sie die Uylaner auf uns aufmerksam machen. Die Hyperkomm-Funknachrichten sollten erst in unser

Imperium ausgestrahlt werden, wenn wir unseren Bestimmungsort erreicht haben. Ist ihnen nicht klar, dass wir gegen die Flotte der Uylaner nichts ausrichten können? «

Der 1. Offizier blickte seinen Vorgesetzten entgeistert an. »Es ist üblich, seine Position mitzuteilen«, antwortete er.

»Aber nicht in unserem Fall«, knurrte der Baron ihn an. »Ich hoffe für sie, dass die Uylaner hiervon nichts mitbekommen haben. Ansonsten wird ihr Hyperkomm-Funkspruch unser Untergang sein. «

Verärgert dreht der Baron seinen Kopf ab. Er analysierte den neuen Sachverhalt.

»Gehen sie in den Ortungsbereich«, befahl er. »Führen sie Tiefenscans durch. Suchen sie nach allen Auffälligkeiten.«

Der 1. Offizier drehte sich verstimmt ab.
»Verkürzen sie die Aufladungszeit der Sprungkonverter«, befahl der Baron. » Wir müssen diese Koordinaten unverzüglich verlassen. «

»Auf ihre Verantwortung«, erwiderte der Offizier der Technik. »Ich kann nicht genau sagen, ob wir dann den kompletten Sprung absolvieren können. «

»Was kann im ungünstigsten Fall passieren?«, erkundigte sich der Baron.

»Wir fallen vor den programmierten Koordinaten aus dem Hyperraum«, antwortete der Technikoffizier.

»Das ist egal«, antwortete der Baron. »Wir müssen unverzüglich diese Position verlassen. Führen sie den Sprung durch. «

»Der nächste Sprung wird programmiert«, bestätigte der Offizier.

Der Baron blickte seinen Funk-Offizier an.
»Geben sie meinen Befehl an die Flotte weiter«, sagte er.
»Die Schiffe sollen sich bereitmachen. Unplanmäßiger Sprung in 15 Sekunden. Alle Triebwerke aktivieren. «

»Ihr Befehl wurde durchgegeben«, antwortete der Funk-Offizier. »Die Flotte bestätigt bereits. «

Der Baron nickte.
»Sprungtriebwerke sofort aktivieren«, sagte er.

Mit einem Unbehagen blickte der Baron auf den Zeitmesser. Die 15 Sekunden liefen gefühlsmäßig bedeutend langsamer ab, als das ansonsten der Fall war. Erleichtert registrierte er, wie die Flotte in den Hyperraum materialisierte.

Nach wenigen Sekunden waren wieder die Sterne zu sehen. Die Tankflotte und ihre Begleitschiffe waren wieder in den Normalraum eingedrungen.

»Irgendwelche Feindkontakte? «, fragte der Baron.

Der Ortungsoffizier las bereits die Anzeigen ab.
»Alles ist ruhig in diesem Sektor«, antwortete er. »Es wird nichts angezeigt. «

»Wir haben 30 Minuten bis zum nächsten Sprung«, teilte der Offizier der Technik mit. »Die Sprungtriebwerke der Tankschiffe müssen sich auffüllen. «

»Warum müssen wir uns mit der alten Technik dieser Tankschiffe herumschlagen«, fluchte der Baron. »Sie behindern unseren Weiterflug. «

»Es gab bisher keine Notwendigkeit, die Technik dieser Frachtschiffe zu modernisieren«, antwortete der 1. Offizier. »Bisher hat es noch nie eine fremde Species gewagt, in unser Imperium einzudringen. «

Kriegsflotte der Uylaner

Die große Flotte der Uylaner materialisierte an den errechneten Koordinaten.

»Registrieren wir Feindkontakte«, fragte der Doronger. »Wo ist die Tankflotte der Adramelech? «

Er blickte auf den aktivierten Bildschirm seines Schiffes. Dieser zeigte nur den leeren Raum an.

»Hier ist nichts«, antwortete der Ortungs-Offizier. »Moment, ich registriere starke Subraumwellen. Hier ist vor wenigen Minuten eine Flotte in den Hyperraum gewechselt. «

»Können wir die Stärke des Sprunges ermitteln? «, erkundigte sich der Befehlshaber.

»Der Sprung wurde analysiert, meldete die Hypertronic-KI des Schiffes. »Der Bestimmungsort wurde auf die Koordinaten 123.Cw004-8352-20 berechnet. «

»Sofort die Daten einspeichern«, befahl der Doronger. »Dort befindet sich die Flotte der Adramelech. «

»Die Sprungtriebwerke wurden programmiert«, antwortete der 1. Offizier. »Die Flotte ist informiert. «

»Den Sprung durchführen«, befahl der Befehlshaber. »Sämtliche Waffensysteme aktivieren. «

»Ihr Befehl wurde weitergeleitet«, meldete der Funkoffizier.

»Den Sprung jetzt durchführen«, befahl Doronger Furgun Marey.

Er spürte, wie seine Erregung zunahm. Wieder würde seine Flotte einen Verband der gehassten Adramelech auslöschen.

»Wir kommen unserem Ziel näher«, lächelte er.

Er registrierte, wie seine starke Flotte in den Hyperraum wechselte.

Tankflotte der Adramelech

»Wie lange bis zu unserem nächsten Sprung? «, fragte der Baron.

»Wir brauchen noch 20 Minuten«, antwortete der Offizier der Technik. »Warum werden sie so ungeduldig?«

»Das kann ich ihnen sagen«, erwiderte der Baron. »Dank unseres 1. Offiziers wird vermutlich jeder in unserem Universum wissen, wo sich unsere Tankflotte befindet. Das gleiche gilt auch für die Uylaner. Ich sollte mich schon sehr täuschen, wenn das nicht als gefundenes Fressen betrachtet wird. Mich überkommt ein unangenehmes Gefühl. «

»Machen sie sich nicht verrückt«, erwiderte der Technik-Offizier. »Unsere Begleitflotte wird wachsam sein. «

Der Baron lachte laut auf.
»Wissen sie eigentlich, was sie von sich geben«, schellte er den Offizier. »Wenn die Uylaner mit 490.000 Schiffen in diesen Sektor einbrechen, wie lange glauben sie wohl, kann unsere Schutzflotte sie aufhalten. «

»Die Uylaner sind Tiere, wurde uns mitgeteilt«, antwortete der Offizier. »Sie können aufgrund ihrer groben Motorik nur schwer mit Raumschiffen umgehen.«
»Sie glauben vermutlich alles, was ihnen er Regent erzählt«, fluchte der Baron. » Fangen sie endlich einmal an selbständig zu denken. Glauben sie denn wirklich, diese nach ihrer Meinung schwerfälligen Uylaner hätten

ansonsten zwei Träger mit jeweils 25.000 Begleitschiffen vernichten können? «

Der Technik-Offizier blickte zu Boden. Er kam nicht mehr zu einer Antwort.

Alarmsirenen heulten auf. Der zentrale Bildschirm füllte sich mit roten blinkenden Feindkontakten.

»Da haben sie es«, schimpfte der Baron. »Jetzt zeigen sie einmal, was in ihnen steckt. Sämtliche Waffensysteme aktivieren, Schutzschirme auf Maximum. Den nächsten Sprung einleiten, sobald genügend Energie vorhanden ist.«

»Ihr Befehl wurde weitergeleitet«, antwortete der Funkoffizier verstört.

»Alle Kampfjets ausschleusen«, befahl der Baron. »Sie sollen die Antriebe und die Lasertürme der feindlichen Schiffe unter Beschuss nehmen und möglichst viele von ihnen zerstören. Unsere Begleitflotte soll die Tankschiffe schützen. «

»Ihre Befehle wurden weitergeben«, antwortete der 1. Offizier.

Erst jetzt erkannte er, was seinen unbedachteren Funkspruch angerichtet hatte.

»Den automatischen Hyperkomm-Funkspruch an die Kommandostelle auf Träger 7 aktivieren«, befahl der Baron. »Wir brauchen sofortige Unterstützung. Melden sie den Angriff der gesamten Uylaner-Armada auf unsere Tankflotte. «

Der Baron war außer sich.
»Weiß das Oberkommando nicht, wie schwer es sein wird, diese geballte Flotte der Uylaner abzuwehren«, dachte er. »Warum hat man uns nicht eine stärkere Schutzflotte mitgegeben. Das Ziel war es doch, die Uylaner auf uns zu lenken. «

Er blickte auf den Bildschirm. Die Flotte Der Uylaner splittete sich auf. Sie griff in Geschwader-Gruppen die einzelnen Schiffe der Begleitflotte an. Das zentrierte Laserfeuer der Uylaner ließ die Schutzschirme der großen Adramelech-Schiffe kollabieren. Der Baron erkannte, dass sie nichts gegen den starken Verband machen konnten. Seine Schiffe wurden nach und nach aufgerieben. Die 2.000 ausgeschleusten Kampfjets kämpften todesmutig und sprengten zahlreiche Lasertürme an den vordersten angreifenden Schiffen ab. Doch auch sie wurden von den Laserstrahlen der angreifenden Schiffe vernichtet.

Baron Oryill kniff die Augen zu, als zwei grelle Explosionen den Bildschirm fluteten.

»Die Uylaner haben die ersten Tankschiffe vernichtet dachte er. »Unsere Gegenwehr ist wirkungslos. «

Er blickte resigniert auf den Bildschirm.
»Alle Tankschiffe sollen ihr Personal evakuieren und sich von unseren Schiffen aufnehmen lassen«, befahl der Baron. »Sobald das Personal an Bord ist, evakuieren wir diesen Sektor. Die Tankschiffe bleiben zurück. Wir werden versuchen den Kommando-Träger 7 zu erreichen. Das hier ist eine nicht zu gewinnende Schlacht. «

»Ihr Befehl wurde übermittelt«, antwortete der Funkoffizier mit lauter Stimme.
Er musste das Dröhnen der Waffentürme überbrücken. «

Der Baron blickte auf den Bildschirm. Obwohl seine Schutzflotte die Angreifer mit einem Dauerfeuer belegte, verloren sie immer mehr Schiffe.
»Wie viele Schiffe haben wir verloren? «, erkundigte sich der Baron.

»Derzeit sind es 49 Einheiten«, antwortete der Ortungs-Offizier. «

»Lange können wir die Stellung nicht mehr halten«, erwiderte der Baron. »Was macht die Aufnahme der Besatzungen aus den Tankschiffen? «

»Die letzten Rettungskapseln wurden aufgenommen«, antwortete der Offizier der Technik. »Die Jets kehren zurück und werden aufgenommen. «

»Wo bleibt die Verstärkung? «, fragte der Baron. » Wir können nicht mehr lange warten? «

»Die Flotten von Prinz Dadra'Katyn und Admiral Jordin'Rorxon sind auf dem Weg zu uns«, antwortete der Ortungs-Offizier. »Leider müssen sie 17 Sprünge absolvieren.

»Das dauert zu lange«, antwortete der Baron.
Wieder erkannte er, wie mehrere Schiffe seiner Schutzflotte in grellen Atompilzen vergingen.

»Die Tankschiffe sind verloren«, sagte der Baron. »Wir springen zwei Klicks in Richtung des Trägers 7. Nach dem Eintauchen in den Normalraum werden sofort wieder die Sprungtriebwerke aktiviert. Vermutlich wird man uns verfolgen. «

»Ihre Befehle wurden übermittelt«, antwortete der Funkoffizier. »Die Flotte ist bereit den Kampf zu beenden.«

Das Flaggschiff wurde durchgeschüttelt, als zahlreiche Lasersalven auf den Schutzschirm aufschlugen.

Den Sprung jetzt durchführen«, befahl der Baron.

Das Flaggschiff und 193 seiner Begleitschiffe entmaterialisierten in den Hyperraum. Die von den Schiffen der Uylaner ausgesandten Lasersalven verpufften im dunklen All.

Kampfflotte der Uylaner

Die Armada der vereinigten Uylaner-Clans materialisierte an den neuen Koordinaten. Die Anzeigen der Ortungsinstrumente schlugen weit aus.

»Das sind sie«, freute sich der Doronger. »Wir haben sie erwischt. Wie viele Schiffe sind es? «

Ortungs-Offizier Turgan las die Daten ab.
»Ich registriere 23 große Tank-Transportschiffe«, teilte er mit. »Hierin transportieren sie ihre blaue Energie. Ferner

eine Begleitflotte von 250 übergroßen Schiffen ihrer bekannten 2.500 Meter-Klasse. «

»Gut«, antwortete der Doronger. »Wie wir vermutet hatten, sie können ihre Transporte und Kolonien nicht mehr ausreichend sichern, weil alle ihre Flottenverbände auf der Suche nach uns sind. «

Er blickte seinen 1. Offizier an.
»Angriffsformationen bilden«, befahl er. »Der Feind ist mit aller Gewalt zu vernichten. Wir greifen die Begleitschiffe an, die einen Ring um die Tankschiffe gebildet haben. «

»Kampf-Jets im Anflug«, teilte der Ortungs-Offizier mit. »Die Schiffe der Begleitflotte haben 2.000 kleine Jets ausgeschleust. Sie fliegen auf unsere vordersten Schiffe zu. «

»Auf Automatikerfassung stellen«, antwortete der Doronger. »Vermutlich wollen sie auf unsere Waffentürme feuern. Sofort das Abwehrfeuer eröffnen.

Der Funkoffizier gab den Befehl sofort weiter.
Der Doronger vernahm, wie die Stimmen über Funk immer aufgeregter wurden. Er registrierte, wie bei ihm und seiner Brückencrew Adrenalin freigesetzt wurde.

»Weitere 3.000 Schiffe sollen die vorderste Angriffslinie verstärken«, befahl er. »Gebt ihnen alles, was wir haben. Niemand darf überleben. «

Die Raumschlacht tobte in vollem Gange. Die zischenden Lasersalven prallten auf die Schutzschirme der Schiffe der Adramelech auf. Die verfärbten sich bereits langsam in eine rötliche Farbe. Erste Schiffe des gehassten Feindes vergingen in feurigen Detonationen.

Aber auch die eigenen Verluste erkannte der Doronger schmerzlich. Die Adramelech schossen im Sekundenrhythmus ihre Breitseiten auf die anfliegenden Schiffe der Uylaner ab. Auch zahlreiche Schiffe der vordersten Angriffslinie explodierten noch im Angriffsmodus. Ein immer größer werdendes Trümmerfeld baute sich auf. Im Salventrakt feuerten die Geschütze der Adramelech auf die Angreifer. Geblendet schloss der Doronger seine Augen. Zwei Tankschiffe mit ihrer blauen Energie verpufften in einem sich immer weiter ausbreitenden Feuerball.

Furgun Marey pfiff durch seine Zähne.
»Verdammte Adramelech«, fluchte er. »Nur sie können so ein Gift zusammenmischen.

»Den Angriff auf die Tanker verstärken«, befahl der Befehlshaber.

»Die Mächtigen haben einen Blockadering um die Tanker gelegt«, meldete der 1. Offizier. »Sie werden eher ihre Kriegsschiffe opfern, als dass sie uns den Weg freimachen.«

»Einige Schiffe sollen auf einen Kollisionskurs einschwenken«, befahl der Doronger. »Wir schieben die Schiffe der Adramelech zur Seite. «

»Die Kampf-Jets werden zurückgerufen«, meldete der Ortungs-Offizier Bruksill. »Sie beenden ihren Angriff.

Sie werden erkannt haben, dass sie gegen uns nichts ausrichten können. «

»Das kann ich nicht bestätigten«, bemerkte Bruksill. »Die Jäger haben die Antriebe zahlreicher Schiffe beschädigt, auch unzählige Waffentürme wurden von ihnen zerstört. Ihr Rückzug ist unsinnig. «

»Warum ziehen sie sich dennoch zurück? «, fragte der Doronger.

Der 1. Offizier überlegte angestrengt.

»Es kann sein, dass sie sich zurückziehen, weil sie unterlegen sind«, antwortete er. »Wir haben registriert, dass die Besatzungen von den Tankschiffen evakuiert wurden. Vermutlich springen die verbliebenen Schiffe gleich in den Hyperraum. «

Der Doronger dachte nach.
»Niemand darf entkommen«, entschied er. »Wir sind hier, um die Adramelech auszulöschen. Hierzu gehören auch die Besatzungen ihrer Schiffe. «

»Welche Befehle haben sie? «, fragte der 1. Offizier.
»Ich überlege, ob wir sie verfolgen sollten? «, erkundigte sich der Befehlshaber. » Sie können nicht weit kommen.«

Er blickte auf den Bildschirm und sah weitere Schiffe der Adramelech in grellen Energiegluten auseinanderbrechen.

»Ich gebe zu bedenken, dass wir unsere Flotte für den Angriff auf die Heimatwelt benötigen«, sagte der 1. Offizier. »Wir sollten sie nicht ins Ungewisse schicken. Vielleicht versteckt sich hier in der Nähe ein weiterer Flottenstützpunkt der Mächtigen.«

»Vermutlich haben sie Recht«, bestätigte der Doronger. »Unser Ziel war es, die Tankschiffe zu vernichten. Falls die Adramelech abziehen, kommen wir unserem Erfolg schnell näher. «

Wieder schlugen unzählige Lasersalven auf den Schiffen der Mächtigen ein und löschten fünf weitere Schiffe aus.

»Achtung die Schiffe der Adramelech aktivieren ihre Sprungtriebwerke«, meldete der Ortungsoffizier.

Die Crew des Flaggschiffes sah, wie die Schiffe der Adramelech in den Hyperraum sprangen.

»Sie sind weg«, sagte der Doronger. »Wir verzichten auf eine Verfolgung. Zerstören wir alle ihre Transportschiffe.«

Der Doronger beobachte den Angriff auf dem Bildschirm. Erneut schloss er geblendet die Augen, als die Tankschiffe gleichzeitig in grellen Explosionen vergingen. Unzählige Trümmer drifteten durch den Raumsektor.

»Die Bergungsschiffe losschicken«, sagte der Befehlshaber. »Alle Rettungskapseln unserer Leute müssen aufgenommen werden. «

Der 1. Offizier nickte.

»Ich leite alles in die Wege«, bestätigte er.

Dann drehte er sich ab und eilte zu der Hyperkomm-Funkkonsole.

»Ich registriere starke Wellen aus dem Hyperraum«, meldete der Ortungs-Offizier. »Eine große Flotte wird gleich in unserem Sektor materialisieren.

»Fluchtsprung vorbereiten«, fluchte der Doronger. »Vermutlich hat die Begleitflotte noch einen Notruf abgesetzt. Warum konnten wir diesen nicht aufzeichnen?«

»Der Notruf ist vermutlich in der Raumschlacht verzerrt worden«, erwiderte der Funkoffizier. »Wir haben nichts aufgefangen. «

»Die Flotte meldet, dass sie sich neu formieren konnte «, meldete der Ortungs-Offizier. »Sie braucht noch einige Minuten.«

»Auf einen Angriff vorbereiten«, knurrte der Doronger ärgerlich. »Als erste Welle befehle ich, Raketen von allen Schiffen abzufeuern. «

»Ihre Befehle wurden weitergegeben«, antwortete der Funk-Offizier. »Die Schiffe haben ihre Waffentürme ausgefahren. «

Alarmsignale fluteten die Zentrale des Flaggschiffes. Helle Töne von den akustischen Ortungsinstrumenten klickten laut durch die Zentrale. Sie alle zeugten von auftreffenden fremden Ortungsimpulsen. Die roten Punkte auf dem zentralen Bildschirm bauten sich bedrohend auf. Sie wurden immer mehr.

»Immer mit der Ruhe«, sagte der Doronger. »Es war uns allen klar, dass sie uns irgendwann finden würden. Haben wir eine Zählung unserer KI? «

»Die Daten bauen sich noch auf«, erwiderte der Ortungs-Offizier. »Es ist eine große Flotte. «

»Meine Zählung wurde beendet«, meldete die Hypertronic-KI blechern. »Es handelt sich um exakt 350.760 Schiffe der Adramelech. «

»Die Schiffe kommen in Waffenreichweite«, teilte Bruksill mit.

»Die Raketen ausschleusen«, Befahl der Doronger. »Dann alle Breitseiten unserer Waffentürme auf Automatikerfassung stellen. «

Eine gewaltige Raumschlacht tobte. Die Gegner schenkten sich nichts. Die Raketenteppiche der Uylaner rissen die vorderste Angriffslinie der Adramelech-Schiffe in die Vernichtung. Die Wellen von Raketen schlugen in die Schutzschirme ein. Die nachfolgenden Einschläge ließen die Schirme kollabieren. Dann folgten die Lasersalven, die das ungeschützte Metall durchbohrten und tief in das Innere der Schiffe eindrangen. Vierundsiebzig Schiffe der Adramelech vergingen in heißen Detonationen. Dann schleusten die Mächtigen ihrerseits Raketenteppiche aus.

Der Feuerschlag eines Großkampfschiffes schüttelte das Flaggschiff des Doronger durch.

»Die Schutzschirme verstärken«, tobte der Doronger. »Wie viele Verluste haben wir? «

»Unsere KI kommt mit der Zählung nicht nach«, antwortete der Ortungs-Offizier. »Auf allen Ebenen verlieren wir Schiffe, derzeit wird der Verlust auf 37.000 Schiffe beziffert. «

»Verluste des Gegners«, ergänzte er seine Frage.

»Dort werden lediglich 12.177 Schiffe als vernichtet registriert«, meldet der Ortungs-Offizier. » Sie kommen deutlich besser davon. «

»Diesmal haben sie uns in das Hinterteil gebissen«, kreischte der Doronger. »Sofort den Befehl an alle Schiffe, den Notsprung durchführen. Wir verlieren hier zu viele Einheiten. Wir führen fünf Sprünge durch. «

»Ihre Befehle wurden bestätigt«, meldete Offizier Crygin. Der Doronger erkannte, wie sie seine Schiffe von den Feinden abwendeten und die Kampfhandlungen einstellten. Dann beschleunigten die Raumschiffe und flüchteten in den Hyperraum.

Flotte der Adramelech

Prinz Dadra'Katyn und Admiral Jordin'Rorxon saßen mit Offizieren der Leitstelle in dem Träger 7 zusammen, der als Kommando-Leitstelle fungierte.

»Es kann doch nicht sein, dass sich die große Armada der Uylaner ständig in Luft auflöst«, bemerkte der Prinz. »Sie müssen doch irgendwo sein. «

Er blickte den Admiral an.

»Das habe ich dem Regenten doch immer vorgeworfen«, antwortete Jordin'Rorxon. »Wir besitzen in unserem großen Imperium zu wenige Frühwarnsensoren und orbitale Ortungssysteme. Er hat die Installation immer aus Kostengründen abgelehnt. Jetzt haben wir den Schlamassel, das wir keine vernünftigen Daten bekommen. «

»Ich werde mit ihm über das Thema sprechen«, antwortete der Prinz. »Es kann nicht so weitergehen. Wir müssen unseren Hoheitsbereich aufrüsten. Ich hoffe nicht, dass noch andere Hilfsvölker auf den Gedanken kommen, bei uns einzubrechen. «

Der Funkoffizier trat auf den Admiral zu.
»Wir haben gerade eine Nachricht von dem Verband der Tankschiffe bekommen«, teilte er mit. » Sie liegen auf den Koordinaten 123.Cw004-8352-17. Sie werden in 20 Klicks bei uns eintreffen. «

Der Admiral glaubte seinen Ohren nicht zu trauen.
»Ist Baron Oryill verrückt geworden«, fragte er. »Er hat den Befehl strikte Funkstille einzuhalten. Erst wenn er bei uns eingetroffen ist, werden die Hyperkomm-Funkmeldungen in alle Sektoren gestreut. «

Der Prinz blicke ihn an.

»Soll er nicht die Uylaner zu uns locken? «, fragte er.

»Das war der Plan«, entgegnete Admiral Jordin'Rorxon. »Doch jetzt hat er einen Hyperkomm-Funkspruch ausgesandt und den Uylanern mitgeteilt, wo er sich befindet. «

Der Admiral war sichtlich erregt.

»Es tut mir leid«, Prinz, sagte er. »Ich muss sie bitten, ihre Flotte zu alarmieren. Wir starten in 15 Minuten.

»Glauben sie, dass die Uylaner die Tankflotte noch auf dem Flug angreifen? «, erkundigte er sich.

»Da bin ich mir sicher«, antwortete der Prinz. »Sie wissen nicht, dass hier eine große Flotte auf sie wartet. Sie kennen jetzt die Position unserer Tankflotte. Sie werden sich unverzüglich auf den Weg dorthin machen. Beeilen sie sich. Wir müssen eine Strecke von 17 Klicks überbrücken. «

Der Prinz ließ den Alarm für die ganze Flotte ausrufen. Dann sprangen die Offiziere auf und liefen zu dem Hangar, indem ihre Gleiter standen, die sie zu ihren Flaggschiffen brachten.

Kurze Zeit später starteten die Eingreif-Verbände von Admiral Jordin'Rorxon und Prinz Dadra'Katyn.

Der Admiral stand auf der Brücke seines Schiffes. Er blickte auf den Bildschirm.

»Entfernung zu der Tankflotte? «, fragte er.
»Es sind noch 7 Sprünge durchzuführen«, antwortete Commander Aidro'Lutin. »Es nützt nichts. Wir müssen den Konvertern einige Minuten Zeit geben, um sich aufzufüllen. «

»Die Zeit haben wir nicht«, antwortete der Admiral. »Vermutlich sind die Uylaner bereits auf den Koordinaten der Tankflotte eingetroffen. «

»Eingehender Notruf«, meldete Funk-Offizier-Mudra'Kytrin. »Es ist so, wie sie vermutet haben. Unsere Tankflotte wird angegriffen. «

»Verdammte Schweinerei«, sagte der Admiral. »Unser Imperium ist zu groß, um rechtzeitig alle Sektoren erreichen zu können. Durch die Gier unseres Regenten wurde unser Hoheitsgebiet auf die ganze Adramalon-Spiralgalaxie ausgedehnt. Besser wäre es gewesen, wenn wir vor Ort einige Species angesiedelt hätten, die schnell zu diesen Koordinaten gelangt wären. «

»Sie wissen doch, dass der Regent keine anderen Rassen duldet«, antwortete Commodore Duito'Myfron, der 1. Offizier des Schiffes. «

»Das ist mir bekannt«, antwortete der Admiral. »Doch es wird Zeit, dass auch der Regent anfängt umzudenken. Die Staatskassen sind leer, er ist jetzt schon nicht mehr in der Lage, unsere Flottenbestände auf die benötigten Einheiten aufzustocken. «

»Es ist ein automatischer Notruf«, ergänzte der Funkoffizier seine Mitteilung. Er wird kontinuierlich wiederholt. Die Tankflotte scheint in Bedrängnis zu sein. « »Antworten sie auf einem verschlüsselten Kanal«, befahl der Admiral. » Teilen sie Baron Oryill mit, dass wir auf dem Weg sind. Er soll keine Risiken eingehen. Falls die Tankflotte nicht mehr zu halten ist, soll er Schiffe und Besatzungen retten und sich aus dem Sektor zurückziehen. «

»Ihr Befehl wurde weitergeleitet«, bestätigte der Funkoffizier.

»Geben sie eine Nachricht an Prinz Dadra'Katyn«, befahl der Admiral. »Wir brechen die Auflade-Phase der Konverter ab. Es sollte möglich sein, mit halbvollen

Sprungtriebwerken die Koordinaten zu erreichen. Jede Minute zählt. «

Commander Aidro-Lutin drehte sich ab und gab den Vorschlag des Admiral an das Flaggschiff von Prinz Dadra'Katyn weiter. Nach wenigen Minuten erfolgte die Antwort.

Der Commodore eilte zu Admiral Jordin'Rorxon zurück.
»Der Prinz ist einverstanden«, antwortete er. »Wir können den Sprung initiieren. «

»Informieren sie unsere Flotte«, befahl der Admiral. »Den Sprung sofort durchführen.

Die Flotte beschleunigte und sprang in den Hyperraum. Wieder wurden die nötigen Sprünge durchgeführt. Endlich war der Sektor der Zielkoordinaten erreicht.
»Wir wechseln gleich in den Normalraum unseres Zielpunktes ein«, teilte der Ortungsoffizier mit.

»Sämtliche Schiffe splitten sich in Gruppen zu fünf Geschwadern auf«, befahl der Admiral. » Jede Gruppe nimmt sich einen Teil der Armada des Feindes vor. Alle Waffentürme hochfahren. Sobald wir in dem Normalraum sind, muss die blaue Energie komprimiert werden. Sie ist freizusetzen, wenn ein Flottenverband der Feinde in der Zielortung ist. «

»Befehl verstanden«, antwortete Commander Aidro-Lutin. »Ich instruiere die Flotte. «

Wie ein Gewitter brach die Gemeinschaftsflotte der Adramelech in den Normalraum ein.

Der Admiral erkannte, dass die Tankschiffe nicht mehr zu retten waren. Zahlreiche Trümmer drifteten durchs All. Die Ortungsanzeigen schlugen bis zum Anschlag aus.

»Da ist die Flotte der Uylaner«, sagte der Admiral. »Sofort auf einen Angriffskurs gehen. «

Alarm heulte durch die Schiffe. Alle 350.760 Schiffe hatten beschleunigt und flogen auf die Armada der Uylaner zu. Jeweils 50.000 Schiffe flogen eine Schleife und griffen die rechte und die linke Flanke der uylanischen Flotte an. Das erste grelle Aufleuchten von Lasersalven verstärkte sich zu einem grellen Feuer. Die Strahlen beider Parteien griffen nach den gegnerischen Schiffen. Immer wieder wurden kleine Sonnen auf dem Bildschirm angezeigt, die von explodierenden Schiffen herstammten.

Mit zusammengekniffenen Augen verfolgte der Admiral die Raumschlacht. Er erkannte, dass die Lasersalven der Schiffe der Uylaner gezielt auf das Eindämmungsfeld der blauen Energie gerichtet waren.

»Sie haben dazugelernt«, fluchte er. »Wir haben ihnen zu viel beigebracht. Jetzt weichen sie nicht mehr zurück.«Er erkannte, wie eine blaue Wolke 835 Schiffe der Uylaner erfasste und diese explodieren ließ.

»Ein kleiner Teilerfolg«, dachte er. »Doch sie haben immer noch ausreichend Schiffe, um uns gefährlich werden zu können.«

Wieder zogen sich grelle Explosionen über den Bildschirm seines Flaggschiffes. Dieses Mal hatte es zwölf Schiffe seines Verbandes erwischt.

»Die zweite und dritte Angriffswelle soll direkt mittig in ihre Flotte springen«, befahl der Admiral. »Sucht das Flaggschiff der Uylaner und vernichtet es.«

Commander Aidro-Lutin nickte und gab den Befehl weiter.

Exakt 30.000 Schiffe beschleunigten und sprangen in die Mitte der uylanischen Flotte. Der Admiral erkannte, wie in diesem Gebiet ein neues Blitzgewitter entfacht wurde.

»Alle Jäger ausschleusen«, befahl er. »Sie sollen die Waffentürme der Feindschiffe ausschalten. «

Erneut gab der Commander den Befehl weiter. Unzählige Jets wurden aus den Großkampfschiffen ausgeschleust. Sofort stürzten sie sich auf die Feindschiffe. Der Admiral erkannte, wie auf vielen Schiffen der Uylaner Detonationen entstanden. Aufbauten wurden abgerissen. Einige Schiffe torkelten und kollidierten mit neben ihnen fliegenden Einheiten. Trotzdem ließ der Druck der feindlichen Armada nicht nach. Auch der starke Verband der Adramelech hatte mit schweren Verlusten zu kämpfen.

Die Hypertronic-KI des Schiffes gab im Sekundentakt neue Daten aus. Eine Flotte von 40.000 Schiffen des Geheimdienstes war an der Rückseite der uylanischen Flotte materialisiert und rieb dort die Schiffe auf. Die Trümmer in dem System triften auf die kämpfenden Schiffe zu und schlugen in die Schutzschirme ein. Doch sie wurden problemlos von ihnen abgeleitet.

Die grellen Explosionen fluteten den Bildschirm des Flaggschiffes. Beide Seiten verloren immer mehr Schiffe.

»Ich orte starke Energiewerte«, meldete Ortungs-Offizier Fudro'Cutrin. »Die Uylaner verlassen das Kampfgebiet. «

»Sollen wir sie verfolgen? «, fragte Commander Aidro-Lutin.

Der Admiral schüttelte seinen Kopf.
»Sendet ihnen ein Schwadron Drohnen hinterher«, antwortete er. »Wir müssen wissen, wo sie hinfliegen. Zunächst werden wir unsere Rettungskapseln bergen. Wir können sie nicht sich selbst überlassen. «

»Das wird dem Regenten nicht gefallen«, antwortete Commodore Duito'Myfron. »Er will die Uylaner vernichtet wissen. «

Admiral Jordin'Rorxon blickte ihn an.
»Das gleiche würden wir auch für sie machen, wenn sie sich da draußen in einer Rettungskapsel befinden würden«, sagte er. »Wir lassen niemanden zurück. Habe ich mich klar ausgedrückt? «

Der Commodore blickte zu Boden und drehte sich ab.

»Ich brauche die Zahlen der vernichteten Schiffe von beiden Seiten«, sagte er. » Kümmern sie sich hierum. «

Der Commodore nahm einige Eingaben an dem Terminal vor.

»Unsere KI kommt mit der Zählung nicht nach«, erklärte er. »Alle Verbände vermissen Schiffe. Die Auswertung folgt noch. Der Verlust des Gegners wird auf 37.000 Schiffe beziffert. «

Er verstummte kurz.
»Unsere eigenen Verluste betragen 12.177 Einheiten, die Abschüsse unserer Jäger sind hierin enthalten. Was passiert mit den Rettungskapseln des Feindes. Sollen wir sie vernichten? «

»Schicken sie Bergungsschiffe und sammeln sie alle Kapseln ein«, antwortete der Admiral. »Sie werden als Kriegsgefangene betrachtet und einem Verhör unterzogen. «

Der Admiral blickte auf die Verlustzahlen. Ihm war nicht nach Freude zu Mute. Wieder musste tapferes Personal ihr Leben lassen, für den Erhalt des Imperiums.

»Diesmal haben wir ihnen einen Schlag versetzt«, bemerkte der Commodore. »Das wird ihnen zu denken geben. «

Der Admiral blickte ihn an.
»Aber zu welchem Preis? «, fragte er. » Wir haben 12.177 Schiffe und das Personal verloren. Bedeutet ihnen das gar nichts? «

Der Commodore verstummte und blickte auf den Bildschirm.

»Sind die Drohnen hinter der uylanischen Flotte her? «, erkundigte sich der Admiral.

»Ja«, antwortete Commander Aidro-Lutin. »Sie folgen den Uylanern in einem unbedenklichen Abstand. Sie sind sehr klein und sollten von ihnen nicht geortet werden können. Sobald sie ihr neues Zielgebiet erhalten haben, werden uns die Koordinaten mitgeteilt. «

Zufrieden lehnte sich der Admiral in seinem Kommandosessel zurück.

Drame'leur, Zentralwelt der Adramelech.

Der Regent saß mit seinen Beratern zusammen. Die große Türe öffnete sich und der Mentor Adra'Sussor wurde hereingeführt. Er verbeugte sich tief vor dem Regenten.

»Eure Exzellenz«, sagte er. »Sie haben mich rufen lassen?«

Der Regent nickte.
»Mentor Adra'Sussor«, sprach er mit tiefer Stimme. »Sie haben die Ehre der Auferstehung zugestanden bekommen. Nicht weil sie einen so guten Ruf besitzen, sondern weil sie im Besitz der Koordinaten des Heimat-Systems der Humanoiden sind. Ich habe ihrem Wunsch entsprochen und ihnen eine Flotte von 5.000 Schiffen bereitgestellt. Sind sie hiermit zufrieden? «

Es klopfte laut an der Türe. Verärgert blickte der Regent auf.

»Wer stört unsere Gespräche? «, fragte er. » Öffnet die Türen. «

Zwei Sicherheitssoldaten rissen die Türflügel auf. Ein Adjutant des Flotten-Oberkommandos trat ein.

»Ich habe eine dringende Nachricht von Admiral Jordin'Rorxon für sie«, teilte er bereits von der Türe aus mit.

Die Miene des Regenten erhellte sich.
»Bringen sie diese zu mir«, erwiderte er. »Ich warte auf positive Neuigkeiten von unserer Suche nach den Uylanern. «

Lord Pidra'Borxon, ein enger Vertrauter des Regenten nahm die Infofolie an sich.

»Danke«, sagte er. »Lassen sie uns bitte wieder allein. Wir haben dringende Angelegenheiten zu besprechen. «

Der Adjutant verbeugte sich nochmals vor dem Regenten. Dann verließ der den Saal. Lord Pidra'Borxon wartete noch, bis sich die Türen hinter ihm geschlossen hatten.

»Die Nachricht ist an sie gerichtet, meine Exzellenz«, sagte er. »Darf ich sie öffnen und ihnen vortragen? «

»Ich bitte hierum«, erwiderte der Angesprochene.

Der Lord riss das Siegel des Flotten-Oberkommandos auf. »Es ist von Admiral Jordin'Rorxon«, teilte er mit. »Ich lese ihnen den Inhalt vor. «

Der Lord überflog die Mitteilung mit seinen Augen.

»Ein Angriff der Uylaner erfolgte auf unsere Tankflotte «, teilte er mit. »Leider wurde von der Tankflotte keine Funkstille eingehalten. Die Uylaner konnten die Flugroute ausfindig machen. Ihr Angriff erfolgte schnell und präzise. Aufgrund des ausgesandten Notrufes starteten die Verbände von Admiral Jordin'Rorxon und Prinz Dadra'Katyn zu den Koordinaten. Leider kamen sie zu spät. Die Tankflotte war vollständig vernichtet worden, sowie auch einige Schiffe der Schutzflotte. Die Hauptflotte der Uylaner befand sich noch in dem Sektor.

Es brach eine gnadenlose Raumschlacht aus. Im Verlauf der Kämpfe gelang es unserer Flotte 37.000 Schiffe der Uylaner zu zerstören. Leider wurden auch einige Schiffe unseres Gemeinschafts-Verbandes zerstört. Die genaue Anzahl geht aus der Mitteilung nicht hervor. Plötzlich brachen die Schiffe der Feinde den Kampf ab und flüchteten in den Hyperraum mit unbekanntem Ziel. Es wurde ihnen eine Staffel Drohnen hinterhergeschickt. Diese verfolgten die Flotte der Uylaner und meldeten ihr nächstes Ziel über ein verschlüsseltes Hyperkomm-Funksignal. Im Moment ist die Flotte mit der Bergung von Rettungskapseln und Überlebenden beschäftigt. Auch gegnerische Kapseln mit überlebenden Uylanern wurden geborgen. Sie werden einem Verhör unterzogen. Das ist alles. Hier endet die Mitteilung. «

Der Regent dachte nach.

»Warum wurde die Flotte die Uylaner nicht direkt verfolgt und ausgelöscht«, fragte er. »Jetzt geht die Suche von vorne los? Die Tiere müssen aus unserem Imperium vertrieben werden. «

»Das stand in der Mitteilung«, antwortete der Lord. »Ich hatte es ihnen vorgetragen. Die Bergung der Überlebenden unserer Flotte hatte Vorrang. «

Der Regent war aufgesprungen. Sein Zepter-Stab schlug dumpf auf den Boden auf.

»Die Überlebenden zu retten war nicht mein Befehl«, schimpfte er. »Die Schiffe der Uylaner müssen vernichtet werden. «

»Beruhigen sie sich«, sagte Lord Pidra'Borxon. »Die Flotte ist ihnen auf den Fersen. Bereits 37.000 Schiffe wurden ausgelöscht. Weitere werden folgen. Warten sie die nächsten Nachrichten ab. Ich bin mir sicher, Admiral Jordin'Rorxon und Prinz Dadra'Katyn treffen die richtigen Entscheidungen. Wollen sie vor ihr Volk treten und ihnen mitteilen, dass sie unseren Besatzungen eine Rettung verweigert haben? Der hierdurch entstehende Unmut in unserer Bevölkerung kann nicht in ihrem Sinne sein? «

Der Regent ließ sich in seinen Thron fallen. Er blickte in die Gesichter seiner Berater. Dann zeigte er auf den Mentor Adra'Sussor.

»Wo waren wir stehen geblieben«, erkundigte er sich mit freundlicher Stimme, als ob nichts passiert wäre. »Ich erinnere mich. Ihrem Wunsch wurde entsprochen und wir haben ihnen eine Flotte von 5.000 Schiffen bereitgestellt. Sind sie hiermit zufrieden? «

»Ich danke ihnen«, antwortete der Mentor irritiert. »So kurzfristig hatte ich nicht mit diesem Auftrag gerechnet. Sollten sich nicht alle Schiffe an der Suche nach den Uylanern beteiligen? «

»Was bedeuten diese 5.000 Schiffe, gemessen an der Stärke unserer Flottenverbände«, antwortete der Regent. »In Absprache mit meinen Beratern habe ich entschlossen, sie mit einer besonderen Mission zu betrauen. Sie löschen das System der Redartaner aus. Viel zu lange haben sie sich bereits unbeobachtet in unserem Hoheitsgebiet festgesetzt und sich ausgedehnt. Sie nennen ihr Gebiet Imperium. Ich frage sie ausdrücklich, wie können humanoide Lebensformen sich ein eigenes

Imperium erschaffen? Ihr Gehirn ist für solche komplexen Strukturen nicht ausgelegt. Stimmen sie mir zu? «

»Gewiss«, antwortete der Mentor. »Die Flotte von 5.000 Schiffen wird nach meiner Ansicht ausreichen, um die Humanoiden auszulöschen. Admiral Gordra'Wetun hat bereits die größte Arbeit erledigt. Wie ich den Aufzeichnungen entnehmen konnte, wurden von seiner Flotte 138.714 Schiffe der Humanoiden vernichtet. Viel mehr Raumschiffe werden sie nicht unterhalten können «

»Erwähnen sie diesen Namen nicht«, antwortete der Regent. »Er hat Schande über unser Imperium gebracht. Es ist ihm nicht gelungen, die Humanoiden vollständig zu vernichten. Leider ist er seiner Strafe durch einen Suizid entgangen. «

»Ich kann ihrer Meinung nicht zustimmen«, erwiderte der Mentor. »Die Größe seiner Tat ist unbestritten. Doch er wird nicht die vollständigen Informationen unseres Geheimdienstes zur Verfügung gestellt bekommen haben. Er ist davon ausgegangen, dass es sich bei den Redartanern um ein unterentwickeltes Volk handelt Das ist beileibe nicht so. Es ist also eine gewisse Vorsicht geraten. Ich habe es mit eigenen Augen gesehen. Ein Teil ihrer Schiffe besitzt eine Länge von einer 5.000 Meter. Stellen sie sich nur vor, wenn alle Waffentürme einer

Schiffsseite dieser Giganten auf eines unserer Raumschiffe feuern. Was würde dann wohl passieren? «

»Von wie vielen Waffentürmen pro Schiffsseite reden wir? «, erkundigte sich der Regent ärgerlich. » Was können ein paar Laserbatterien schon ausrichten? «

Adra'Sussor schüttelte seinen Kopf.
»Manchmal glaube ich wirklich, dass ihnen nicht alle Berichte zugänglich gemacht werden«, entgegnete er. »Ich spreche von 70 Abwehrtürmen auf jeder Schiffsseite. Diese Schiffe der Humanoiden sind mobile Festungen. «

Zadra-Scharun, der Regent des Wissens und der Erleuchtung war sprachlos.

»Wussten sie das nicht? «, erkundigte sich der Mentor.
»Dann fragen sie doch einmal bei ihren Beratern nach, warum sie ihnen diese Informationen verheimlicht, haben«

Der Regent war sichtbar zornig. Er schaute seine Berater durchdringend an.
»Redet endlich«, forderte er sie auf. »Warum sind mir diese Informationen vorenthalten worden? «

Ein Teil der Berater blickte zu Boden. Lord Pidra'Borxon trat vor und verbeugte sich tief.

»Eure Exzellenz sagte er.
»Die Wissensimplantation von Mentor Adra'Sussor scheint sich noch nicht gefestigt zu haben«, antwortete er.

Er machte mit seinem Arm eine ausschweifende Bewegung und zeigte auf die Berater des Regenten.

»Wir stehen schon lange in ihren Diensten«, erklärte er. »Noch nie mussten wir uns einer solchen Demütigung aussetzen. Adra'Sussor wird von seinen Traumdeutungen erzählen. Wir haben keine Informationen hierüber, dass die Humanoiden über solche Schiffe verfügen. Die Flotte unseres Mentors, ich erinnere mich, es waren zwölf Schiffe. Sie wurden bei seinem eigensinnigen Angriff vollständig vernichtet. Es konnten von der Hypertronic-KI seines Flaggschiffes keine Daten mehr übermittelt werden. Auch dem Auslesen der Schiffs-Datenbank von Admiral Gordra'Wetun Flaggschiff, wurden keine Hinweise hierauf sichtbar. Sprechen sie mit dem ersten Offizier des Schiffes, ob sich solche Schiffe an dem Kampf beteiligt haben? Dann werden sie feststellen, wer die Wahrheit in diesem Saal spricht. «

»Das ist Verrat«, fluchte der Mentor. »Ihre Berater stecken alle unter einer Decke. Sie verheimlichen ihnen wichtige Informationen. «

»Genug«, tobte der Regent. »Sie enttäuschen mich bereits vor ihrer Abreise. Eigentlich sollte ich ihnen das Kommando entziehen. Ich habe keine Veranlassung an den Worten von Lord Pidra'Borxon zu zweifeln. Er hat mir immer gut gedient und erfolgreiche Vorschläge zur Verteidigung unseres Imperiums gemacht. Der Lord besitzt einen wesentlich höheren Stellenwert als sie, Mentor Adra'Sussor. Begeben sie sich vor ihrer Abreise nochmals in das Auferstehungs-Zentrum und lassen sie ihren Download überprüfen. Ich hoffe nicht, dass es zu einer Verwechslung kam. «

Der Mentor wollte aufbegehren, doch der Regent war aufgesprungen. Er hob seine Hand.

»Sie ziehen sich unverzüglich zurück und bereiten ihre Abreise vor«, sagte er in einem tiefen Ton. »Kommen sie nicht ohne eine Erfolgsmeldung zurück. Es werden mir bereits zu viele Negativmeldungen vorgetragen. «

Der Mentor wusste, was dies bedeutete. Er verbeugte sich tief.

»Allmächtigkeit und Erleuchtung sei dir gegeben«, bemerkte Adra'Sussor förmlich und ehrte hiermit den Regenten.

Er wusste, dass er zu weit gegangen war und besser auf seine Aufklärung verzichtet hätte. Dann drehte er sich um und verließ den Saal.

Als die Türen hinter ihm geschlossen wurden, schritt er schnellen Schrittes den Korridor entlang zum Ausgang des Palastes. In seinem Gesicht arbeitete es. Er lief auf die Wand zu und schlug mehrmals mit seiner Faust dagegen. Langsam beruhigte er sich wieder.

»Die Berater führen etwas im Schilde«, dachte er. »Sie verheimlichen dem Regenten bewusst Informationen. Wollen sie ihn vom Thron stoßen? «

Adra'Sussor wusste keine Antwort hierauf. Leider konnte er auf die zukünftigen Geschehnisse keinen Einfluss mehr nehmen. Der Regent hatte ihm befohlen, die Humanoiden aus seinem Hoheitsgebiet zu entfernen. Noch nie hatte der Mentor ihm übertragene Aufgaben hinterfragt, geschweige diese abgelehnt.

»Ich muss mich bei dem Flotten-Oberkommando melden und mich als Befehlshaber meiner Schiffe eintragen lassen«, erinnerte er sich.

Er schritt aus der Pforte des Palastes auf einen wartenden schwarzen Gleiter zu. Der Pilot öffnete ihm das Schott.

»Bringen sie mich zu dem Gebäude des Flotten-Oberkommandos«, sagte er. »Eine Mission wartet auf mich. Sie ist wichtig und eilt sehr. Ich besitze einen Sonderbefehl unseres Regenten. «

Der Pilot beeilte sich das Schott zu schließen. Dann startete er die Antriebe des Gleiters, beschleunigte und flog in den Himmel der Zentralwelt der Adramelech.

Sira, Verwaltungsplanet der neuen Worgass-Kolonie

Mit der Entfernung von lediglich 12,7 Lichtjahren lag Kapteyns-Stern. Das kleine Sternen-System war nicht allzu weit von dem Sol-System entfernt. Die Sonne des Systems besaß eine Masse von 28 Prozent von Sol und verfügte nur über ein Drittel ihres Durchmessers. Das Alter der Sonne konnte von Astronomen auf etwa 11,5 Milliarden Jahre geschätzt werden. Die spektrale Analyse seiner chemischen Zusammensetzung, sowie die Untersuchung seiner Bewegungsrichtung relativ zur

Ebene der Milchstraße deuten darauf hin, dass Kapteyns Stern nicht in der Milchstraße entstanden war. Vielmehr stammte sie nach Ansicht von Experten sehr wahrscheinlich aus dem Zentrum der Sterneninsel, eventuell auch aus dem Kugelsternhaufen Omega-Centauri.

Die Sonne wurde von zwei Planeten umkreist, die sich beide in der habitablen Zone befanden. Es war die neue Heimat der Worgass. Major Travis hatte den evakuierten Worgass dieses kleine System mit zwei Planeten übergeben. Der erste Planet trug den natradischen Namen Sira. Er besaß die Größe der Erde. Es war ein Glücksfall, dass er ideal für die Brutkultur der Worgass ausgelegt war. Er besaß Trockenzonen, subtropische Zonen und Wasser, in Form von Flüssen, Seen und Ozeane. Es herrschten potenziell lebensfreundliche Temperaturen. Auch der zweite Planet, sein Name war Garth, verfügte über Umweltbedingungen, welche sich mit denen auf dem Heimatplaneten der Zierrakies vergleichen ließen. Er war wesentlich größer als sein innerer Nachbar und verfügte über mindestens sieben Erdmassen. Im Rahmen natradischer Forschungen wurden die Planeten auf seltene Mineralien untersucht. Lebensformen konnten nicht ermittelt werden. Hier wurde der neue Lebensraum für die Worgass Realität.

Die Worgass waren dem Neuen-Imperiums sehr dankbar. Sie waren dem Imperium beigetreten. Dank der ihnen zur Verfügung stehenden Raumflotte, schützten sie ihr anliegendes Gebiet selbst. Doch auch eine direkte Verbindung ins Sol-System war in Notfällen möglich. Eingreifflotten des ISD würden sich sofort auf den Weg machen und Unterstützung anbieten.

Admiral Dragphan, der ehemalige Leiter der zierrakischen Fernaufklärung und Commander Breckphan, sein Stellvertreter, saßen mit anderen Offizieren in dem Gebäude der Flottenkommandos zusammen.

Admiral Dragphan blickte seine Offiziere an.

»Sie alle erkennen den schnellen Aufbau unserer Kolonie«, sagte er. »Dank den überlassenen Maschinen und Robotern des Neuen-Imperiums, kommen wir schnell voran. Ich kann immer nur wieder meinen Dank an Major Travis und an diese Galaxie aussprechen. Wir werden unsere treue Zugehörigkeit zu dem Neuen-Imperiums unter Beweis zu stellen. Ich weiß zwar, dass wir unter Beobachtung stehen, doch es wird die Zeit kommen, in der man uns ohne Einschränkung vertraut. Wir wurden als junge Lebensform von allen möglichen Rassen manipuliert. Hier auf diesen beiden Welten wachsen unsere Nachkommen erstmals ohne jegliche Beeinflussung auf. Das dürfen wir niemals vergessen.

«

Beifall wurde laut. Die Offiziere klatschten und stimmten ihrem Vorgesetzten zu.

Dieser hob seine rechte Hand.

»Wichtig ist, dass die Menschen und alle anderen Rassen in dieser Galaxie unsere wahren Eigenschaften kennenlernen«, erklärte er. » Diese heißen Freundschaft, Zugehörigkeit, Mut und Beständigkeit. In einigen Jahren möchte ich, dass niemand mehr angstvoll den Namen Worgass ausspricht. Unser Name darf nur noch fallen, wenn ein treues Mitglied des Neuen-Imperiums gemeint ist. «

Wieder hallte Beifall auf.

Admiral Dragphan blickte Commander Breckphan an.

»Bitte teilen sie unseren Zuhörern alle neuen Informationen mit«, sagte er. »Ich übergebe ihnen das Wort. «

»Danke«, lächelte der Commander. »Ich darf sie darüber informieren, dass sich der Bestand unserer Flotte auf 20.270 Schiffe erhöht hat. Nicht zuletzt durch die Übergabe alter Fertigungspläne des Neuen-Imperiums, sondern auch durch unsere Eigenentwicklungen haben sich die Bestände entsprechend erhöht. Auf beiden Planeten entwickeln sich unsere Städte. Alle Angehörigen unseres Volkes besitzen eine Arbeitsstelle, oder eine wichtige Aufgabe. Eigentlich würden wir noch mehr Personal benötigen, jedoch wir haben hierauf verzichtet, um Major Travis auf weitere Arbeitsroboter zu bitten. Es wird nicht mehr lange dauern, dann werden wir unsere eigenen Modelle fertiggestellt haben. Unsere Ingenieure arbeiten an der Endlösung eines einsatzfähigen und belastbaren Allzweckmodells. Dieser Typ kann für alle Arbeiten des täglichen Lebens eingesetzt werden und wird unsere Kolonie weiter voranbringen. «

Erneut wurde Beifall hörbar.
Doch auch alle anderen wichtigen Bereiche werden ausgebaut und unserem Bedarf angepasst. «

»Danke«, sagte Admiral Dragphan. »Diese Entwicklung ist sehr erfreulich. Wir alle sind uns klar, dass wir die rasche Umsetzung unseres neuen Lebensraumes nur in Friedenszeiten schaffen. Ich erinnere an die Knechtschaft der Zierrakies. Während dieser Zeit wurden viele unter Angehörigen von dem kaiserlichen Sicherheitsdienst fortgeschafft und ermordet. Wir waren für sie nur minderwertige Geschöpfe. Diese Zeit ist vorbei und ich möchte sie nicht mehr zurückhaben. «

Die zuhörenden Offiziere stimmten zu.

»Ich teile ihnen das mit, weil unsere Aufklärer ein verstärktes Flottenaufkommen im Sol-System registriert haben«, erklärte der Admiral. »Es scheint mir so, dass sich das Neuen-Imperiums gegen einen Feind rüstet. Wer dieser Feind ist, entzieht sich meiner Kenntnis. Nach unseren Aufnahmen liegen fast 400.000 Schiffe in ihrem System. Zusätzlich werden sie von 500 lantranischen Schiffen unterstützt. Wie sie wissen, handelt es sich um Freunde der Terraner. Sie sind eine der ältesten Rassen des Universums. Technisch uns weit überlegen. Von ihnen können wir noch viel lernen. Ich möchte, dass sie auch unsere Freunde werden. «

»Worauf wollen sie hinaus? «, fragte der neue Verwalter der Stadt von Sira. » Wir können keine Arbeitskräfte entbehren. Unser Personal ist schon sehr knapp. Der Nachwuchs braucht noch einige Zeit, bis er tatkräftig eingesetzt werden kann. «

»Machen sie sich keine Sorgen«, antwortete Admiral Dragphan. »Es dreht sich lediglich um unser Flottenpersonal. Ich denke daran, mit einer Flotte von 5.000 Schiffen ins Sol-System zu fliegen und unsere Unterstützung anzubieten. «

»Wer schützt dann unser System? «, fragte der Verwalter. » Auch wir können angegriffen werden. «

»Das ist es, was der Admiral meint«, erwiderte Commander Breckphan. »Worüber wir am Anfang des Gespräches gesprochen haben, ist in ihren Gedanken noch nicht verankert. Freude findet man nur, wenn man sich gegenseitig hilft und zur Seite steht. Wir können nicht erwarten, dass in Notfällen andere Rassen für uns immer ihre Haut hinhalten. Wenn sie einmal in Not geraten, halten wir dann eine Unterstützung für nicht notwendig?«

Der Verwalter blickte betroffen zu Boden.
»Mein Interesse gilt dem Aufbau der Stadt«, antwortete er. »Ich verstehe nichts von galaktischer Politik. «

»Das sollten sie aber«, antwortete Admiral Dragphan. »Zumal sie sehr gut wissen, dass wir da draußen nicht allein sind. Wir wissen auch nicht, was der zierrakische Kaiser plant. Ist er jetzt für immer verschwunden, oder plant er Rache gegen uns. Das alles sind noch unbeantwortete Fragen. «

»Die Wachsamkeit unserer Flotte wird durch den Abzug von 5.000 Schiffen nicht merkbar beeinflusst«, teilte der Admiral mit. »Wir sind mit 13.900 Schiffen hier angekommen. So viele Schiffe verbleiben auch als Heimatschutz zurück. Lediglich die Schiffe, die wir in der

Zwischenzeit neu gebaut haben, werden sich auf dieser Mission bewähren müssen. «

»Kenn mein Kollege auf Garth ihre Plänen?«, erkundigte sich der Verwalter der Stadt.

Admiral Dragphan nickte.
»Er sieht ein, dass in Krisenzeiten Beistand geleistet werden muss«, antwortete er. »Er ist einsichtiger als sie.«

»Mein Verhalten hat mit Uneinsichtigkeit nichts zu tun«, erwiderte der Verwalter. »Ich erklärte ihnen doch meine Bedenken. «

Commander Breckphan schlug mit seiner Hand auf den Tisch.

»Es reicht«, sagte er. »Sie scheinen mir mit ihrem Amt überfordert zu sein. Wir haben sie rechtzeitig darüber informiert, dass wir eine Unterstützungsmission planen. Zum Dank machen sie uns unberechtigte Vorwürfe. Verspielen sie nicht unser Wohlwollen. Es gibt noch mehr Interessenten auf ihren Posten. Mit ihnen kann sich man wesentlich entspannter unterhalten als mit ihnen. «

»Soll das eine Drohung sein? «, schimpfte der Verwalter. » Ich werde unserem Volk von ihren Machenschaften berichten. Dann wird der Rückhalt unseres Volkes für sie schrumpfen.«

Admiral Dragphan hatte sich in seinem Stuhl zurückgelehnt und zugehört. Mit jedem Wort des Verwalters von Sira verfinsterte sich seine Miene.

»Sie sind undankbar«, sagte er mit eiserner Stimme. »Sie haben sich für das Amt des Verwalters der Stadt Sira beworben. Wir haben ihre Bewerbung wohlwollend geprüft und ihrer Berufung zugestimmt. Doch dieses Amt beinhaltet auch die Unterstützung der hoheitlichen Aufgaben des Flotten-Oberkommandos. Ihnen scheint nicht klar zu sein, worum es uns geht. Das will ich ihnen noch einmal verdeutlichen. Durch unsere mögliche Unterstützung des Neuen-Imperiums untermauern wir unsere Zugehörigkeit zu dieser Sterneninsel. Im Gegenzug wird uns die Gemeinschaft des Imperiums auch sofort zur Seite stehen, wenn wir angegriffen werden. Die Durchschlagskraft der Flotte des Neuen-Imperiums werden wir nie erreichen, auch nicht, wenn wir unsere Arbeitskraft verdreifachen.«

»Das wird vermutlich die gleiche Hilfe werden, wie wir sie von den Zierrakies gewohnt sind«, antwortete der Verwalter.

Commander Breckphan schüttelte seinen Kopf.

»Sie wollen es einfach nicht verstehen«, bemerkte er. »Hier gibt es keine Zierrakies mehr und auch keine Tyrannen. Erstmals ist es uns möglich frei zu leben und uns zu entfalten. «

»Daran zweifle ich gewaltig«, erwiderte der Verwalter. »Ich werde meine Kollegen im Stadtrat über ihre Entscheidung informieren. Wir werden diskutieren, ob wir nicht die Befehlsgewalt des Flotten-Oberkommandos drastisch beschneiden sollen. Auch sie müssen sich den Gesetzen unserer Zivilisation unterordnen. Es kann nicht sein, dass sie über unsere Heimatverteidigung entscheiden und sich anmaßen, starke Flottenteile abzuziehen. Das passt nach meiner Ansicht nicht zusammen. «

»Sie haben Recht«, antwortete der Admiral. »Wir passen nicht zusammen. Das habe ich jetzt auch endlich erkannt. Gehen sie wieder ihrer Aufgabe nach. Zukünftig werden sie nicht mehr an diesen Gesprächen beteiligt. «

»Sie werfen mich auf dem Gebäude des Flotten-Oberkommandos? «, fragte der Verwalter.

Der Admiral nickte.

»Dieses Gebäude wurde von dem Neuen-Imperium gebaut«, antwortete er. »Es ist nicht ein Bestandteil der Stadt und steht nicht unter ihrer Verwaltung. Verlassen sie unverzüglich dieses Gebäude. «

»Das dürfen sie nicht«, tobte der Verwalter. »In bin offiziell in dieses Amt gewählt und vertrete unsere Bevölkerung. Diesen Gesetzen haben sie sich unterzuordnen. «

»Das war eindeutig ein Fehler«, bemerkte Commander Breckphan. »Sie behindern uns an der Ausführung unserer Aufgaben. Wenn wir nicht gewesen wären, dann würden sie immer noch unter der Knechtschaft von den Zierrakies stehen. Vielleicht sollten wir sie dorthin zurückbringen. Es sind noch immer Angehörige unseres Volkes dort, die dem geflüchteten Kaiser huldigen. «

Admiral Dragphan winkte seinen Sicherheits-Soldaten.
»Der Verwalter von Sira möchte uns verlassen«, sagte er. »Er hat genügend Arbeit in seiner Stadt und kann nicht länger bleiben. Setzen sie ihn vor die Türe. «

Die Soldaten verstanden. Sie fassten den Verwalter unter seinen Armen und trugen ihn fort. Dieser gestikulierte und protestierte laut. Dann endlich wurde es ruhiger in der Leitstelle des Flotten-Oberkommandos.

»Ein unangenehmer Zeitgenosse«, bemerkte der Admiral.

»Wir können keine Rücksicht auf seinen Einwand nehmen«, teilte Commander Breckphan mit. »Er versteht das Ganze noch nicht. «

»Hoffen wir, dass er in unserer Abwesenheit keine Probleme bereitet«, überlegte Admiral Dragphan. »Das Wenigste, was wir brauchen, dass er Zwietracht unter unserer Bevölkerung sät. «

»Ich werde ihn überwachen lassen«, entschied der Commander. »Falls er tatsächlich nach Argumenten sucht, um unsere Hilfeleistung zu verdammen, dann lasse ich ihn in eine Arrestzelle werfen. «

»Das verträgt sich aber auch nicht mit den neuen Stadtgesetzen«, sagte der Admiral. »Sicherlich wird er ihnen ein Verfahren anhängen. «

»Der Störenfried muss weg«, erwiderte der Commander. »Vielleicht sollten wir ihn des Amtes entheben? Dann wäre Ruhe. «

»Wir kümmern uns darum, wenn wir zurück sind«, antwortete der Admiral. »Lassen sie die Schiffe besetzen.

Wir müssen noch bei den Green-Lizards vorbei. Ich bin sicher, dass sich auch Morass mit einer Flotte beteiligen wird. «

Sternensystem Lizzit 2, Heimatwelt der Green-Lizards

Die schweren Worgass-Schiffe der 2.500 Meter-Klasse waren mit natradischen Schutzschirmen der 1. Generation modifiziert. Die neuen lantranischen Superschutzschirme wollte Major Travis noch nicht weitergeben. So konnte ein Abstand in der Technik zu anderen Rasse der Milchstraße gewahrt werden. Der technische Vorsprung des Neuen-Imperiums wurde nicht leichtfertig aufs Spiel gesetzt.

Die Worgass-Flotte materialisierte in dem Heimat-System der Green-Lizards. Admiral Dragphan blickte auf den zentralen Bildschirm seines Schiffes. Commander Breckphan war neben seinen Kommandosessel getreten.

»Wir sind angekommen«, bemerkte der Admiral.
»Dieses Sternen-System ist die neue Heimat der Green-Lizards aus Andromeda. Unsere dortigen Clans haben sie eine Ewigkeit unterdrückt und als Hilfsvolk ausgebeutet. Der vierte Planet ist ihre neue Welt, teilte mir Major Travis mit. Das Neue-Imperium hat nach den Wünschen

von den Green-Lizards einen Planeten gesucht, der für sie besonders geeignet erschien. «

»Er sieht gut aus«, antwortete Commander Breckphan. » Es scheint eine grüne Dschungelwelt zu sein. Vermutlich sind die Echsen immer noch Pflanzenfresser? «

Admiral Dragphan lachte.
»Fragen sie die Lizards bitte nicht hiernach«, antwortete er. »Vermutlich verstehen sie die Frage so, als ob wir sie als minderwertige Rasse sehen. Denken sie bitte daran, auch wir endlich beginnen müssen die Vorteile anderer Species zu akzeptieren, auch wenn sie nach unserem ersten Eindruck wie exotische Tiere aussehen. Auch die Green-Lizards sind dem Neuen-Imperium zu Dank verpflichtet. Diese Population wurde von ihnen gerettet und evakuiert. Genauso, wie sie es auch mit uns gemacht haben. Ohne Major Travis wären wir heute nicht hier. «

» So kann man sich täuschen«, antwortete Commander Breckphan. »Diese Lizards haben für unsere Brüder in Andromeda die Raumschiffe gebaut, sie geflogen und im Namen der Worgass andere Rassen angegriffen. Alles wurde von den Netzwerkdenkern und der dortigen Führung angeordnet. Ich frage mich wirklich, wer hinter ihnen steht und die Fäden zieht. Alle bekannten Worgass-Clans in den unterschiedlichen Sterneninseln werden von fremden Rassen manipuliert. Ich kenne keine Gruppe von unseren Geschöpfen, die sich frei entwickeln konnte. «

»Ich stimme ihnen zu«, antwortete Admiral Dragphan. »Doch wir werden es herausbekommen. Seit den Aller-Ersten die Kontrolle über unsere Manipulation entglitten ist und sie sich zurückgezogen haben, ab diesem Zeitpunkt wurden wir von anderen Species missbraucht.«

Die Offiziere blickten wieder auf den Bildschirm. »Das Bild zoomen«, befahl der Admiral.

Erst jetzt erkannten der Admiral und sein Stellvertreter den regen Schiffsverkehr zwischen den 11 Planeten des Systems.

»Die meisten Schiffe fliegen den vierten Planeten an«, sagte Commander Breckphan.

»Von diesem starten auch die meisten Schiffe«, bestätigte der Admiral. »Es sieht aus, als ob es Transportschiffe sind. «

»Beeindruckend«, lächelte der Commander. »Was die Echsen in der kurzen Zeit alles auf die Beine gestellt haben. «

»Achten sie auf ihre Wortwahl«, ermahnte ihn der Admiral. »Wenn sie das nicht in den Griff bekommen, dann kann ich sie auf zukünftigen Außenmissionen nicht einsetzen. Haben wir uns verstanden? «

»Ich bekomme das hin«, bestätigte der Commander. »Es ist eben alles sehr neu für mich. Selbstverständlich beherzige ich ihren Wunsch. «

»Das ist nicht mein Wunsch«, antwortete der Admiral. »Es ist eine Frage der Höflichkeit. Auch wir sind auf der Suche nach Freunden, Kontakten und neuen Handelsbeziehungen. Der Wunsch von Major Travis ist es, dass irgendwann alle Völker der Milchstraße untereinander gute Beziehungen pflegen und füreinander einstehen. Wir sind ein Teil hiervor. Also benehmen wir uns auch so. «

»Ich habe verstanden«, antwortete der Commander. »Es kommt nicht mehr vor. «

Der Admiral blickte auf den Bildschirm.
»Vermutlich hat ihre Fernaufklärung uns bereits erfasst«, sagte er. »Geben sie unserer Flotte den Befehl auf dieser Position zu warten. Wir fliegen allein weiter. Alle Schiffe sollen ihre Schutzschirme aktiveren. «

»Ich gebe den Befehl sofort weiter«, antwortete der Commander und lief zu dem Offizier der Hyperkomm-Funkabteilung.

Admiral Dragphan blickte seinen Steuermann an.
»Gehen sie auf leichte Fahrt voraus«, befahl er. »Unser Ziel ist der vierte Planet des Systems. Wir nehmen Kontakt zu den Green-Lizards auf. «

Das Flaggschiff des Admirals beschleunigte und flog in Richtung des grünen Dschungelplaneten.

In der Leitstelle des Flottenkommandos heulten grelle Alarmsirenen auf. Morass Zyran, Parlamentarier und 43. Abgeordneter des Hauses Lizzit, Beschützer der jungen Brüter, war die maßgebende Person auf Lizzit 2. Obwohl er in kein Amt gewählt worden war, vertrauten ihm alle Lizards ihr Leben an. Was er anordnete, wurde bedenkenlos durchgeführt. Er war es, der alle geknechteten Artgenossen in die Freiheit geführt hatte. Diese Tatsache vergaßen die Angehörigen seiner Rasse nicht.

Fast gleichzeitig kamen Morass und Raise in die Leitstelle gelaufen. Die Raumüberwachung hatte den globalen Alarm ausgerufen. Fremde Schiffe waren im System aufgetaucht. Noch standen sie weit entfernt von dem vierten Planeten in einer Warteposition.

»Was sind das für Schiffe? «, fragte Morass. » Ist ein Abgleich durchgeführt worden.

»Noch nicht«, antwortete ein Angestellter der Leitstelle. »Unsere Daten sind ungenau. «

»Ich verstehe nicht? «, fragte Morass. » Warum haben wir keine genauen Daten? «

»An den Außensensoren werden automatische Wartungen vorgenommen«, erklärte der Angestellte. »Daher musste das Netz der Frühwarnsensoren abgeschaltet werden. Wir können derzeit nur auf die bodengebunden Satelliten zurückgreifen. «

»Das ist natürlich ein wichtiges Argument«, antwortete der Anführer der Lizards.

»Funken sie die fremden Schiffe an und bitten sie sich zu identifizieren«, sagte Morass. »Dann wissen wir mehr. «

Der diensthabende Angestellte der Leitstelle griff nach einem Communicator.

»Hier spricht die Raumüberwachung der Green-Lizards. Fremde Schiffe identifizieren sie sich unverzüglich«, sprach er in das Gerät. » Ich wiederhole, identifizieren sie sich unverzüglich. Ansonsten werden wir drastische Abwehrmaßnahmen ergreifen. «

»Wie viele Schiffe konnte unsere Hypertronic-KI ermitteln? «, erkundigte sich Raise.

Der Angestellte blickte sie an.
»Es handelt sich um eine unbekannte Flotte von 5.000 Schiffen«, antwortete er. »Es sind durchweg Giganten einer 2.500 Meter-Klasse. Die Schiffe haben sehr viel Ähnlichkeit mit den Worgass-Konstruktionen aus Andromeda. «

Morass pfiff durch seine Zähne.
»Das ist ein schweres Kaliber«, antwortete er. »Solange wir keine Antwort erhalten, müssen wir von einem Angriffsfall ausgehen. Alle globalen Abwehrtürme ausfahren. Ich möchte alle Verbände der schnellen Eingreif-Geschwader in der Luft haben. Sie möchten in diesem Fall nur die Schiffe mit den modifizierten Schutzschirmen einsetzen. «

»Die Alarmierung ist raus«, antwortete der angestellte Offizier. »Kommandeur Draise Zosan leitet persönlich die Abfanggeschwader. «

»Haben wir eine Antwort auf unseren Hyperkomm-Funkspruch erhalten? «, erkundigte sich Raise.

»Leider nicht«, antwortete der Lizard der Leitstelle. »Die Schiffe antworten nicht auf unsere Funksprüche. Vielleicht verstehen sie unsere Sprache nicht? «

»Lassen sie den Funkspruch in natradischer Sprache übermitteln«, befahl Morass. »Sie könnten Recht haben. Nicht alle Rassen sind unserer Sprache mächtig. «

»Ich würde eher sagen, die Wenigsten«, pflichtete Raise ihm bei.

Erneut wurde die Hyperkomm-Funknachricht ins All gesendet.

»Erhalten wir endlich eine Antwort? «, erkundigte sich Morass ungeduldig.

»Nein«, antwortete der Dienstellenleiter. »Wir bekommen immer noch keine Antwort. «

»Wir haben eine neue Ortung«, meldete der Ortungs-Angestellte. »Ein Schiff nimmt Kurs auf unseren Planeten. Alle anderen Schiffe bleiben auf ihrer Position. «

»Sind die Abfangjäger gestartet? «, fragte Morass. » Wir brauchen die Schiffe jetzt in der Luft. Das dauert alles zu lange. «

»Die Schiffe der Abfangflotte starten von unterschiedlichen Basen aus«, bestätigte der Dienstellenleiter. »Sie formieren sich zu zwei Abfangformationen. «

»Haben sie den Schuss-Korridor für unsere bodengebundenen Abwehrgeschütze freigelassen, so wie es geübt wurde? «, fragte Morass.

Der diensthabende Lizard bestätigte.
»Der Korridor für unsere Abwehrgeschütze ist offen«, antwortete er.

»Geben sie dem Schiff zwei Lasersalven in seinen Schutzschirm«, befahl Morass. » Sie sollen merken, dass es uns Ernst ist. Wenn sie es nicht für nötig halten sich anzumelden, dann müssen sie mit den Folgen leben. «

»Das zentrale Abwehrgeschütz wurde programmiert«, bestätigte der Angestellte.

»Feuer frei«, befahl Morass. »Bringen wir ihnen etwas Anstand bei. «

Auf dem Bildschirm der Leitstelle beobachte die diensthabende Crew, wie sich das natradische Abwehrgeschütz aufrichtete und sein Ziel anvisierte. Dann röhrten zwei gewaltige grelle Lasersalven aus den langen Zwillingsrohren und zischten ins All.

»Es steigen zahlreiche Jäger von dem vierten Planeten auf«, teilte der Ortungs-Offizier des Worgass-Schiffes mit. »Es sind exakt 20.000 Schiffe Sie bilden ein linkes und ein rechtes Geschwader. «

»Warum ein linkes und ein rechtes Geschwader«, erkundigte sich der Admiral.

»Auf Einschlag vorbereiten«, warnte der Ortungs-Offizier. »Wir werden von einem starken bodengebundenen Lasergeschütz angegriffen. Aufprall in vier Sekunden. «

Die Offiziere auf der Brücke des Flaggschiffes liefen aufgeregt durcheinander.

»Schutzschirm auf Maximum«, befahl der Admiral.

»Wir sind noch zu weit entfernt«, teilte der Ortungs-Offizier. »Der Einschlag wird uns nichts anhaben können.«

Der Admiral schnallte sich auf seinem Kommandosessel an. Dann trafen die Lasersalven auf das Schiff. Der massive Aufschlag riss die meisten Offiziere von ihren Füßen. Sie schlugen hart auf dem Boden auf. «

Commander Breckphan konnte sich rechtzeitig noch an einer Haltestange festhalten. Seine Füße verloren den Kontakt zu dem Boden. Die Kontrollanzeigen des Schutzschirmes schnellten in den roten Bereich hoch. Alarmsirenen fluteten alle Abteilungen des Schiffes. Das Aufheulen der Generatoren des Maschinendecks verebbte nur langsam.

»Verdammte Echsen-Brut«, fluchte der Commander. »Solchen Lebensformen sollte man keine Technik geben.«

Admiral Dragphan lachte laut auf.
»Achten sie auf ihre Worte«, sagte er. »Die Green-Lizards verdienen meinen Respekt. Sie sind auf einem guten Weg sich selbst zu verteidigen. Was sie vollbringen können, werden wir auch noch schaffen. «

»Sanitäter auf die Brücke«, sprach Commander Breckphan in einen Communicator der Schiffskommunikation. «

Admiral Dragphan blickte sich um. Viele seiner Offiziere hatten sich durch den Sturz Prellungen und Verletzungen zugezogen.

»Rufen sie die Raumüberwachung von Lizzit 2«, befahl er. »Wir geben uns zu erkennen. «

»Die Verbindung baut sich auf«, antwortete der Funk-Offizier. »Sie können sprechen, Admiral. «

»Hier spricht Admiral Dragphan, von dem Flaggschiff der Worgass-Flotte«, sprach er in den Funkgeber. »Ich rufe Morass Zyran. Bitte melden sie sich. Deaktivieren sie bitte ihre Waffen. Wir sind ein Mitglied des Neuen-Imperiums.«

»Treffer«, meldete der diensthabende Angestellte der Leitstelle. »Die Salve unseres Abwehrgeschützes hat sie voll erwischt. Ich messe erhöhte Energiewerte in ihrem Schiff. «

Morass antwortete nicht auf diese Information. Er rechnete mit einem Gegenschlag. Nachdenklich blickte er auf den zentralen Bildschirm.

»Sollen unsere Schiffe angreifen? «, fragte der Dienstellenleiter.

»Noch nicht«, antwortete Morass. »Wir warten noch ab.«

»Eingehender Funkspruch von dem sich nähernden Schiff«, meldete der Angestellte des Funkdienstes.

»Stellen sie auf die Lautsprecher«, befahl Morass. »Hören wir uns an, was sie zu sagen haben. «

Nach einem kurzen Knistern in der Funkverbindung, wurden natradische Worte hörbar.

»Hier spricht Admiral Dragphan, von dem Flaggschiff der Worgass-Flotte«, tönte es aus den Lautsprechern. »Ich rufe Morass Zyran. Bitte melden sie sich. Deaktivieren sie ihre Waffensysteme. Wir sind ein Mitglied des Neuen-Imperiums. «

Morass griff nach seinem Communicator.
»Hier ist Morass Zyran«, antwortete er. »Wir bitten für die Lasersalven um Entschuldigung. Ich hoffe, es hat

ihrem Schiff nichts ausgemacht. Wir haben lediglich die Minimalstufe gewählt. «

Morass schmunzelte. Seine Angabe entsprach nicht der Wahrheit.

»Wir haben sie öfters aufgefordert sich zu identifizieren, doch leider erhielten wir keine Antwort«, ergänzte er. »Wir haben sie für fremde Worgass-Eindringlinge gehalten. «

»Es tut uns leid«, antwortete der Admiral. »Das war unser Fehler. Ich wollte gerne wissen, wie weit sie mit der Verteidigung ihres Systems vorangekommen sind. Das haben wir jetzt schmerzlich registriert. Einige meiner Brückenoffiziere haben sich leichte Verletzungen zugezogen. «

Morass blickte seine Tochter an und schmunzelte.
»Was verschafft uns die Ehre ihres Besuches? «, erkundigte er sich. » Wir kennen uns ja von dem letzten Einsatz her. «

»Ganz richtig«, erwiderte der Admiral. »Ich komme mit wichtigen Informationen. Das Neue-Imperium rüstet auf. Vermutlich befindet es sich in Bedrängnis. «

»In Bedrängnis? «, fragte Morass. » Wird es von fremden Intelligenzen angegriffen? «

»Das wissen wir nicht so genau«, antwortete der Admiral. »Ich habe eine Unterstützungsflotte von 5.000 Schiffen auf die Beine gestellt. Wir sind auf dem Weg nach Natrid. Vorher wollte ich sie fragen, ob sie uns begleiten wollen?«

»Wenn es um eine Unterstützung für Natrid geht, dann sind die Green-Lizards dabei«, antwortete Morass. »Wir haben ihnen viel zu verdanken. Ich sende ihnen einen Leitstrahl. Bitte teilen sie uns ihre Informationen mit. Ich lasse in der Zwischenzeit eine entsprechende Flotte aufstellen. Wir unterhalten uns in unserer Leitstelle weiter. Bis später Admiral Dragphan.«

»Danke für die Einladung«, antwortete dieser. »Senden sie uns den Leitstrahl. Wir landen in wenigen Minuten. «

»Wollen sie wirklich bei den Lizards landen? «, erkundigte sich der Commodore. » Vielleicht ist das ein Vorwand. Möglicherweise fallen sie nach unserem Aussteigen über uns her und versuchen uns zu fressen? «

Der Admiral und die Crew der Brücke lachten laut auf. Der Commodore blickte von Offizier zu Offizier.

»Ich merke, dass ich noch viel Arbeit mit ihnen habe«, erwiderte der Admiral.

»Der Leitstrahl wurde erfasst und eingespeist«, teilte der Steuermann mit.

»Landevorgang einleiten«, befahl der Admiral. »Wir halten uns auf diesem Planeten nur kurz auf. Nach unserer Landung bereiten sie bitte alles für den erneuten Start vor. «

»Befehl verstanden«, bestätigte der Steuermann.

Ein schwarzer Gleiter raste auf das große Worgass-Schiff zu. Admiral Dragphan, Commander Breckphan und Captain Fragphan, der Sicherheits-Offizier des Schiffes standen bereits auf dem Boden des Raumflughafens.

Morass stieg aus dem Gleiter aus. Er wurde von vier grimmig blickenden Soldaten begleitet.

»Wofür sind die Soldaten? «, fragte Admiral Dragphan, als Morass ihn herzlich begrüßte. Er vermied es jedoch dem Worgass die Hand zu geben.

»Ich bin ein Staatsmann geworden«, antwortete Morass. »Das ist meine persönliche Leibgarde. Machen sie sich keine Sorgen. Sie werden erst nervös, wenn sie nach ihren Waffen greifen. «

»Ich verstehe«, antwortete der Admiral.
»Bitte verzeihen sie, wenn ich einen Kontakt zu ihnen vermeide«, sagte der Führer der Lizards. »Wir wissen, dass ihre Rasse allein durch eine Berührung mit anderen Lebensformen eine neue Gestalt annehmen kann. «

»Das ist richtig«, lächelte der Admiral. »Eine Laune der Natur. Wir müssen hiermit leben. Sie können uns jedoch vertrauen, dass wir diese Möglichkeit nur in Notfällen nutzen werden. Wir freie Worgass schätzen andere Lebensformen und sind sehr dankbar, dass uns die Milchstraße aufgenommen hat. «

»Ein lobenswerter Vorsatz«, antwortete Morass. »Wir werden sehen. Bitte folgen sie mir. Wir reden in unserer Leitstelle weiter. «

Commodore Breckphan blickte den Lizard mit einem zurückhaltenden Blick an. Ihm war diese Lebensform nicht geheuer.

Morass entging der Blick des Commanders nicht. Er blickte zufällig in seine Richtung. Dann fletschte er sein

Maul. Die scharfen weißen Reißzähne ließen den Commander einen Schritt zurückweichen. «

Morass und Raise lachten.

»Sehen sie, das ist unsere Art Spaß zu machen«, teilte er mit. »Wir sind tatsächlich die furchterregenden Nachkommen der Sauroiden, über die sich so viele Geschichten erzählt werden. Steigen sie endlich in den Gleiter ein, sonst wurzeln sie hier noch an. «

Nachdem die Gäste eingestiegen waren, hob der Gleiter ab und flog über die große Stadt der Lizards. Erstaunt erkannten der Admiral und der Commodore die vielen Baustellen. Wie kleine Ameisen sahen die Arbeiter aus, die an vielen Stellen ihren Job verrichteten.

»Sie sind fleißig«, sagte Admiral Dragphan. »Ihre Stadt wird immer größer. «

»Wir investieren in die Zukunft«, antwortete Morass. »Es ist durchaus möglich, dass wir von anderen Planeten in Andromeda weitere unseres Volkes retten müssen. Diese brauchen eine Unterkunft. Das hängt aber von den Lantranern und der Nutzung der neuen Wurmlochtechnik des Imperiums ab. Major Travis scheint sehr vorsichtig mit der Weitergabe dieser Technik zu sein. «

»Das ist verständlich«, erwiderte Commander Breckphan. »Ein solcher Durchgang kann auch den Weg für kriegerische Species in unsere Galaxie öffnen. «

»Da muss ich ihnen widersprechen«, sagte Raise. »Die neuen Wurmlochverbindungen funktionieren nur in eine Richtung. Sie sind nicht gleichzeitig beidseitig benutzbar. Ich kann also kontrollieren, wen ich durchlasse und wie viel ich durchlassen möchte. «

»Wir verstehen«, antworteten die Worgass-Gäste interessiert.

Der Gleiter schaltete in den Landevorgang. Vor einem großen Gebäude setzte er vorsichtig auf. Morass sprang heraus. Er zeigte stolz auf das Hochhaus.

»Das ist das Gebäude unserer neuen Weltraumbehörde«, erklärte er. »Es besitzt 27 Stockwerke. «

Admiral Dragphan blickte beeindruckt an dem Gebäude hoch.

Das Bauwerk glitzerte in einer Glasfassade. Die Sonne spiegelte sich auf der Oberfläche wieder. Auf dem Dach wehten vier Fahnen mit dem Logo der Republik Lizzit.

»Ist das ihre Entwicklung? «, fragte Captain Fragphan. » Es sieht funktionell und praktisch aus. «

»Wir haben das Bauwerk dem Neuen-Imperium abgeschaut«, antwortete Morass. »Warum sollen wir immer noch unsere alten höhlenförmigen Palastanlagen bauen? Das ist viel zu aufwendig und dauert dreimal so lange. Wir sind dabei, uns auf eine flexible Struktur einzustellen. Treten sie bitte ein.«

Die Gruppe schritt auf die große Pforte zu. Zwei Sicherheits-Soldaten öffneten die Schwingtüren. Morass ging voran.

Er zeigte auf eine linksliegende Türe.
»Hier ist ein Besprechungssaal«, erklärte er.

Er öffnete die Türe und ließ die Besucher eintreten. Der sachliche Raum war mit einem langen Tisch ausgestattet, an dem 24 Stühlen standen. In dem Tisch waren mittig eine verschiebbare Tastatur und ein Bildschirm eingelassen.

»Setzen sie sich«, bot Morass seinen Gästen einen Platz an. Er zeigte mit seiner Klaue auf die Stühle.

»Darf ich ihnen eine Erfrischung offerieren? «, fragte Raise.

»Wir nehmen das gleiche wie sie«, antwortete Admiral Dragphan. »Machen sie sich wegen uns keine Umstände. Wir sind lediglich mit einer Bitte zu ihnen gekommen. «

Die Tochter des Führers der Green-Lizards winkte einem Service-Roboter. Dieser setzte sich gemächlich in Bewegung und kam auf sie zugeschritten.

»Bringe uns bitte eine Karaffe Nektaronis«, sagte sie. »Für jeden der Anwesenden ein Glas.«

Der Service-Roboter antwortete etwas in einer nicht verständlichen Sprache, drehte sich um und schritt zu einer kleinen Bar im Rücken der Gäste.

Admiral Dragphan schaute ihm hinterher. Er erkannte, dass der Robot nicht an die Körperform der Green-Lizards angepasst war, sondern eher den Robotern des Neuen-Imperiums glich.

Er drehte seinen Kopf wieder Morass zu
»Welche neuen Informationen haben sie für uns? «, erkundigte sich der Führer der Green-Lizards. » Erzählen sie bitte, spannen sie uns nicht weiter auf die Folter. «

Der Service-Roboter kam zurück und stellte jedem der Anwesenden ein großes Glas mit roter Flüssigkeit hin. Dann zog er sich leise zurück.

Morass ergriff das Glas und hielt es hoch.
»Auf die neue Worgass-Kolonie«, sagte er. »Diese neue Zeit ist auf Freundschaft und Frieden ausgerichtet. Ich freue mich, dass sie endlich einmal den Weg zu uns gefunden haben. «

Dann setzte er das Glas an seinen Mund und trank einen Schluck.

Die Gäste taten es ihm gleich. Lediglich Commander Breckphan roch zunächst an der Flüssigkeit, bevor er vorsichtig einen Schluck probierte. Sein Gesicht entspannte sich. Das Getränk schien ihm zu schmecken. Morass beobachte ihn, als der Commander noch einen tiefen Schluck zu sich nahm.

»Das ist äußerst schmackhaft«, bemerkte Commander Breckphan. »Woraus wird das Getränk hergestellt? «

»Das wollen sie nicht wissen«, antwortete Morass.

»Doch, sicherlich«, erwiderte der Commander. »Wir sind für neue Dinge offen. «

»Dieses Getränk wird nur besonderen Gästen serviert«, entgegnete Morass. »Es ist durch seine lange Lagerung leicht alkoholhaltig. Trinken sie es nicht zu schnell. «

»Das könnte mein neuer Favorit werden«, erwiderte der Commander.

»Gehen sie vorsichtig mit dem Getränk um«, antwortete der Green-Lizard erneut. »Es gibt nicht mehr viel hiervon. Es wird aus dem Blut unserer Feinde hergestellt«.

Der Commander schien nicht richtig gehört zu haben. Wie von einer Tarantel gestochen sprang er auf und spuckte die Flüssigkeit aus.

»Das darf doch nicht wahr sein«, fluchte er.

Verwundert hielt er inne. Alle Anwesenden lachten und blickten ihn an.

»Das war ein übler Scherz«, sagte er. »Die Green-Lizards wollen uns testen? «

»Ganz richtig«, antwortete Raise. »Wir haben bereits erkannt, dass sie als einzige Person in diesem Raum uns etwas skeptisch beobachten. Sie sind noch nicht bereit uns Echsen zu trauen. Das Getränk wird aus einer großen Frucht unseres alten Heimatplaneten hergestellt. Es ist so kostbar, weil wir keinen Zugriff mehr auf diese Pflanze haben. Sie existiert nicht in der Milchstraße. «

»Ich bitte um Entschuldigung«, antwortete der Commander. »Ich bin noch nicht oft exoiden Lebensformen begegnet. Die ganzen Geschichten, die um die brutalen Rigo-Sauroiden erzählt werden, haben negative Spuren in mir hinterlassen. «

»Dagegen kämpfen wir an«, antwortete Morass. »Viele Rassen denken so wie sie. Doch ich kann ihnen versichern, dass wir nichts mit den alten Rigo-Sauroiden gemein haben. Sie wurden nicht von unseren Herren gezüchtet. Wir wissen nicht, woher sie stammen. Auch sahen sie nicht so aus wie wir. Was wir wissen, ist, dass es sich um schreckliche Kampfmaschinen gehandelt haben muss. Sie haben kein Gewissen gehabt und waren nur auf die Aufführung der Befehle ihrer Herren programmiert. Sehen sie in uns bitte eine friedliche Form der Echsen-Species. Auch wir wurden genauso wie sie, von unseren Herren jahrtausendelang als Sklaven missbraucht und für untere Arbeiten herangezogen. «

Commander Breckphan nickte.

»Langsam verstehe ich sie«, erwiderte er.

»Es gibt noch etwas, das unsere Rassen gemeinsam haben«, ergänzte Morass. » Auch von unserem Volk leben noch unzählige Lizards auf fremden Planeten, die von unterschiedlichen Rassen als Hilfsvolk eingesetzt werden. Diesen Brüdern und Schwestern wollen wir zu gegebener Zeit zur Freiheit verhelfen. Es ist bei uns nicht anders, wie auch bei ihrer Rasse. Denken sie einmal hierüber nach. «

Morass blickte die Gäste an.

»Warum sind sie zu uns gekommen? «, fragte er. » Was ist Schlimmes passiert? «

»Ich hoffe, bisher nichts«, antwortete der Admiral. »Wie sie sicherlich wissen, liegt unser neues Sternensystem nicht allzu weit von dem Sol-System entfernt. Major Travis hat uns seinerzeit gebeten, die Kontrolle und den Schutz unseres Gebietes selbst durchzuführen. Nur wenn es zu einem Notfall kommen sollte, darf ich das Neue-Imperium um die Entsendung einer Flotte zu bitten. Hieran halten wir uns. Während einem unserer Kontrollflüge sind wir sehr nahe an das Gebiet des Sol-Systems herangekommen. Unsere Fernaufklärer-Flotte konnte Aufnahmen mitbringen, die uns informierten, dass Major Travis im Moment sehr starke Flotten-Verbände zusammenzieht. Das allein machte uns noch nicht stutzig. Es hätte sich auch um eine Übung handeln können. Doch wir erkannten erstaunt, dass sich auch eine lantranische Flotte von exakt 500 Schiffen in dem Sol-System aufhält. «

»Das ist ungewöhnlich«, antwortete Morass. »Heran erklärte mir, dass die Lantraner zu größeren Flottenbewegungen im Moment nicht bereit wären. Umso verwunderlicher ist jetzt ihre Aussage. Ist es bewiesen, dass es sich um lantranische Schiffe handelt? «

»Hier ist der Datenkristall«, antwortete der Admiral. » Sie können gerne meine Aussage überprüfen. Die Evolutions-Schiffe der Lantraner sind sofort zu erkennen. «

»Das wird nicht nötig sein«, erwiderte Morass. « Ich glaube ihnen. Was wollen sie nun von uns? «

»Bei unserer letzten Begegnung habe ich sie als dankbares Mitglied des Neuen-Imperiums kennengelernt«, erklärte Admiral Dragphan. »Ich bin mir sicher, dass Major Travis vor einer schwierigen Aufgabe steht. Die Worgass-Kolonie ist sehr dankbar für ihre Ansiedlung in der Milchstraße. Wir werden das Neue-Imperium mit einer Flotte unterstützen und unseren

Betrag als Mitglied leisten. Sie haben sicherlich gesehen, dass ich mit 5.000 Schiffen bei ihnen angereist bin. Das ist unser kleiner Beitrag. «

Er blickte Morass an.

»Trotz aller äußerlichen Unterschiede, haben wir doch die gleiche Geschichte«, ergänzte der Admiral. »Ich dachte, ihnen würde der gleiche Gedanke durch den Kopf gehen?«

»Es verwundert mich sehr, wie ein Worgass die Gedanken eines Green-Lizards erraten kann«, bestätigte Morass. »Sie haben Recht. Auch wir werden unseren Beitrag leisten. Ich habe bereits eine Flotte von 25.000 Schiffen alarmieren lassen. Sie werden ausnahmslos mit freiwilligen Piloten bemannt. Geben sie uns noch 4 Stunden Zeit, dann haben wir uns formiert. Gemeinsam fliegen wir Seite an Seite und unterstützen das Neuen-Imperiums von Natrid und Tarid. Nicht nur das. Wir kämpfen für den Erhalt unserer neuen Heimat die Milchstraße. «

»Besser hätte ich es nicht sagen können«, lächelte Admiral Dragphan. »Ich freue mich auf die Zusammenarbeit. «

»Ich komme auch mit«, bemerkte Raise.

Morass blickte sie an.

»Das gefällt mir nicht«, antwortete er. »Deine Aufgabe ist hier auf unserem Planeten. «

»Ich lasse dich nicht allein in den Kampf ziehen«, antwortete Raise. »Besser du stellst dich direkt hierauf ein. «

Erstmals schien auch Commander Breckphan zu lächeln.

Morass zuckte mit seiner Schulter.

»Wenn Kinder sich etwas in den Kopf setzen, dann ist es nur schwer wieder rückgängig zu machen«, antwortete er. »Du bleibst aber auch meinem Schiff. «

Raise nickte zufrieden.

Erstmals schien auch Commander Breckphan zu lächeln. Er hatte die Rasse der Green-Lizards ein wenig kennengelernt.

»Raise bringt sie zu ihrem Schiff zurück«, sagte Morass.

»Ich werde noch einige Vorbereitungen treffen. Erwarten sie unsere Flotte an den Koordinaten ihrer wartenden Schiffe. Weisen sie ihre Piloten bitte an, nicht auf uns zu feuern. Das würde nichts bringen. Unsere Schiffe sind mit neuen leistungsstarken Schutzschirmen ausgestattet. «

Nach exakt vier Stunden startete von dem vierten Planeten eine Flotte von 25.000 Schiffen einer 250 Meter-Klasse. Nach kurzer Zeit erreichte sie den Rendezvousplatz.

Morass stimmte sich mit Admiral Dragphan über die nächsten Sprung-Koordinaten ab. Dann verschwand die starke Flotte in den Hyperraum.

Commander Breckphan war in seiner Kabine. Das Gespräch mit den Green-Lizards hatte ihn nachdenklich gemacht.

»Kann die Aussage von Morass wirklich stimmen«, fragte er sich. »Sind ihre 250-Meter-Schiffe wirklich in der Lage unsere Lasersalven zu absorbieren? «

Er grübelte vor sich hin, fand jedoch keine passende Antwort.

»Falls es so ist, dann kann man vor ihnen nur Respekt haben«, überlegte er.

Er nahm sich vor, die grüne Lebensform zukünftig mit anderen Augen zu betrachten.

Admiral Tarin

Das Flaggschiff von Admiral Tarin war auf dem ihm zugewiesenen Platz, vor dem großen Raumhafengebäude des Distributions-Zentrums auf Titan gelandet. Der neue mobile Gangway wurde ausgefahren und koppelte sich mit dem Schiff der 2.500 Meter-Klasse.

Major Travis und seine Gäste bestaunten den Prototypen der natradischen Fertigung. Leider gab es nur ein Exemplar hiervon. Die Fertigstellung dieses Giganten war erst in den letzten Kriegstagen gelungen. Die Konstruktionspläne und die Bauzeichnungen waren mit dem Angriff der Rigo-Sauroiden und der anschließenden Zerstörung des wissenschaftlichen Mondes verloren gegangen. Der Schiffsgigant wies einige Unterschiedlichkeiten zu den bekannten Schiffen der Kaiser-Klasse auf. Auf jeder Schiffsseite waren mehr Waffentürme installiert als auf den bekannten Schiffen des natradischen Imperiums. Vermutlich eine Folge des intensiven Krieges vor 100.000 Jahren.

Major Travis hatte Noel gebeten, den Admiral nach den alten Gepflogenheiten des kaiserlichen Imperiums zu ehren, um ihm einen entsprechenden Empfang zu bereiten. In der großen Festhalle auf Titan versammelten sich immer mehr hochdekorierte Offiziere der EWK und geladene Gäste von Tarid. Politiker vieler Staaten, UN-Abgesandte und Wirtschaftsexperten von Firmen, die für die EWK und das Neuen-Imperiums Produkte fertigten, wollten die Ankunft des legendären Admirals nicht versäumen.

Major Travis hatte Sirin, Atlanta, Lorin, Marin & Gareck, einen Teil der atlantischen Kampfpiloten, Barenseigs, Heinze, Tarel 7, den Roboter der Atlantarosa und viele weitere Persönlichkeiten in den Festsaal geschickt. Sie sollten Noel unterstützen und dafür sorgen, dass alle Vorbereitungen getroffen waren, wenn der Admiral eintraf.

Major Travis blickte Aritron und seine Gefolgschaft an.
»Sie sind natürlich zu dem Festakt ebenfalls eingeladen«, bemerkte er. »Sicherlich werden sie auch Fragen an Admiral Tarin haben.

»Wir danken für die Einladung«, antwortete Aritron. »Doch wir möchten keine Umstände bereiten. «

»Bitte bleiben sie«, sagte Major Travis. »Unsere redartanischen Freunde fühlen sich genauso unbehaglich, wie sie. Trotzdem müssen wir uns der Zukunft stellen. Das geht nur über eine gemeinschaftliche Zusammenarbeit.

»An mir soll es nicht liegen, ich bleibe natürlich«, entgegnete Heran. »Das Schauspiel lasse ich mir nicht entgehen. «

Aritron blickte ihn an und verzog sein Gesicht.
»Du bist wieder der Erste, der zusagt«, entgegnete er.
»Das ist uns allen klar. «

Dann blickte er Thoran, Tyran und Brontan an.
Diese zuckten mit ihren Schultern.

»Die Entscheidung liegt bei dir«, antwortete Thoran.
»Major Travis hat Recht. Es gibt noch einige Fragen, die wir dem Admiral stellen können. Letztendlich haben wir noch drei Tage Zeit, bis unsere Mission beginnt. «

Major Travis lächelte seine Gäste an.
»Ich danke ihnen aufrichtig«, antwortete er. »Gehen wir in den Festsaal. Das Schiff des Admirals ist bereits gelandet. «

Die Gäste folgten dem Major. Außerhalb des Besprechungsraumes stand ein wartender Antigravitations-Schlitten. Dieser brachte die Gruppe zu dem 30 Minuten entfernten Festsaal.

Admiral Tarin folgte den Anweisungen des Bodenpersonals.

»Bitte warten sie, bis sich die Gangway mit ihrem Ausstiegs-Schott verbunden hat«, teilte eine weibliche Stimme in natradischer Sprache mit.

Diese Technik gab es auf Natrid nicht. Hier wurden die Schiffe ausschließlich über eine ausgefahrene Laserbrücke verlassen. Admiral Tarin hatte seine wichtigsten Offiziere eingeladen ihn zu begleiten. Verdutzt schaute er, Commander Lurtrin, der 1. Offizier des Schiffes, Commodore Sitrin, Ortungs-Offizier Garrtrin, Steuermann Hartrin und Informations-Offizier Suterin durch das Schauglas des Schotts auf den näherkommenden Verbindungsarm. Das breite Ungetüm rollte auf das Schott zu. Es drückt sich fest auf den Ausstieg und verband sich mit dem Schiff. Die Anzeige des Sauerstoffmelders wechselte auf eine grüne Farbe.

»Wir können gehen«, sagte der Admiral. »Der Arm scheint mit Atmosphäre gefüllt zu sein. «

Ein Soldat öffnet die Luke. Zischend vermischte sich die Luft und stellte einen Druckausgleich her. Die Gäste blickten in die Gangway und sahen am Ende helles Licht.

»Gehen wir«, sagte der Admiral. »Man erwartet uns. «

Sich nach allen Seiten umschauend und das Material der Gangway prüfend schritten die natradischen Gäste dem Licht entgegen. Als sie in die große Empfangshalle geschritten kamen, traten Noel und Sergeant Hardin auf den Admiral und seine Begleitung zu. 120 Marines hatten sich rechts und links aufgestellt und salutierten. Als sie sich den Gästen zudrehten, halten ihre Stiefel auf dem harten Steinboden.

Noel salutierte mit dem alten natradischen Gruß, Sergeant Hardin salutierte auf terranischer Art.

»Schön sie zurück in der alten Heimat zu sehen«, begrüßte Noel den Admiral.

»Mit wem habe ich die Ehre? «, fragte dieser.
»Mein Name ist Noel«, antwortete der Kunstklon. Ich bin der mobile Arm der natradischen Hypertronic-KI. Sie ist meine Mutter, ich wurde von ihr künstlich erzeugt. Auch in ihrem Namen darf ich sie begrüßen. «

»Sie sind das Produkt meiner Programmierung vor 100.000 Jahren, welche die Nachfolge der Hinterlassenschaften sichern sollte? «, fragte der Admiral.

»Das ist richtig«, sagte Noel. »Alle Programmierungen wurden lückenlos erfüllt. «

»Das ist Bemerkenswert«, erwiderte der General. »Mit deiner Mutter möchte ich mich gerne unterhalten. «

»Dieser Zugriff wird ihnen nicht gestattet«, antwortete Noel emotionslos. »Alle alten Zugangscodes wurden gelöscht. Bitte wenden sie sich an Major Travis, um ein Gespräch zu vereinbaren. Dann wird es ihnen möglicherweise genehmigt? Wir unterstehen seit ihrer Evakuierung einzig und allein dem Neuen-Imperium von Natrid und Tarid. «

»Ich verstehe«, antwortete der Admiral und lachte.
Er drehte sich zu Sergeant Hardin um.

»Wer sind sie? «, erkundigte er sich.

»Das ist Sergeant Hardin«, erklärte Noel. »Er wird sie exekutieren und ihnen Schutz gewähren. «»

Ist das hier notwendig? «, fragte Commander Lurtrin.

»Normalerweise nicht«, erwiderte der Sergeant direkt. » Doch im Moment halten sich viele Gäste von anderen

Planeten bei uns auf. Wir starten in wenigen Tagen zu einer wichtigen Mission. «

Der Admiral blickte seine Begleiter an.
»Das ist interessant«, antwortete er. »Ich bin sehr beeindruckt, was sie in der kurzen Zeit alles geschafft haben. «

Sergeant Hardin nickte.
»Darf ich sie um ihre Waffen bitten«, sagte er. »Wir befinden uns in einer sensiblen Anlage. Gäste erhalten nur ohne Waffen einen Zutritt. «

»Die Waffen geben wir nicht ab«, antwortete Commodore Sitrin. »Das war noch nie üblich. Sie dienen unserer Sicherheit. «

»Bei uns ist es Vorschrift und leider notwendig«, antwortete der Sergeant. »Bitte haben sie Verständnis. Meine Marines passen auf sie auf. «

Fünf Shy-Ha-Narde waren aus der Gruppe der Eskorte getreten und gingen einen Schritt auf die Gäste zu. Ihren Sensoren entging nichts. Ihre tiefroten Augen musterten die natradischen Gäste. Ein Zeichen dafür, dass sie in den Kampfmodus umgeschaltet hatten.

Irritiert blickten die Gäste die Roboter an. Diese sahen noch gefährlicher aus als zu Zeiten des natradischen Imperiums.

»Jetzt wenden sich auch noch unsere eigenen Roboter gegen uns«, sagte Ortungs-Offizier Garrtrin.

»Sie gehören uns nicht mehr«, antwortete der Admiral. »Freuen sie sich doch darüber, dass sie alle noch tadellos funktionieren und ihren Herren aus Wort gehorchen. «

Sergeant Hardin winkte seine Kampf-Roboter wieder in die Reihe der Sicherheitssoldaten zurück.

»Das wird nicht nötig sein«, sagte er.
Die Roboter drehten sich wortlos um und reihten sich wieder in die Reihe der Sicherheitskräfte ein.

Sergeant Hardin blickte dem Admiral in die Augen.
»Sie wurden uns als ein verständnisvoller Admiral geschildert«, sagte er. »Ich hoffe sehr, dass wir in der Einschätzung ihrer Person nicht falsch liegen? «

Admiral Tarin lachte den Sergeant an.
»Hardin war der Name? «, fragte er. » Haben sie bereits einmal daran gedacht, dass sich im Laufe von 100.000 Jahren eine Einstellung ändern kann? Wir haben viel

erlebt, wurden totgesagt, in Stasis-Kammern eingeschlossen und in Arrestzellen geworfen. Wir mussten zahlreiche Angriffe abwehren und uns mit hinterhältigen Politikern herumschlagen. Glauben sie wirklich, hierdurch wird man verständnisvoller? «

»Ich verstehe sie nur allzu gut«, schmunzelte der Sergeant. »Das ist auf Tarid nicht anders. Doch ich denke wirklich, dass sie noch die ehrenvolle Person sind, die uns geschildert wurde. Auf Tarid gibt es ein Sprichwort. Das lautet, niemand kann aus seiner Haut heraus. Es bedeutet in etwa, dass es sehr schwer ist, sich vollständig zu ändern. Ich gehe noch davon aus, dass sie die gleiche Person sind, die mir geschildert wurde. «

Der Admiral blickte ihn an.
»Sie haben mich durchschaut«, lächelte er. »Wir fügen uns natürlich ihren Bestimmungen. «

»Gebt eure Waffen ab«, befahl er seinen Begleitern. »Wir sind hier in unserem alten Heimat-System und bei Freunden. «

Sergeant Hardin winkte einem Soldaten. Dieser nahm die Waffen an sich.

»Sie bekommen sie zurück, wenn sie sich auf ihr Schiff zurückziehen«, sagte der Sergeant.

Noel zog einen Scanner aus seiner Tasche.
»Ich werde kurz noch nach anderen Gerätschaften scannen«, erklärte er.

Aus den Augenwinkeln sah er, wie der Admiral das Gesicht verzog.

Er überprüfte die Personen, doch der Scanner fand keine weiteren Waffen mehr in ihrer Kleidung.

Noel nickte Sergeant Hardin zu.
»Sie sind sauber«, antwortete er. »Ich führe sie in den Festsaal. «

Die Gruppe schritt hinter Noel und Sergeant Hardin her. Auf dem Weg in dem breiten Korridor wurden sie rechts und links von den Marines und zahlreichen Kampfrobotern eskortiert.

Noel informierte Major Travis darüber, dass der Admiral und sein Gefolge eingetroffen waren.

»Wir kommen jetzt in den Festsaal«, sagte er.

»In Ordnung«, tönte es aus dem Gerät. » Wir sind vorbereitet. «

Der Weg war nicht allzu weit. Direkt einige Gänge hinter dem Eingang des Raumflughafens, war die große Festhalle erbaut worden. So müssten mögliche Gäste eines Festaktes nicht das ganze technische Zentrum durchqueren. Letztendlich diente dieses Vorgehen den aktuellen Sicherheitsbestimmungen des Neuen-Imperiums.

Noel und Sergeant Hardin blieben stehen.
»Bitte entschuldigen sie«, sagte der Sergeant. » Eigentlich beginnt erst hier ihre offizielle Begrüßung. «

Admiral Tarin und seine Begleiter sahen sich verwundert an.
»Kommt noch jemand zu unserem Gespräch? «, fragte er verwundert.

Noel nickte.
»Eine große Anzahl Personen wollen sie begrüßen«, antwortete er. »Natürlich sind auch Politiker, Wirtschaftsgrößen und wichtige Personen des öffentlichen Lebens von Tarid dabei. Aber auch einige Personen, die sie noch persönlich kennen, sind heute hier erschienen. «

»Die ich noch persönlich kenne? «, fragte der Admiral nach. » Ich hoffe, sie meinen den Kaiser Quoltrin-Saar-Arel hiermit nicht? «

»Nein«, lachte Sergeant Hardin. »Der ist im Moment auf uns nicht gut zu sprechen und schmort in einer Arrestzelle auf Natrid. Leider zeigt er sich nicht sehr kooperativ. «

»Dann ist es wahr, dass er noch lebt? «, staunte Commodore Sitrin.

Noel nickte.
»Er wird noch einige Fragen über sich ergehen lassen müssen«, sagte er. »Dann können sie ihn gerne mitnehmen. «

»Höre ich in ihren Worten einen gewissen Sarkasmus heraus? «, fragte der Admiral. » Es ist erstaunlich, wie sich unsere Groß-Hypertronic-KI weiterentwickeln konnte. Normalerweise wurden ihr keine Emotionen erlaubt. «

Der Admiral schüttete seinen Kopf.
»Zu ihrer zweiten Frage«, ergänzte er. »Behalten sie ruhig den Kaiser. Es ist besser, wenn wir nicht aufeinandertreffen. Wir waren schon zu den damaligen Zeiten keine guten Freunde. «

»Seltsam«, antwortete Noel. »Die Redartaner wollen ihn auch nicht mehr.«

»Sind sie bereit? «, erkundigte sich Sergeant Hardin. » Darf ich die Türe öffnen. «

»Lassen sie uns eintreten«, lächelte Admiral Tarin. »Ihre Vorgesetzten warten bestimmt bereits. «

Sergeant Hardin riss die Torflügel auf. Grelles Licht blendete die Eintretenden.

»Sehr geehrte Gäste, verehrte Anwesende«, tönte eine laute Stimme aus dem Saal. »Begrüßen sie mit uns den letzten Admiral der natradischen Flotte. Den sagenumwobenen Admiral Tarin.«

Laute Fanfaren ertönten in unterschiedlichen Intervallen Die zahlreichen Gäste waren aufgesprungen und applaudierten. Vor den Ehrengästen standen mehrere Bataillone Kampfsoldaten und Kampfroboter. Sie hielten die Fahnen des ehemaligen kaiserlichen Imperiums hoch. Die Gäste bildeten eine breite Ehrengasse. Die Crew von Admiral Tarin war sichtlich beeindruckt. Langsam schritt die Gruppe über den langen roten Teppich auf das fast 100 Meter entfernte Podium zu. Die Soldaten salutierten zackig, als der Admiral und seine Begleiter an ihnen vorbeischritten. Es schien so, als ob er sichtbar gerührt war. In einem gemächlichen Gang ging die Gruppe an Soldaten, Piloten und Elite-Kämpfern in Galauniform vorbei. Hinter ihnen standen weitere unzählige Kampfroboter, die Fahnen der früheren natradischen Kolonien schwenkten. Langsam schritten die Gäste auf das erhobene Podest zu. Auf diesem warteten die Führung der EWK und weitere Ehrengäste.

Als Admiral Tarin seinen Blick von den Soldaten abwandte und auf das Empfangskomitee richtete, erkannte er einige bekannte Gesichter. Verwundert schaute er auf Heinze und seinen braunen Pelz. Hinter einer großen Person, trat Prinzessin Sirin hervor.

Admiral Tarin traute seinen Augen.
»Ist es tatsächlich die Prinzessin«, dachte er. »Wie kann das sein? «

Bevor er etwas sagen konnte, verstummten die Fanfaren.

Prinzessin Sirin hatte sich mit einer natradischen Robe gekleidet und lächelte den Admiral freundlich an.

»Wir ehren den letzten großen natradischen Admiral unserer Rasse und seine Offiziere«, sagte sie. »Das Neue-

Imperium holt heute nach, was bereits vor vielen Jahrtausenden schon hätte erfolgen müssen. Die meisten Anwesenden kennen die Geschichte unseres Volkes. Kaiser Quoltrin-Saar-Arel hat es vorgezogen mit seinen engsten Vertrauten zu flüchten, als diese Aufgabe zu übernehmen. Stellvertretend vor ihn, nehme ich heute diese Ehrung vor. «

Sirin blickte den Rückkehrer an.

»Admiral Tarin«, sagte sie. »Wir ehren sie und ihre Crew mit der höchsten Medaille unseres Imperiums. Treten sie bitte vor. Sie erhalten die Sieges- und Tapferkeitsmedaille unserer Vorfahren. Sie alle haben es verdient, diese Auszeichnung zu tragen. Nur durch ihre Bemühungen wurde ein Fortbestand unserer Rasse gesichert. Hierfür möchte ich mich bedanken. «

Sie blickte ihn an. Sirin erkannte die Verwunderung in seinem Gesicht.

»Ich freue mich über ihren Besuch«, flüsterte sie ihm zu.

Fanfaren ertönten.

»Beugen sie sich bitte vor«, sagte Sirin.

Langsam beugte sich der Admiral vor. In diesem Moment kam Atlanta neben Sirin getreten. In ihren Händen hielt sie eine geöffnete Schatulle.

Sirin nahm einen goldenen Orden an einem Band aus der Schatulle und legte dem Admiral diesen um den Hals. Der Admiral richtete sich wieder auf und blickte verdutzt in das Gesicht der schmunzelnden Atlanta. Sie bemerkte, wie es in dem Gesicht des General anfing zu arbeiten.

»Ich freue mich ebenfalls sie nach dieser langen Zeit zu sehen«, flüsterte sie ihm zu.

Beifall und Jubel hallte durch den Festsaal. Die Gäste applaudierten und stampften mit den Füßen. Admiral Tarin verbeugte sich geehrt. Die Ehrung wurde an den Begleitern des Admirals stellvertretend für die ganze Flotte wiederholt. Als der letzte Offizier des Admirals seinen Orden empfangen hatte, drehten sich die Besucher zu den Gästen um. Erneut hielt es die geladenen Gäste nicht auf ihren Stühlen. Sie sprangen auf, applaudierten und stampften erneut mit den Füßen.

Der Admiral hob seine Hände.
Langsam beruhigte sich die Geräuschkulisse. Dann drehte er sich zu Prinzessin Sirin und Atlanta um.

»Ich danke ihnen Prinzessin Sirin und ihnen Atlanta, antwortete er. »Mit so einem Empfang und mit dieser Ehrung hätten wir nicht gerechnet. Ich persönlich freue mich umso mehr, sie beide lebend und gesund vor mir stehen zu sehen. «

Noch immer applaudierte ein Teil die Gäste. Die Beifalls-Bekundungen hatten ihn sichtbar berührt. Langsam drehte er sich nochmals um und hob seine Hände.

Sirin reichte ihm ein Mikrofon.
»Sprechen sie hierhinein, dann hören sie alle Gäste«, empfahl sie.

Der Admiral blickte kurz auf den Gegenstand, dann hielt er sich diesen vor seinen Mund.

»Geehrte Anwesende«, sagte er mit ruhiger und entspannter Stimme. »Danke für diesen schönen Empfang, der eines Königs würdig wäre. So viel Aufwand, nur wegen den Offizieren unserer Evakuierungsflotte. Trotzdem tut es gut, wieder in der Heimat zu sein. «

Er blickte die Gäste an und stockte einen Augenblick.

Dann fuhr er mit seiner Ansprache weiter.

»Wir sind zurückgekommen zu unserem Ursprungsplaneten«, sagte er. » Sicherlich kennen sie bereits unsere Geschichten aus den Archiven der großen Hypertronic-KI von Natrid. Sie hat vor 100.000 Jahren eine neue Aufgabe bekommen und ist heute den legitimierten Nachkommen unserer Rasse vollständig unterstellt. So sah es unsere letzte Programmierung vor. Nichts von unseren technischen Errungenschaften sollte in falsche Hände gelangen. Nur wer nachweislich das natradische Gen in sich trug, durfte ein Bewahrer der natradischen Hinterlassenschaften werden. Meine geheimen Wünsche sind in Erfüllung gegangen. Unsere Nachbarn von dem dritten Planeten des Sol-Systems sind erwachsen geworden.

Sie meisterten alle Prüfungen der Hypertronic-KI und dürfen seitdem unsere Hinterlassenschaften nutzen. Hieran werden wir nichts mehr ändern können. Seien sie ohne Sorge, Natrid ist nicht das eigentliche Ziel unserer Flotte. Wir haben kurzfristig beschlossen, die alte Heimat aufzusuchen. Nennen sie es Wehmut, Heimweh, oder auch nur Neugier. Wir sind noch einmal an unseren Ursprung unserer Rasse zurückgekehrt, um zu schauen, was aus unserer Heimat geworden ist. Umso erstaunter waren wir, als wir erkennen konnten, dass sich Natrid und das Sol-System wieder zu einer starken Macht entwickeln konnte. «

Der Admiral machte eine kleine Pause. Dann sprach er weiter.

»Natrid, der vierte Planet eines kleinen Sternensystems gab viele Jahrtausende die Richtung der Völker der Milchstraße vor«, erklärte er. » Ein Planet, wie es ihn nur selten ein zweites Mal in der Galaxie gibt, hat die Milchstraße eine lange Zeit geprägt. «

Er zeigte auf die lantranische Abordnung.
Aritron war erstaunt, dass der General ihn noch erkannt hatte.

»Die Lantraner hatten Größeres mit uns vor«, ergänzte er. »Wir sollten uns zu der führenden Lebensform in der Milchstraße entwickeln. In diesem kleinen Sol-System wurden immer schon intelligente Lebewesen geboren. Ob sie sich jetzt Natrader, Terraner, oder Raguner nannten, das war immer unerheblich. «

Major Travis spitzte seine Ohren, als er den dritten Namen hörte. Über diese Lebensform besaß er keine Informationen.

»Sollte es in unserem Sol-System noch eine dritte Species gegeben haben? «, überlegte er. » Ich werde den Admiral zu gegebener Zeit hierauf ansprechen. «

Er verfolgte er die Rede weiter.

»Diese Lebewesen besaßen eine bemerkenswerte Eigenschaft«, erklärte der Admiral. »Ihnen war es möglich zwischen Recht und Unrecht zu unterscheiden. Doch einigen Species im dunklen Weltall passte das nicht. Sie beschlossen, dieser besonderen Lebenszone ein jähes Ende zu bereiten. Es benötigte eine lange Zeit, um einen vernichtenden Plan auszuarbeiten. Diesen Lebewesen war bekannt, dass sich das natradische Imperium wehren konnte. Aus diesem Grunde traten sie nicht persönlich in Erscheinung, sondern bedienten sich ihrer im Reagenzglas erzeugten Kreaturen, die sie Hilfsvölker nannten. Erneut benötigten sie Zeit, um ihre Geschöpfe mit Raumschiffen auszustatten. Doch dann fielen sie über unsere Sterneninsel her. Zunächst konnten diese Kreaturen durch unsere imperialen Flotten zurückgeschlagen werden, doch es wurden immer mehr Schiffe und Eindringlinge. «

Admiral Tarin blickte kurz die Zuhörer an, dann fuhr er fort.

»Ganze Geschwader und Schiffs-Verbände fielen über unsere Planeten und Kolonien her«, erklärte er. »Die imperiale Flotte musste reagieren. Die natradische Führung beschloss einen massiven Gegenschlag, um die Ursache an der Wurzel zu bekämpfen. Alle großen Kriegsschiffe und Zerstörer des Imperiums wurden zusammengezogen, um sich zu einer großen Kriegsflotte zu vereinen. Wie sie wissen, übernahm ich das Kommando über diese gewaltige Angriffsflotte. Wir machten uns auf den Weg zu dem Sternen-System der gehassten Rigo-Sauroiden. Dort angekommen, verpassten wir den Abflug einer gegnerischen Invasionsflotte nur um wenige Stunden. Wir konnten nicht mehr umkehren.

Die beginnende Raumschlacht war erfolgreich für uns. Alle Schiffsverbände der Sauroiden und ihr Heimatplanet konnte von uns in einem schweren, wochenlangen Krieg zerstört werden. Als wir uns dann, mit nur noch der Hälfte unserer Flotte auf den Rückweg machten, war viel Zeit vergangen. Mit der zulässigen Höchstgeschwindigkeit unserer Schiffe flogen wir zurück nach Natrid. Dort angekommen erkannten wir unseren Fehler. Zu wenige Kampf-Verbände wurden als Schutz in der Heimat zurückgelassen. Unser Hass auf die fremden Aggressoren war zu groß gewesen und hatte uns das Naheliegende nicht erkennen lassen. Jetzt standen wir vor den

Trümmern unseres Imperiums. Die Flotte der Rigo-Sauroiden konnte zwar erfolgreich vernichtet werden, die letzten Überlebenden dieser Rasse begangen bekanntlich einen Suizid. Doch unsere Heimat und viele unserer Kolonien waren vernichtet worden. Natrid war eine tote Welt. Ich entschloss mich, alle Überlebenden in eine neue Zukunft zu evakuieren. Das ist uns gelungen. Die Nachkommen der Natrader nennen sich heute Santaraner und leben an einem weit entfernten Ort. «

Wieder ließ der Admiral eine kurze Pause vergehen.

»Vergesst uns nicht«, sagte er. »Gedenkt allen Getöteten, die für das Natrid und das Sol-System gekämpft haben. Eine bessere Empfehlung kann ein bereits totgesagter Admiral nicht geben. Vergesst nicht, warum wir gekämpft und uns eingesetzt haben. Die Überlebenden wünschen sich keine Huldigungen und möchten auch keine Mitleidsbekundungen hören. Wir wünschen uns keine Denkmäler oder Gedichte von Tapferkeit in den Archiven hinterlegt zu bekommen. Wir haben lediglich das gemacht, was notwendig war. Das war es, was jeden Kämpfer in dem natradischen Imperium auszeichnete. Wir haben den Kampf gegen das Böse bis zum Ende aufgenommen und letztendlich auch gesiegt. Akzeptiert diesen einfachen Wunsch und vergesst uns nicht. Erzählt unsere Taten eurem Nachwuchs und blickt mit stolz auf unsere Rasse. Das war unsere Hoffnung, als wir mit der

Evakuierungsflotte aufbrachen. Wir wussten, dass hier in diesem außergewöhnlichen Sol-System irgendwann wieder Lebewesen aufwachsen würden, die als Nachkommen unserer Rasse und als freie Personen, nach den unzähligen Jahrtausenden, ihre Stimmen hinaus ins All schreien würden. Freiheit und Gerechtigkeit ist zurück nach Natrid gekommen. Verkündet allen, die es hören wollen, die bösen Mächte konnten nicht siegen, weil hier eine Species lebte, die unbeugsam mit ihrem Leben hierum kämpfte und mit ihrem Blut die Rechnung bezahlte. «

Der Admiral hielt kurz inne und blickte sich um. Seine Worte hatten die Zuhörer nachdenklich gestimmt. Dann fuhr er fort.

»Die rätselhaften Worte unseres Königs über den totalen Sieg, beschäftigten unsere Evakuierungsflotte noch eine lange Zeit«, erklärte er. » Tatsächlich scheint er wohl der Einzige gewesen zu sein, der sich in Feigheit mit ausgesuchten Natradern in eine neue Welt flüchtete. Ehrt nicht diesen Schurken, bezeugt euren Respekt den tapferen Kämpfer des natradischen Imperiums, die das Sol-System am Leben erhalten konnten. Sie sehen mich und meine Offiziere nach langen 100.000 Jahren freudig überrascht vor ihnen stehen. Wir alle sprechen ihnen unseren Respekt aus, weil wir erkannt haben, dass dieses einmalige Sol-System wieder zu extremer Stärke angewachsen ist. Ferner findet hier etwas statt, das unser ehemaliger Kaiser nie verstanden hat. Die Freundschaft zu anderen Rassen und Völkern. Das gegenseitige Verständnis untereinander und eine gemeinsame Hilfe in Krisensituationen, kann das Universum verändern. In der ganzen Milchstraße verbreitet sich die Kunde, dass Natrid wieder auferstanden ist und das alte Imperium in seinen Grenzen neu erschaffen wird. Verkündet diese Botschaft weiter und vernachlässigt sie nicht. Akzeptiert alle andersartigen Lebensformen. Auch sie können eine große Bereicherung für das Imperium sein. Plant gemeinsam und verzichtet auf nationale Alleingänge. Steht zusammen für das Neue-Imperium und für die Milchstraße. «

Der Admiral blickte in die Runde der Zuhörer und sah, dass alle Anwesenden ihm fasziniert zuhörten.

»Irgendwo in der dunklen Galaxie schauen die Barbaren erneut mit großer Angst auf Natrid«, fuhr er fort. »Die heimtückischen Verursacher des Krieges vor 100.000 Jahren werden mit Schrecken das Wiedererwachen des Sol-Systems erkannt haben. Ihre Herzen sind zu Eis gefroren. Sie erinnern sich noch mit Schmerzen an die schweren Verluste, die sie an ihrem eigenen Leben und an dem ihrer gezüchteten Species erdulden mussten.

Wappnet euch vor ihnen. Sie werden nicht eher ruhen, bis Natrid und das Sol-System nicht mehr existieren. Doch es steht ihnen nicht mehr nur eine natradische Flotte gegenüber. Die Zahl ihrer Feinde hat sich verdreifacht. Mit Schrecken und Angst schauen sie auf die Entwicklung. Sie wissen, dass die natradischen Nachkommen des Neuen-Imperiums, die Milchstraße von Unterdrückung, Tyrannei und Ungerechtigkeit befreien werden.

Geht in eine große Zukunft, die leuchtender sein wird, als alles, was bisher dagewesen ist. Schreit den dunklen Mächten zu, dass euer Neuen-Imperiums nicht untergehen und für Recht und Ordnung in der Galaxie sorgen wird. Alle die sich hiergegen stellen, werden mit Dunkelheit und Verdammnis bestraft. Meine Flotte wird sich in Kürze aufmachen und nach der Rasse suchen, die hinter den Rigo-Sauroiden stand. Wir suchen die Herrenrasse, die diese Kreaturen erzeugt und auf Natrid gehetzt hat. Wenn wir sie gefunden haben, dann werden wir sie nach den Gründen fragen. Falls sie uns keine Antworten geben können, dann wird das Schwert der Vergeltung sie richten. «

Der Admiral verbeugte sich.
Tosender Beifall verbreitete sich im Festsaal auf Titan. Die geladenen Gäste standen auf und schrien begeistert.
Admiral Tarin lächelte sie an.

Er drehte sich zu der Führung der EWK um.

»Ich hoffe, ich war nicht zu theatralisch? «, fragte er.

Major Travis schüttelte seinen Kopf.

»Zwischendurch muss man seine Gefühlen hinausschreien«, antwortete er. »Das tut gut und macht den Kopf frei. «

Der Major besaß die gleiche Körpergröße wie der Admiral. Beide blickten sich tief in die Augen und musterten sich.

»Mein Name ist Major Travis«, lächelte er. »Dank ihnen wurde ich zu einem Erbfolgeberechtigten Oberbefehlshaber der vereinigten Natrid & Tarid Streitkräfte, Erhobener im Gefüge der Kaiserkaste mit Rang 1. Bestätigt und eingesetzt von Noel von Natrid im Rahmen ihrer Nachfolge-Programmierungen.«

»Das war die einzige sichere Lösung für uns«, antwortete der Admiral. »Dann müssen sie noch unser altes Gen in ihrem Körper tragen? Ohne diesen Nachweis hätte die natradische Hypertronic-KI sie nicht ausgewählt. «

»Das ist korrekt«, antwortete der Major. » Dieses Ereignis hat unsere ganze Welt umgekrempelt. Wir haben einen großen technischen Sprung in die Zukunft gemacht.

»Das bleibt nicht aus«, antwortete der Admiral. »Sie verstehen sicherlich, dass wir unsere installierte und über Generationen erweitere Hypertronic-KI nicht ausbauen konnten. Es blieben viele technische Gerätschaften, Raumschiffe und geheime Dinge zurück, die wir nicht einfach anderen Rassen offenlegen wollten. «

»Hierfür sind wir ihnen dankbar«, erwiderte der Major. » Sie und ihre Rasse werden immer ein fester Bestandteil unserer Entwicklung sein. «

»Darf ich ihnen unsere Führung und einige Offiziere vorstellen«, erkundigte er sich.

Major Travis drehte sich um. Er zeigte auf General Poison. »Das ist der oberste Kommandeur unserer EWK-Organisation«, teilte er mit. »General Poison entscheidet über die finanziellen Mittel für alle Missionen und er hat das letzte Wort auf Tarid. «

Admiral Tarin und seine Begleiter begrüßten den General. Dieser musterte die Personen kritisch.

»Commodore von Häussen ist sein Stellvertreter«, fuhr Major Travis fort. »Commander Brenzby ist der Commander meines Schiffes und ein guter Freund. «

Major Travis zeigte auf den Ro.

»Heinze ist ein Verbündeter einer befreundeten Rasse«, lächelte Major Travis.

Er sah, dass Heinze bereits die Gedanken des Admirals sondierte. «

»Unser Freund besitzt einige besondere Fähigkeiten«, erklärte der Major. » Bezeichnen sie ihn bitte nicht als ein Tier, das hat er nicht so gerne. «

»Er sieht eher lustig aus«, dachte der General. »Früher wurden solche Wesen auf Natrid als Haustiere gehalten.«

»Ich will kein Haustier sein«, sprach Heinze den Admiral an.

Der zeigte sich verdutzt.

»Du kannst Gedanken lesen? «, erkundigte er sich.

»Nicht nur das«, antwortete der Ro. »Ich kann auch sprechen und verfüge noch über viele andere Eigenschaften, die sie sich nicht vorstellen können. «

Admiral Tarin lachte.

»Dich finde ich gut«, antwortete er. »Du bist auch noch selbstbewusst. «

Die Begleiter des Admirals blickten den Ro ungläubig an.

»Darf ich ihnen Barenseigs vorstellen? «, fragte der Major. »Er ist ein Santaraner. «

»Das kann nicht wahr sein? «, staunte der Admiral.

Er begrüßte den Gildoren mit dem alten natradischen Gruß.

»Wie haben sie den Weg ins Sol-System gefunden? «, fragte er neugierig.

»Das ist eine lange Geschichte«, antwortete Barenseigs. »Wenn sie irgendwann einmal Zeit haben sollten, dann erzähle ich sie ihnen gerne. Das Neue-Imperium hat mich auf einer Mission gerettet und mich mit ins Sol-System genommen. Ich habe unsere alte Heimat lieben und schätzen gelernt. Major Travis hat mich gebeten hier zu bleiben. Da es auch mein innerster Wunsch war, habe ich zugestimmt. Ich leite derzeit das Department Secret X. «

Der Admiral verstand nicht.

»Welche Aufgabe hat ihre Abteilung? «, erkundigte er sich.

»Mein Bereich ist mit vielen Sonderbefugnissen ausgestattet«, erklärte der Gildor. »Wir gehen allen sichtbaren Spuren nach, suchen alte Artefakte, oder auch Hinterlassenschaften fremder Rassen. Meine Abteilung kann Hinweise, Schrittrollen und Artefakte analysieren und ihre Bedeutung zu verstehen. Es wird sicherlich nicht nur in der natradischen Geschichte solche Hinterlassenschaften geben. «

»Da gebe ich ihnen Recht«, lächelte Admiral Tarin. »Auch unser ehemaliger Kaiser hatte immer wieder Geheimnisse vor uns Offizieren. Doch von einigen unbekannte Basen und Forschungseinrichtungen kann ich sie in Kenntnis setzen. «

Barenseigs lächelte den Admiral an.
»Wenn sie entsprechende Informationen für uns haben, dann werten wir diese gerne aus«, sagte er. »Auf diesem Wege habe ich auch den Fluchtplaneten des Kaisers Quoltrin-Saar-Arel entdeckt. «

»Ihre Abteilung war das? «, staunte Commander Lurtrin. » Wir haben schon viel hierüber gehört. «#

Barenseigs nickte.

»Der Kaiser hatte in seinen Gemächern auf der Atlantis-Basis geheime Artefakte installieren lassen. Diese privaten Räume waren seit dem großen Krieg verschlossen und versiegelt. Niemand interessierte sich hierfür. Ich und mein Team erhielten vertrauliche Hinweise, die auf die privaten Räume des Kaisers deuteten. Dann fanden wir die fremden Artefakte. Es handelte sich um einen fremden Wurmloch-Generator, der ihm und auserwählten Natradern ein Portal zu seiner Fluchtwelt öffnen konnte. «

»Die Atlantis-Basis existiert noch? «, stutzte der Admiral erstaunt? «

Atlanta hatte es mitbekommen und trat auf ihn zu.

»Glauben sie wirklich, ich hätte meine Basis so einfach der Vernichtung preisgegeben? «, fragte sie.

»Als wir kamen, sahen wir nur, dass der Erdmantel von Tarid sich verflüssigt hatte«, teilte der Admiral mit. »Zahlreiche Vulkane waren ausgebrochen. Der dritte Planet wehrte sich gegen seine Vernichtung. «

Atlanta nickte.

»Der schwere Angriff der Rigo-Sauroiden hat Tarid schwer verwüstet«, bestätigte sie. »Nach dem Ausfall unserer

Abwehrgeschütze auf unserem Mond, richtete sich die ganze Angriffsgewalt der Rigo-Sauroiden gegen unsere Basis. Zu dem Zeitpunkt war die natradische Heimatflotte fast aufgerieben. Als ich keine Möglichkeit mehr sah, die Aggressoren erfolgreich abzuwehren, täuschte ich die Zerstörung meiner Basis vor. Ich ließ zahlreiche Bomben in der Atmosphäre zünden, die eine sehr starke Rauchentwicklung verursachten. Dann lies ich Ballast und Ausrüstungsgegenstände ins Meer schießen. Danach konnte ich unsere Basis über 6.000 Meter auf den Meeresboden absinken lassen. Sämtliche Energieverbraucher wurden abgeschaltet.

Den Rigo-Sauroiden wurde durch den starken Rauch die Sicht behindert. Sie erkannten nicht, dass unsere Basis nur untergetaucht war. Alle Natrader, die ich aufnehmen konnte, lebten bis zu ihrem natürlichen Ende sicher und versorgt in meiner Basis. Als der letzte von ihnen verstorben war, beendeten meine Roboter ihre Fürsorge. Sie schalteten die Energie meiner Basis auf ein Mindestmaß herab und begaben sich selbst in ihre Lade- und Ruheschale. Erst nach 100.000 Jahren wurden wir wieder aktiviert. «

»Vermutlich war mein Deaktivierungsbefehl an alle Hypertronicen-KIs des Imperiums hieran schuld«, bemerkte Admiral Tarin. »Diese Anlage ihrer Basis besitzt die gleiche Größe, wie unsere zentrale Anlage auf Natrid.«

Atlanta nickte.
»Ich erzähle ihnen gerne später mehr«, lachte sie.

»Wo ist ihr Freund? «, erkundigte sich der Admiral.

»Sie reden doch wohl nicht von dem Kaiser«, knurrte sie erbost. »Zu ihm wurde mir stets ein Verhältnis vorgeworfen. «

»Nein«, antwortete der Admiral unschuldig. »An diese Gerüchte habe ich nie geglaubt. Ich habe sie immer als wesentlich intelligenter eingeschätzt als diesen aristokratischen Emporkömmling. «

Er grinste sie an.
»Ich meine diesen langhaarigen Schwertkämpfer, der immer hinter ihnen her war«, erklärte der Admiral. « Sie sagten mir einmal, dass er unsterblich ist? «

»Thoran meinen sie«, antwortete Atlanta verlegen und blickte zu Boden. Erst nach wenigen Sekunden blickte sie den Admiral emotionslos an.

»Er steht bei den Lantranern«, sagte sie. »Major Travis wird ihn sicherlich noch vorstellen. «

»Das ist ja fast so, wie in alten Zeiten«, erwiderte der Admiral. »Dann scheint das mit der Unsterblichkeit seine Richtigkeit zu haben? «

Atlanta nickte dem Admiral zu.
Admiral Tarin staunte nicht schlecht, als Marin und Gareck auf ihn zutraten.

»Unsere natradischen Genies arbeiten auch für das Neue-Imperium«, freute er sich aufrichtig. »Mit ihnen beiden hätte ich am wenigsten gerechnet. Wie kommen sie hierhin? «

»Eine Verquickung glücklicher Umstände«, erklärte Marin. »Wir waren auf dem Flug zu einem unserer Außenlabore, als der Angriff begann. Ich glaube, wir sind ganze 14 Stunden vor dem Angriff abgeflogen. Erst in unserem Labor haben wir die Nachricht von der Zerstörung von Natrid erhalten. Auch wir haben in Stasis-Kammern überdauert. «

»Meinen Glückwunsch«, antwortete der Admiral. »Das Neue-Imperium wird sie sicherlich gut gebrauchen können? «

»Über zu wenig Arbeit können wir uns nicht beklagen«, entgegnete Gareck. »Wir fühlen uns hier sehr wohl. «

»Existieren die Prototypen ihrer experimentellen Gleiter noch, mit denen sie die Zeit manipulieren können? «, fragte der Admiral plötzlich.

Major Travis schaute die beiden Genies durchdringend an.

Sie erkannten, was Major Travis ihnen sagen wollte. »Leider nicht«, antwortete Marin folgerichtig. »Die Gleiter waren auf Nors stationiert. Sie sind mit allen wichtigen Konstruktionszeichnungen und Bauplänen mit dem Mond vernichtet worden. «

»Da kann man nichts machen«, lächelte der Admiral und blickte die Genies kritisch an. Wirklich schade, diese Technik findet man kein zweites Mal in der Milchstraße. «

»Wir denken nicht mehr an diese Zeit«, sagte Gareck. »Es gibt wichtigere Dinge für uns zu erfinden. «

Ob der Admiral bemerkt hatte, dass Marin und Gareck nicht die Wahrheit sagten, das konnte von seinem Gesichtsausdruck nicht abgeleitet werden.

»Darf ich sie weiteren Gästen vorstellen? «, fragte Major Travis.

»Sie scheinen wirklich viele Besucher hier zu haben«, bestätigte der Admiral.

Tart 1 und Tart 2 rückten an die Seite ihres Schutzbefohlenen.

Der Admiral schüttelte seinen Kopf.
»Auch die Tarts stehen in ihren Diensten? «, erkannte er.
»Die Personenschutz-Roboter stehen nur äußerst wichtigen Personen zur Verfügung. «

»Wir haben uns aneinander gewöhnt«, antwortete der Major.

Major Travis führte den Admiral und seine Begleiter zu den redartanischen Besuchern.

»Das ist Kanzler Tarn-Lim und Commodore Run-Lac«, stellte Major Travis seine Gäste vor. »Sie sind hier, weil sie von einer Rasse, die sich selbst die Mächtigen des Universums nennen, bedroht und angegriffen werden. Bei ihnen handelt es sich um eine weitere Splittergruppe des natradischen Volkes. Der ehemalige Kaiser hat sie auf eine Fluchtwelt evakuiert. «

»Wir sind froh, dass wir den Kaiser endlich von dem Thron gestoßen haben«, antwortete der Kanzler. » Er hat nur Unheil über unsere Zivilisation gebracht. Mit Hilfe des Neuen-Imperiums konnten wir unsere freie Republik ausrufen. «

Admiral Tarin musterte intensiv die Redartaner.
»Es freut mich sie kennenzulernen«, sagte er. »Sie müssen mir einmal ihre Welt zeigen. Ich bin sehr gespannt hierauf. «

»Sie ist weit entfernt und für normale Raumschiffe mit Hypersprung-Antrieben nur schwer zu erreichen«, antwortete der Commodore. »Das Einfachste wird es sein, unser neues Wurmlochportal zu nutzen. Es verbindet die weit entfernten Galaxien miteinander. Die Entfernung von hier aus beträgt mehr als 12 Millionen Lichtjahre«

»Das ist fantastisch«, staunte der Admiral. »Sie haben Recht. Der Flug würde lange dauern. Es sei denn, sie würden über einen ausgereiften Wurmlochantrieb verfügen. «

»Besitzen sie einen solchen Antrieb? «, fragte Major Travis.

»Neuerdings«, bestätigte Offizier Suterin. »Das ist auch eine lange Geschichte«, erklärte er. »Auf unseren Rückflug von Santaron mussten wir durch das Gebiet der Daraner. Wie vermutet, stießen wir auf eine Patrouille von ihnen. Scheinbar suchen sich noch immer nach ihrer Königin, die spurlos verschwunden ist? «

Er blickte Major Travis nachdenklich an.

»Ich kenne sie doch noch als Mitglied des großen Auditoriums von Santaron«, sagte der Major. »Sie sollten doch informiert sein, wo sich die Königin befindet. Nachdem wir den Angriff der Daraner auf ihr Kunstsystem erfolgreich abwehren konnten, enterten wir das Schiff der Königin und nahmen sie und alle ihre Besatzungsmitglieder unter Arrest.«

»Sie haben Recht«, lächelte Suterin. »Ich bin kein Mitglied des hohen Rates mehr. Er wurde von der Admiralität aufgelöst. «

»Dann ist jetzt die Admiralität wieder für alle hoheitlichen Fragen verantwortlich? «, erkundigte sich Barenseigs.

»Das ist richtig«, antwortete Suterin. »Seit dieser Zeit bin ich ein Mitglied der Flotte von Admiral Tarin. Ich glaube, das war die richtige Entscheidung. «

»Bei Veränderungen hoffen wir das alle«, sagte Major Travis. »Ohne diese geht es nicht. Nur Veränderungen lassen eine Zivilisation wachsen und dazulernen. «

»Das sind schöne Worte«, erwiderte Suterin. »Doch hoffentlich widersteht Santaron allen äußeren Gefahren.«

»Sie müssen lernen sich selbst zu schützen«, antwortete der Major. » Nur wer forscht und sich stetig weiterentwickelt wird allen Gefahren trotzen können. «

»Dann ist die Königin der Daraner noch bei ihnen? «, fragte Admiral Tarin.

»Leider ja«, bestätigte Noel. »Sie ist nicht kooperativ. Wir haben bisher darauf verzichtet, unser Wahrheitsserum an ihr auszuprobieren. Wir wissen nicht, wie ihre Körperfunktionen hierauf reagieren. Womöglich wäre es ihr Tod. «

»Probieren sie es aus, dann haben sie Gewissheit«, sagte der Admiral.

Major Travis blickte in nachdenklich an.

»Verzeihen sie mir, Herr Major«, antwortete der Admiral. »Die Daraner sind Tierwesen. Sie sind mit einem Raumschiff, vermutlich war es gefüllt mit Antimaterie, mittig unter unserer Flotte materialisiert. Die anschließende Explosion hat unserer Flotte mehrere Schiffe und die Besatzungen gekostet. Aus diesem Grunde habe ich kein Mitleid mit der Königin. Auge um Auge, Zahn um Zahn. Ist das nicht ein Zitat aus der Literatur von Tarid? «

»Sie haben aber schnell gelernt«, erwiderte der Major. »Vermutlich konnten sie einige TV-Wellen auffangen. Das Problem ist nur, wenn jede Rasse nach diesem System vorgeht, dann wird es keinen Frieden in der Milchstraße geben. «

Admiral Tarin hatte zugehört.
»Ich stimme ihnen zu«, antwortete er. »Doch eines sollte ihnen auch klar sein. Frieden wird es erst geben, wenn die dunklen Mächte, die hinter den Rigo-Sauroiden standen, welche den Befehl zum Angriff auf Natrid gegeben haben, gefunden und ihrer gerechten Strafe zugeführt wurden.«

Noel und Major Travis nickten.

»Ihre Flotte geht auf ihren letzten Rachefeldzug?«, resümierte Noel. »Sozusagen auf der Suche nach den Verursachern des großen Krieges.«

»Wenn sie unsere Mission so bezeichnen wollen, dann ist das richtig«, antwortete der Admiral.

»Was glauben sie zu finden? «, erkundige sich Major Travis. »Es sind 100.000 Jahre seit dem großen Angriff auf Natrid vergangen. Es gibt nicht sehr viele unsterbliche Species in der Galaxie. Vielleicht existiert die Rasse nicht mehr, oder sie hat sich geändert. Falls sie die Verursacher jemals finden sollten, dann treffen sie möglicherweise auf eine Generation, die nichts mehr von dem Krieg Ihrer Vorfahren zu berichten weiß. Wollen sie dann diese Nachkommen zur Rechenschaft ziehen? Es gibt so viele andere Dinge in dem Universum zu entdecken. Vergeuden sie doch nicht ihre Ressourcen. «

»Das Schöne an ihren Aussagen ist, dass man förmlich ins Grübeln kommt«, antwortete Admiral Tarin. »Sicherlich können wir zwischen diesen Generationen unterscheiden. Wir werden den unschuldigen Nachwuchs selbstverständlich unangetastet lassen. Doch sie waren bei dem Angriff auf Natrid nicht dabei. Unsere Mission ist auch als Warnung für andere Species zu verstehen. Niemand sollte eine andere Rasse ungestraft ausrotten dürfen. «

Er ließ eine kurze Pause vergehen.
»Verstehen sie es so«, ergänzte er. »Sie ordnen die Milchstraße und kümmern sich um die Sicherheit. Auch ihre Flotten werden einmal aufrührende Rassen zur Ruhe zwingen müssen. Das gelingt meistens nur mit Waffengewalt. Wir machen das Gleiche. Nur unser Ereignis liegt bereits 100.000 Jahre zurück. Trotzdem wird die Vergeltung von uns nicht vergessen. Sehen sie sich die Daraner an. Sie suchen immer noch nach uns. Als wir damals durch ihr Gebiet fliegen mussten, haben sie uns den Durchflug blockiert.

Aufgrund unserer sehr wenigen Energiekristalle konnten wir aber keinen Umweg in Kauf nehmen. Trotz aller Verhandlungen zeigten sie sich stur. Letztendlich mussten wir uns den Weg freischießen. Dabei scheinen wir einige ihrer wertvollen Brutnester zerstört zu haben. Das tut uns leid, doch ändern können wir es nicht mehr. Auf unserem Flug zu ihnen, mussten wir erstaunt feststellen, dass sie nach dieser langen Zeit immer noch nach uns suchen. Sie sehen also, solche Taten verblassen nicht. Sie werden von Generation zu Generation weitergetragen. «

»Ich bemerke bereits, dass ich sie nicht aufhalten kann«, sagte Major Travis. »Doch ich halte ihren Entschluss für falsch. Es gibt hier weit mehr für sie zu tun, als sie glauben. Helfen sie mit, Natrid wieder zur alten Macht aufzubauen. Ordnen wir gemeinsam die Milchstraße, dass alle Rassen in Freundschaft miteinander leben können. «

Admiral Tarin lachte.
»Eine lobenswerte Absicht, die sich fast nach einem lantranischen Gedanken anhört«, erklärte der Admiral. »Auch diese Rasse wollte immer eine harmonische Milchstraße konstruieren, in der alle Rassen perfekt miteinander auskommen. «

Er blickte den Major an.
»Wissen sie, was hieraus geworden ist? «, fragte er.

Major Travis schüttelte seinen Kopf.
»Nur heiße Luft«, antwortete der Flottenführer. »Es gibt zu viele Rassen außerhalb der Milchstraße, die dieses Vorhaben unterbinden möchten. Ihr Ziel ist es, andere Lebewesen als Sklaven zu unterjochen. Aus diesem Grunde wird ihr Wunsch nicht in Erfüllung gehen. «

»Entschuldigen sie, wenn ich sie unterbrechen muss«, sagte Kanzler Tarn-Lim. »Vielleicht kann ich ihrer Flotte einen großen Flug ersparen. «

Admiral Tarin blickte den Kanzler und den Commodore der redartanischen Republik an.

»Wir ärgern uns derzeit mit einer Rasse herum, die sich selbst die Mächtigen nennen«, erklärte der Kanzler. »Durch einen Gefangenen dieser Rasse, er kooperiert mit uns, wissen wir sehr genau, dass diese Rasse auch zahlreiche Hilfsvölker für ihre Zwecke züchtet. Ich bin mir fast sicher, dass auch der Name Rigo-Sauroiden gefallen ist. «

»Wenn das wahr ist, dann ersparen sie uns sicherlich eine umfangreiche Suche«, freute sich der Admiral. »Sind ihre Informationen gesichert? «

»Tatbestand ist, dass diese Rasse alle humanoiden Lebensformen hasst«, erklärte der Kanzler. »Alle 150.000 Jahre nehmen sie Reinigungskriege in ihrer Galaxie vor und säubern die Planeten ihres Hoheitsgebietes von nachwachsenden, andersartigen Lebensformen. Speziell humanoide Wesen haben es ihnen besonders angetan. Sie werden von ihnen gnadenlos ausgerottet. «

»Das hört sich nach einer guten Option an«, lächelte Commander Lurtrin. »Aber teilten sie uns nicht anfangs mit, dass ihre Sterneninsel über 12 Millionen Lichtjahre entfernt liegt? Wie sollten diese Wesen die Entfernung in die Milchstraße überbrücken können?«

»Das können wir ihnen auch nicht erklären«, antwortete Commodore Run-Lac. »Andererseits teilten uns die Lantraner mit, dass sie Schiffe dieser Rasse vor vielen Jahrtausenden einmal daran gehindert haben, in die Milchstraße einzudringen. Es zeigt uns also, dass sie zu unserer Sterneninsel gelangen konnten.«

»Möglicherweise auch über ein Wurmlochportal«, bemerkte Offizier Suterin.

»Ich habe ihnen etwas verschwiegen«, bemerkte Major Travis. »Das Artefakt ihres ehemaligen Kaisers Quoltrin-Saar-Arel ist ein sehr seltenes Gerät. Es ist nicht nur in der Lage ein großes Portal in unbekannte Regionen des Weltalls zu öffnen, es manipuliert auch zusätzlich die Zeit. Es gräbt sich sprichwörtlich durch die Zeitspiralen des Universums. Der Fluchtplanet der Redartaner liegt 12 Millionen Lichtjahre entfernt in der Adramalon-Spiralgalaxie. Aus unserer heutigen Zeit betrachtet befindet er sich 300.000 Jahre in der Vergangenheit.«

Admiral Tarin schüttelte seinen Kopf.
»Dann können die Mächtigen nicht die dunkle Macht hinter den Rigo-Sauroiden gewesen sein«, sagte er. »Von

ihrer Zeit aus betrachtet findet der Krieg erst in 200.000 Jahren statt. «

»So gesehen haben sie Recht«, antwortete der Kanzler. »Doch unser Gefangener teilte uns mit, dass auf ihrem Heimatplaneten riesige Zeitfeld-Energietürme stehen. Mit dieser Technik ist es ihrem Regenten möglich, den ganzen Planeten bei einer anstehenden Gefahr, in eine andere Zeitepoche zu verschieben. «

Admiral Tarin blickte Kanzler Tarn-Lim und Major Travis an.

»Das ist möglich? «, staunte er. » Wenn sie diese Technik beherrschen sollten, dann ist ihnen alles zuzutrauen. «

»Darf ich zu einem Besuch nach Redartan einladen? «, lächelte der Kanzler. » Sprechen sie mit unserm Gast, einem abtrünnigen Adramelech. So nennt sich ihre Rasse. Sicherlich wird er ihnen weitere Informationen geben können. «

»Das Angebot nehme ich gerne an«, erwiderte der Admiral. »Wir sind gespannt auf die Entwicklung ihrer natradischen Zivilisation, nach der Flucht von Natrid. «

»Sie betonen immer wieder die Flucht unserer Vorfahren von Natrid«, bemerkte Commodore Run-Lac. »Sie kannten den Kaiser ebenfalls persönlich. Daher sollten sie wissen, dass er keine Diskussionen an seinen Entscheidungen zuließ. Wir sind die Nachkommen der ehemaligen Flüchtlinge. Geben sie bitte nicht uns die Schuld, an den Ereignissen vor 100.000 Jahren. Wir können heute am wenigsten die damaligen Entscheidungen des Kaisers korrigieren. «

Admiral Tarin und seine Gefolgschaft blickten ihn an. Er legte eine Hand auf die Schulter des Kanzlers.

»Bitte entschuldigen sie«, sagte Admiral Tarin. »Sie haben natürlich Recht. Wir sind erst vor wenigen Tagen den Stasis-Kammern entstiegen. Für uns liegen die Ereignisse noch greifbar nah vor unseren Augen. Es fühlt sich so an, als ob es gestern erst passiert ist. Ein Gefühl, wie sie es sicherlich haben, wenn sie über die Ereignisse vor 100.000 sprechen, muss sich bei uns erst noch einstellen. Ich verspreche ihnen aber eine Besserung unseres Gefühlslebens. Die Zeit wird auch vor unserer Flotte nicht halt machen. «

»Darf ich sie zu den letzten Gästen dieses Abends führen«, unterbrach Major Travis die Diskussion. »Sie warten bereits. Sie werden noch genügend Zeit finden, sich mit Kanzler Tarn-Lim zu unterhalten. «

»Natürlich«, lächelte der Admiral. »Sehen wir zu, dass wir fertig werden. Ich bemerke schon länger den köstlichen Duft, der von dem Buffet zu uns herüber weht. Sie können sich vorstellen, dass wir eine lange Zeit nichts mehr Frisches gegessen haben. «

Er blickte Major Travis an.
»Durst haben wir auch«, ergänzte er.

»So geht es vielen hier im Saal«, schmunzelte der Major. »General Poison hat zu ihren Ehren viele Köstlichkeiten von Tarid aufdecken lassen. Aber hierzu später mehr. Ich möchte ihnen gerne den Führer des lantranischen Volkes vorstellen. Es handelt sich bei ihnen um eine Rasse, die seit Anbeginn des Universums lebt und sich in der Milchstraße niedergelassen hat. «

»Ich kenne die Lantraner«, antwortete der Admiral Tarin zurückhaltend. »Leider haben sie ihre Versprechungen uns gegenüber nicht eingehalten. Ich weiß nicht, wie ich mich ihnen gegenüber verhalten soll? «

Major Travis blickte den Admiral irritiert an.
»Sie kennen die Lantraner? «, fragte er. » Hiervon hat mir Heran nichts mitgeteilt. Doch eines sollten sie nicht vergessen. Es ist eine lange Zeit vergangen. Auch die Lantraner mussten die Anweisungen ihres Ältestenrates

befolgen. Ihre Hohe-Empore ist immer noch sehr mächtig und entscheidet über den Weg ihres Volkes. Sprechen sie offen über die Vorfälle und räumen sie diese aus dem Weg. Sie haben hier Gelegenheit Aritron zu treffen, der ansonsten nur auf Centros, ihrer Heimatwelt anzutreffen ist. «

»Aritron ist hier? «, wiederholte der Admiral. » Dann habe ich ein Geschenk für ihn mitgebracht. Das ist auch für ihre zukünftige Mission wichtig. «

»Woher wissen sie über unsere anstehende Mission? «, erkundigte sich der Major interessiert. «

»Sie werden es gleich erfahren«, lächelte der Admiral. »Lassen sie uns zu den Lantranern gehen. Dann brauche ich nicht alles zweimal zu erzählen. «

Major Travis nickte und führte den Admiral und seine Begleiter zu den Lantranern, die etwas im Hintergrund standen und den überfüllten Saal kritisch beobachteten.

Die Lantraner sahen Major Travis und Admiral Tarin auf sich zukommen. Sie nahmen eine gerade Haltung an und zogen ihre Uniform glatt.

»Darf ich ihnen Admiral Tarin und einen Teil seiner Offiziere vorstellen? «, sagte Major Travis. » Wie ich hörte, kennen sie sich bereits. «

»Das ist richtig«, antwortete Aritron. »Leider stand unsere frühere Zusammenarbeit unter keinem guten Stern. «

Die Lantraner salutierten nach dem alten natradischen Gruß. Sie ballten ihre rechten Hände zu Fäusten und schlugen sich hiermit auf die Brust. Dann streckten sie ihre Arme waagerecht halbhoch in die Luft und öffneten ihre Handflächen. Die Offiziere der Evakuierungsflotte wiederholten die Begrüßung.

»Es ist schön, sie nach all den langen Jahren wiederzusehen«, begrüßte Aritron den Admiral.

Admiral Tarin blickte Aritron eine kurze Zeit in die Augen, dann entschloss er sich zu antworten.

»Wir sind noch da, wie sie sehen können«, antwortete er. »Leider ist das nicht ihr Verdienst. «

Aritron schluckte kurz. Die Erinnerungen kamen in sein Gedächtnis zurück.

»Ich verstehe ihren Ärger«, antwortete der Führer der lantranischen Abordnung. »Er ist berechtigt und durch nichts zu entschuldigen. Trotz unseres Beistandspaktes und unseren Ideen für eine glorreiche Zukunft des natradischen Volkes ist es leider anders gekommen als von uns geplant. Nichts kann das Geschehene wieder gut machen. «

»Können sie mir erklären, warum sie uns nicht vor der bevorstehenden Invasion der Rigo-Sauroiden gewarnt haben? «, fragte der Admiral.

»Das ist eine leidige Geschichte«, erwiderte Aritron mit versteinertem Gesicht. »Sie werden bemerkt haben, dass wir uns nicht mehr bei ihnen gemeldet haben. Die Geschichte nahm auch für uns eine nicht vorhersehbare Wendung. Nachdem wir mit ihnen den Beistandspakt abgeschlossen hatten und zurück zu unserem Heimatplaneten geflogen waren, wurden wir zu unserer hohen Empore gerufen. Sie hatte damals noch mehr Einfluss, als wir ihr heute zugestehen.

Jedenfalls hatte sie ohne unser Wissen beschlossen, dass sich die lantranische Zivilisation von allen Aktivitäten in der Milchstraße zurückziehen würde. Das waren einige Jahrhunderte vor dem Einfall der Rigo-Sauroiden. Sämtliche unterstützenden Maßnahmen für Rassen in der

Milchstraße wurden von heute auf morgen eingestellt. Brontan durfte sein allwissendes Energie-Rad, in Verbindung mit seinem Akteur-System, nicht mehr einsetzen. Sie wissen, dass wir hierdurch die Möglichkeit haben, tief in das Universum zu schauen, um anstehende Gefahren zu erkennen. Alle Flottenverbände unserer Rasse mussten zu ihrem Heimatplaneten zurückfliegen. Dort angekommen wurden sie abgestellt und eingemottet.

Unsere Hohe-Empore hatte herausgefunden, dass sich viele der von uns unterstützten Rassen, allein durch unsere technische Beratung, selbst vernichtet und in den Untergang gestürzt hatten. Ob es durch Kriege mit ihren Nachbarn, oder durch atomare Experimente passiert war, interessierte unsere Regierung nicht mehr. Sie ordnete an, die Unterstützung für andere Rassen unverzüglich auszusetzen. Trotz unserer Intervention und diversen Gesprächen mit der hohen Empore konnten wir sie nicht mehr umstimmen. Uns wurde jeglicher Außenkontakt verboten. In dieser dunklen Zeit unseres Daseins waren wir förmlich blind und hatten uns selbst aus der Milchstraße herauskatapultiert.

Aus diesem Grunde konnten wir nicht sehen, was sich in den Tiefen des Universums zusammenbraute. Erst Jahrtausende später wurden wir über die Vorfälle informiert, die während unserer Zurückgezogenheit die Milchstraße entvölkert hatte. Jetzt erkannte auch unsere hohe Empore ihre Fehlentscheidung. Nur langsam öffneten wir uns wieder für die Entwicklung in der Milchstraße. «

Aritron blicke den Admiral an, der interessiert zugehört hatte.

»Sie wissen es aus eigener Erfahrung von Santaron, wie die Entscheidungen einer Regierung durchgeführt werden«, erklärte Aritron. »Sie sind in der Regel kurzfristig nicht mehr umkehrbar. «

»Ich verstehe«, antwortete der Admiral. »Wie sie schon sagten, die gleichen Probleme hatten wir mit dem großen Auditorium von Santaron. Dieses Gremium, welche die Zurückgezogenheit unserer evakuierten Bevölkerung beschlossen hatte, war die Ursache, dass wir das Kunstsystem verlassen haben. Die Santaraner verstecken sich unter einem Tarnschirm und sind nicht bereit mit anderen Rassen in Kontakt zu treten. Erst nachdem uns Admiral Cartero um Hilfe gebeten hatte, konnten wir diese Behörde auflösen. «

Der Admiral blickte Aritron an.

»Ich gebe ihnen keine Schuld an den Vorkommnissen«, antwortete er. »Eine Stellungnahme von ihnen hätte ausgereicht, um uns von ihrer neuen Situation in Kenntnis zu setzen.«

»Ich kann mich für dieses Versäumnis nur entschuldigen«, erwiderte Aritron. »Wir waren jeglicher Kommunikation in der Milchstraße beraubt. Unsere hohe Empore hat alle Verbindungen kappen und diese versiegeln lassen. Nichts mehr konnte nach außen dringen.«

Admiral Tarin nickte ihm zu.
»Doch jetzt öffnen wir uns wieder«, lächelte der Lantraner. »Niemals mehr wird es fremden Rassen gestattet, über Völker der Milchstraße herzufallen. Wir engagieren uns seit kurzem wieder intensiv für unsere Sterneninsel.«

»Das ist schön zu hören«, erwiderte der Admiral. »Dann können sie direkt hiermit fortfahren.«

Aritron sah ihn fragend an.
»Ich darf ihnen Grüße von einer anderen fortgeschrittenen Species ausrichten«, erklärte der Admiral. »Wir sind auf die Sorganis gestoßen. Sie unterstützen eine natradische Splittergruppe, die ihnen bei ihren technischen Entwicklungen hilft. Sie haben eine

Flotte der Daraner in den Zwischenraum verschwinden lassen, die hinter uns her war.«

»Der Name ist mir nicht geläufig«, antwortete Aritron. Von wem speziell kommen ihre Grüße? «

»Von Astranaat«, lächelte der Admiral.

»Dieser Name ist mir bekannt«, lächelte der Führer der lantranischen Abordnung. »Er ist ein Technovalgor der Zyborakies. Ich habe viele Jahrtausende nichts mehr von ihm gehört. Wir sind davon ausgegangen, dass seine Rasse ausgestorben ist. «

»Das ist nicht richtig«, lächelte der Admiral. »Sie sind zu Geisteswesen aufgestiegen und nutzen nicht mehr ihre alten Körper und die Eigenschaften ihrer humanoiden Lebensform. Sie nennen sich seit dieser Zeit Sorganis. «

»Ich verstehe«, staunte der Lantraner. »Dieser Weg blieb uns bisher verschlossen. Astranaat und sein Volk waren immer auf der Suche nach technischen Errungenschaften fremder Species. Sie konnten förmlich nur mit einem Blick auf ein fremdes Gerät, die Eigenarten, die Funktionsweisen und die Baupläne speichern. Eine besondere Gabe der Evolution. Von ihnen konnten wir vor langer Zeit viel lernen. «

»Er lässt ihnen Grüße ausrichten und hofft sie noch einmal wiederzusehen«, ergänzte der Admiral.

Er griff in die Tasche seiner Uniform und zog einen Speicherkristall heraus.

»Seltsamerweise war Astranaat über ihre Mission informiert«, erklärte Admiral Tarin. »Er hat mir diesen Speicher für sie mitgegeben. Hierauf wurden Daten gespeichert, die ihren Wissenschaftlern erklären werden, welche Einstellungen notwendig sind, um die Schutzschirme ihrer Angriffsflotte so zu konfigurieren, dass sie die blaue Energie des Zwischenraumes problemlos ableiten können. Er sagte mir, dass ihre Wissenschaftler in kurzer Zeit die hierfür notwendigen Zusatzmodule fertigen könnten. Dann wäre ein Angriff gegen die Adramelech nur noch eine Formsache. «

Aritron, Major Travis und Kanzler Tarn-Lim waren gleichermaßen erstaunt.

»Wenn das funktioniert, dann haben wir eine Sorge weniger«, freute sich der Kanzler. »Schaffen sie die Module in so kurzer Zeit herzustellen? «

»Wenn unsere Wissenschaftler feststellen, dass diese Daten korrekt sind, dann sollte es funktionieren«, antwortete Aritron. »Danken sie Admiral Tarin. Das kann die Rettung für das redartanische Imperium sein. «

Aritron winkte Brontan zu sich.

»Bitte fliege mit diesem Speicherkristall nach Centros und übergebe ihn unseren Wissenschaftlern«, befahl er. »Sie sollen die Daten analysieren und ungeprüft 500.000 Zusatzmodule für Schutzschirme lantranischer Ausführung herstellen. Diese können von uns problemlos an die vorhandenen Ports der Steuereinheiten angebunden werden. Verliere keine Zeit. Unsere Mission wird in 3 Tagen beginnen. Bis dahin müssen wir die Module haben. Sag den Wissenschaftlern, es ist der ausdrückliche Wunsch von Aritron. Sie sollen ihre anderen Aufgaben liegen lassen und sich nur um diese Module kümmern. «

»Ich habe verstanden«, bestätigte Brontan. »Jetzt habe ich nicht von diesem Festbankett. «

»Falls die Module funktionieren und unsere Mission erfolgreich abläuft, dann gebe ich für sie und für alle beteiligten Lantraner ein großes Bankett auf Redartan«, bedankte sich der Kanzler. »Das gleiche gilt auch für sie und ihre Offiziere, Admiral Tarin. «

»Ich habe noch nicht zugesagt, dass wir uns an dieser Mission beteiligen wollen«, antwortete der Admiral.

»Ihre Aussagen habe ich so verstanden, dass sie auf der Suche nach den Verursachern sind, die sich hinter den Rigo-Sauroiden versteckt und alle Fäden gezogen haben«, bemerkte Aritron. »Jetzt haben sie Gelegenheit, die erste hierfür infrage kommende Rasse zu befragen. Um ihnen eine Beteiligung schmackhaft zu machen, bieten wir ihnen an, die Schutzschirme ihrer Flotte auf den neuesten Stand zu bringen. Ihre Schiffe werden mit den gleichen Schirmen ausgestattet, die auch von den Schiffen des Neuen-Imperiums eingesetzt werden. Sie Entstammen ebenfalls einer lantranischer Einwicklung. Diese modernen Schirmfelder sind nur äußerst schwer zum Kollabieren zu bringen. «

Admiral Tarin reichte Aritron die Hand.
»Diesen Vorschlag kann ich natürlich nicht ablehnen«, sagte er. »Wir sind dabei. «

Er blickte Kanzler Tarn-Lim an.
»Das ist es, was ich meine«, erklärte er. »Sie haben es verstanden und sind auf diesem Bankett erschienen. Hier sind sie unter Freunden. Die Santaraner, mein ehemals evakuiertes Volk hingegen, versteckt sich lieber unter ihrem Tarnschirm. Lieber Kanzler, ihre Flotte hat sich

soeben um 195.000 schwere natradische Kriegsschiffe erhöht. «

»Ich danke ihnen aufrichtig, Admiral«, freute sich der Angesprochene.

Auch Commodore Run-Lac war begeistert. «
»Vielleicht sollten wir noch etwas länger bleiben«, scherzte der Kanzler. »Möglicherweise erhöht sich dann unsere Gemeinschaftsflotte noch weiter. «

»Gute Freunde helfen in Krisensituationen«, lächelte Aritron diskret. »Wer weiß schon, was die nächsten Tage für Überraschungen bringen. «

Der Communicator von Major Travis summte. Er öffnete die Verbindung. Es war General Poison.

»Das Büfett ist angerichtet«, tönte die Stimme von General Poison aus dem Gerät. »Würden sie das bitte den Anwesenden mitteilen? «

»Das mache ich«, antwortete der Major. »Danke für ihre Unterstützung. «

»Achten sie auf den Bierkonsum«, sprach der General in das Gerät. »Die Lantraner, unter der Leitung von Heran, vernichten im kleinen Saal unsere Vorräte. «

»Das war vorherzusehen«, schmunzelte Major Travis. »Neue Lieferungen sind bereits unterwegs. Sirin hat sich hierum gekümmert. «

Der General schnaufte etwas in die Funkverbindung, jedoch verstand der Major die Worte nicht. Dann wurde die Verbindung unterbrochen.

Major Travis ließ sich ein Mikrofon geben. Er klickte mit dem Zeigefinger kurz an das Gerät. Dumpfe Trommeltöne durchzogen den Raum. Die Geräuschkulisse verebbte.

»Liebe Gäste«, sprach er in das Mikrofon. »General Poison hat mich soeben informiert, dass Speisen und Getränke für sie bereitstehen. Lassen sie es sich schmecken und genießen sie unterschiedliche Köstlichkeiten von Tarid. Das Büfett ist eröffnet. «

Über 200 Service-Roboter standen bereit, um den Gästen Getränke und Speisen zu reichen.

Admiral Tarin war neben Major Travis getreten. Er blickte auf die Menge.

»Diese große Anzahl von Gästen wurde bei einem kaiserlichen Empfang nicht eingeladen«, lachte er. »Ihre EWK scheint sehr großzügig zu sein. «

»Das täuscht ein wenig«, lachte der Major. »General Poison wird die Kosten im Auge behalten. Er wird von uns verlangen, diese schnellstens wieder hereinzuholen. Unsere Einstellung ist, wenn Freunde zu Besuch kommen, dann sollen sie sich bei uns wohlfühlen und gut bewirtet werden. Sie sind selbst im Weltraum unterwegs. Die ganzen Gefahren, die dort auf uns lauern, lassen sich nur schwer abschätzen. Es könnte unser letztes Zusammentreffen sein. «

»Herr Major«, antwortete der Admiral. »Wir sind erst vor wenigen Tagen unseren Stasis-Kammern entsprungen. Wir strotzen vor Energie und wollen Abenteuer erleben. Dank der neuen Schutzschirme werden wir vielen Angreifern überlegen sein. Wie ist das Zeitfenster für den Einbau? «

»Morgen werden ihre Schiffe zu unterschiedlichen Basen gerufen«, antwortete Major Travis. »Es stehen genügend Zusatzmodule herfür zur Verfügung. Wir haben ausreichend vorgefertigt. Der Einbau dauert 7 bis 10 Minuten, vorausgesetzt die Crew ihrer Schiffe arbeitet nicht gegen uns. «

»Dafür werde ich sorgen«, lächelte der Admiral. »Sie werden froh sein, wenn die Leistungsfähigkeit ihres Schirmfeldes optimiert wird. «

Major Travis nickte.
»Das wäre sehr hilfreich«, antwortete er.

»Haben sie noch Fragen an mich? «, erkundigte sich der Admiral. » Ich würde gerne mit den Natradern aus meiner Zeit einige Worte wechseln. «

»Gehen sie ruhig«, antwortete der Major. »Falls sie mich brauchen, lassen sie bitte nach mir rufen. «

»Das mache ich«, erwiderte der Admiral.
Er drehte sich um und verschwand mit seiner Begleitung in der Menschenmenge. Major Travis blickte Kanzler Tarn-Lim und Commodore Run-Lac an.

»Essen und Trinken sie etwas«, schlug der Major vor. »Schließen sie Kontakte zu den Firmenbossen unseres Imperiums. Sie arbeiten teilweise an interessanten technischen Neuerungen. Ich denke, mit diesen Gesprächen können sie erste Handelskontakte knüpfen. «

»Das machen wir«, lachte der Kanzler. » Sie wollen uns nicht begleiten? «

Major Travis schüttelte den Kopf.
»Ich möchte mit Heran sprechen«, antwortete er. »Er ist mit der Gruppe der Lantraner in einem anderen Saal. «

»Wir kommen zurecht«, lächelte der Commodore. »Wir kennen die Menschen von Tarid jetzt bereits ein wenig. Bis später.«

»Bis später«, antwortete der Major.

Dann ging er auf die Türe zu. Er wurde von Tart 1 und Tart 2 begleitet, die ihm nicht von seiner Seiche wichen.

Major Travis und die Tart-Roboter schritten durch die breiten Verbindungskorridore, der immer größer werdenden Anlage auf Titan. Der Saal, in dem die Lantraner tagten, war nicht weit entfernt. Schon von weitem hörte er die laute Geräuschkulisse, die auf einen starken Alkoholgenuss hindeutete.

Major Travis überlegte, warum die Lantraner bevorzugt Bier bestellten, doch ihm fiel keine Antwort auf seine Frage ein. Er nahm sich vor, bei nächster Gelegenheit Heran unter vier Augen hierauf anzusprechen. Als er durch die Türe schritt, sah er ausnahmslos lachende und schreiende Lantraner, die sich ungehemmt unterhielten. Über 40 Serviceroboter versorgten die Lantraner mit frischen Getränken. Sie waren pausenlos im Einsatz.

Atlanta saß bei Thoran. Sie blickte ihn entzückt an. Noch hatte die Anwesenden Major Travis nicht zur Kenntnis genommen. Er suchte mit seinen Augen Heran. Dieser saß bei einer Gruppe kräftiger Lantraner, die seinen Geschichten lauschten. Er schritt auf die Gruppe zu.

Heran blickte auf, als Major Travis an seinen Tisch kam. Er lächelte ihm zu.

»Darf ich euch meinen Freund Major Travis vorstellen«, sagte er zu seinen Tischkollegen. »Wir haben schon viele Abenteuer gemeinsam durchgestanden. Er ist einer der wichtigsten Führungs-Offiziere des Neuen-Imperiums. «

Die sechs Lantraner, die an seinem Tisch saßen, blickten zurückhaltend Tart 1 und Tart 2 an. Die natradischen Personenschutz-Roboter beeindruckten bereits durch ihre Größe von 2,20 Metern.

»Darf ich mich zu ihnen setzen? «, fragte der Major.

»Selbstverständlich«, antwortete Heran und zog seinem Freund einen freien Stuhl an den Tisch.

»Hast du die Gespräche mit den Politikern und den Vertretern der unterschiedlichen Planeten beendet? «, erkundigte er sich.

Major Travis lächelte der Gruppe zu.
»Abgebrochen«, antwortete er. »Es ist noch genug Zeit für weitere Gespräche vorhanden. General Poison kümmert sich derzeit um sie. «

»Ich möchte nicht in ihrer Haut stecken«, bemerkte Giratron. »Diesen Leuten kann man es sowieso nicht recht machen. Wenn man ihnen den kleinen Finger reicht, wollen sie direkt die ganze Hand an sich reißen. «

Major Travis blickte den Lantraner an. Er kannte ihn bereits von einem der letzten Missionen. «

»Sie haben nicht ganz Unrecht«, antwortete er. »Doch wenn wir bedenken, dass sich unsere Mission gegen eine Rasse richtet, die alle humanoiden Species im Weltall ausrotten möchte, dann sollten wir auf die Wünsche der Politiker eingehen und zusammenstehen. Letztendlich wollen sie alle das Gleiche. Aus diesem Grunde sind wir hier. Diese Art der Ausrottung muss aufhören. Die

Adramelech nennen sich selbst die Mächtigen des Universums. Ihnen ist bisher noch keine Rasse begegnet, die es mit ihnen aufnehmen konnte. Es wird Zeit ihnen zu sagen, dass auch humanoide Lebensformen ein Recht auf ihre Existenz besitzen. «

Giratron hatte zugehört und nickte.

»Admiral Tarin hat ihrem Führer einen Datenspeicher übergeben«, sagte Major Travis. »Dieser wurde ihm von den Sorganis, einer ebenfalls sehr alten Rasse im Universum, übergeben. Dieser Speicherkristall enthält Konstruktionspläne für ein Zusatzmodul, welches die Leistungsfähigkeit der Schutzschirme unserer Schiffe optimiert. Hiernach kann uns die blaue Energie des Zwischenraumes nichts mehr anhaben. Sie wird von den Schirmen absorbiert. Aritron hat Brontan mit dem Speicherkristall zurück nach Centros geschickt. Er wird von zwölf Schiffen ihrer Kollegen eskortiert. Wenn die Daten stimmen, dann werden wir gegen die Adramelech gut gerüstet sein. «

»Kommen die Zusatzmodule noch rechtzeitig bei uns an? «, erkundigte sich Heran. » Es sind nur noch drei Tage, bis wir mit unserer Mission beginnen werden. «

»Aritron sieht das Zeitfenster als ausreichend an«, antwortete der Major. »Falls es eine Zeitverschiebung geben sollte, dann warten wir mit dem Beginn unserer Suche nach den Adramelech. Das Leben der Piloten unserer Gemeinschaftsflotte stufe ich als wichtiger ein. Die Mission startet erst, wenn die Zusatzmodule in die Steuereinheiten der Schirme integriert wurden. «

»Sie haben meinen Respekt«, sagte Giratron. »Das zeichnet die guten Führer einer Zivilisation aus. Das Leben ihres Personals ist ihnen wichtiger als der erfolgreiche Abschluss einer geplanten Aufgabe. Hier können viele andere Rassen von ihnen lernen. «

Major Travis blickte ihn an.
»Was würde passieren? «, fragte er. » Wenn unsere Gemeinschaftsflotte und speziell ihre lantranischen Schiffe von der blauen Energie vernichtet würden? Aritron müsste dann nach Centros zurück und ihrer hohen Empore diese Nachricht überbringen. Glauben sie wirklich, sie würde nochmals eine solche Mission genehmigen? «

»Das können sie vergessen «, lachten die Lantraner an dem Tisch.

»Unsere Führung kann sich nur schwer der neuen Zeit anpassen«, erklärte Giratron. » Falls das passieren sollte, dann hat sich unsere Unterstützung für die Milchstraße für eine lange Zeit erledigt. «

»Das kann ich bestätigen«, sagte Heran. »Wir haben jetzt bereits Probleme, alle unsere Wünsche durchzusetzen. «

»Warum verhält sie sich so? «, erkundigte sich Major Travis.

Heran blickte ihn irritiert an.
»Ich dachte, wir hätten hierüber bereits einmal gesprochen«, antwortete er. »Durch unsere relative Unsterblichkeit ist der größte Teil unserer Zivilisation steril geworden. Wir sind nicht mehr in der Lage für einen ausreichenden Nachwuchs zu sorgen. Falls wir leichtsinnig das Leben unserer Piloten aufs Spiel setzen, dann wird sich die Population unseres Volkes weiter reduzieren. Irgendwann werden wir aussterben. «

Major Travis blickte Heran nachdenklich an.
»Das tut mir leid«, erwiderte er. »Doch ich bin mir sicher, dass es hierfür auch eine Lösung gibt. Es gibt auf der Erde zahlreiche Wissenschaftler, die sich mit der Genforschung beschäftigen. Vielleicht können sie herausbekommen, wo das Problem liegt. Sprechе Aritron bitte hierauf an. Wir würden euch gerne behilflich sein. «

»Was können die Wissenschaftler der Erde finden, das nicht bereits von unseren Experten erkannt worden ist?«, fragte Heran. » Sie verfügen über bedeutend mehr Wissen als eure Wissenschaftler. «

»Da kann man sich täuschen«, lächelte Major Travis. »Gerade in diesem Bereich der Forschung machen wir guten Fortschritte. Viele Augen sehen mehr als nur wenige. Ich würde das Angebot mit eurer Führung diskutieren. «

»Mag sein«, lächelte Heran. »Ob jedoch unsere Hohe-Empore lantranisches DNA-Material zu Forschungszwecken freigibt, das bezweifle ich stark. «

»Ein Versuch wäre es wert«, lächelte Major Travis.

Er griff nach einem Glas Bier und stieß mit dem Lantraner an. Major Travis nahm einen Schluck aus dem Glas. Es schmeckte leicht gekühlt und wohltuend. Die Lantraner lehrten ihr Glas in einem Schluck. Die heraneilenden Service-Roboter sammelten die leeren Gläser ein und stellten unaufgefordert neue auf den Tisch. Der lantranischen Abordnung schien dies zu gefallen.

Unterstützungs-Flotte der Green-Lizards und der Worgass.

Exakt 30.000 Schiffe materialisierten fast zeitgleich hinter dem Kuipergürtel, im inneren Sol-System. Diese ringförmige, relativ flache Region außerhalb der Neptun-Umlaufbahn lag ungefähr in einer Entfernung von 40 AE. Von Natrid entfernt. Der Gürtel besaß mehr als 70.000 Asteroiden mit einem Durchmesser von durchschnittlich 100 Kilometern, sowie zahlreiche kleinere Objekte. Wissenschaftler der Erde vermuteten, dass sie während der Planetenbildung im Sol-System entstanden waren.

Die Unterstützungsflotte hatte ihren Sprung exakt berechnet. Ohne Zwischenfälle war die Flotte in das System eingetaucht. Admiral Dragphan hatte Morass und Raise eingeladen, ihre Schiffe in den Hangar seines zierrakischen Großschlacht-Schiffes zu fliegen. Gemeinsam standen sie auf der Brücke des Worgass-Schiffes und blickten auf den Bildschirm.

»Sie haben Recht, Admiral«, sagte Morass. »Das Neue-Imperium zieht starke Flotten-Verbände zusammen. Sie wappnen sich für eine Bedrohung. «

»Das haben wir ebenfalls erkannt«, bestätigte er. »Vermutlich sieht das Neuen-Imperiums in uns noch keine wichtige Unterstützung, weil wir uns noch nicht so lange hier aufhalten«, erklärte Raise.

»Es ist aber unser ausdrücklicher Wunsch, dass wir als ein wichtiger Arm des Verteidigungssystems des Neuen-Imperiums angesehen werden«, sagte der Admiral. »Wir möchten an allen hoheitlichen Gesprächen beteiligt werden. «

»Uns wäre das ebenfalls wichtig«, bestätigte Morass. »Wir haben uns weiterentwickelt und stellen jetzt auch bereits einen wichtigen Machtfaktor dar. «

»Das habe ich gesehen«, lächelte Admiral Dragphan. »Ihr Schiffsbau entwickelt sich wesentlich schneller als der unsere. Wie machen sie das? «

»Die Brutgelage unserer Rasse auf Lizzit 2 funktionieren perfekt«, antwortete Morass. »Wir können auf immer neues Personal zurückgreifen, die unsere Fertigungs- und Montagezeiten verkürzen. «

»Ihr Vorteil ist auch die kleinere Bauweise ihrer Schiffe«, erwiderte Admiral Dragphan. »Wir haben uns auf die zierrakischen 2.500 Meter-Schiffe eingelassen. Ihre Fertigung benötigt wesentlich mehr Zeit. «

»Das ist uns klar«, antwortete Morass. »Ihre Schiffe geben auch wesentlich bessere Ziele ab als unsere kleinen, wendigen Raumer. Wir orientieren uns an den Lantranern. Ihre Schiffe sind noch kleiner als unsere, aber sie besitzen wesentlich mehr Durchschlagskraft. «

»Daher weht der Wind«, lächelte der Worgass. »Nur die Lantraner werden ihnen ihre technischen Raffinessen nicht verraten«, schmunzelte der Admiral.

Der Admiral zeigte auf zahlreiche Ortungskontakte.
»Da liegt eine Flotte von knapp 195.000 natradischen Schiffen«, sagte er. » Über Titan erkenne ich weitere 50.000 Großkampfschiffe und 500 Evolutions-Raumer der Lantraner. Weiterhin fliegen knapp 300.000 Schiffe in unterschiedlichen großen Verbänden durch das System. Wir sind noch nicht zu spät. Die Flotte ist noch hier. «

Morass blickte auf neue Ortungszeichen.
»Vermutlich haben sie unser Kommen bereits registriert«, schmunzelte er. »Ihre Flotten-Kampfstationen und weitere Basen schleusen Schiffe aus. Sie formieren sich in Geschwadern und nehmen Kurs auf uns. «

Der Worgass nickte nachdenklich.

»Funk-Offizier«, sagte Admiral Dragphan. »Öffnen sie eine Hyperkomm-Funkverbindung. «

»Die Leitung steht, sie können sprechen«, antwortete der Offizier.

»Hier spricht Admiral Dragphan«, sprach er in den Communicator. »Ich rufe die Raumüberwachung des Neuen-Imperiums. Ich bitte um eine Einflugs-Genehmigung ins Sol-System. Wir kommen mit der Unterstützungsflotte der Worgass und der Green-Lizard. «Es knisterte in der Verbindung, dann stabilisierte sich die Funkverbindung.

»Hier spricht die Raumaufklärung des Sol-Systems«, tönte es aus der Leitung. »Bleiben sie auf ihrer Position, bis sie weitere Anweisungen erhalten. Sie werden von einer Flotte von 40.000 Abfangschiffen angeflogen. Deaktivieren sie ihre Waffensysteme, ansonsten kann es zu Irritationen kommen. «

»Verstanden«, antwortete der Admiral. »Wir warten ab«.

Er blickte seinen 1. Offizier an.
»Informieren sie die Flotte«, befahl er. »Alle Waffensysteme sind zu deaktivieren. Hier scheint man etwas nervös zu sein. «

Commander Breckphan gab den Befehl sofort weiter und informierte auch im Namen von Morass die Flotte der Green-Lizards.

Durch die Hallen und Räume des Titan-Distributions-Zentrums hallten grelle Sirenen.

Der Major blickte Heran an.
»Ein Alarm? «, sagte dieser. » Ich kann es diesmal nicht sein. «

»Das ist mir klar«, erwiderte Major Travis, als er aufsprang. »Ich muss in die Leitstelle der Raumüberwachung. Ihr kommt zurecht? «

»Wir sind versorgt«, antwortete Giratron. »Überprüfen sie, was passiert ist. «

»Major Travis und General Poison, kommen sie bitte in die Leitstelle«, tönte eine Stimme aus den Lautsprechern. »Major Travis und General Poison werden unverzüglich in die Leitstelle gebeten. «

Der Major drehte sich um und schritt zu dem Ausgang. Auf dem Korridor traf er auf den General und seinen Commodore.

»Es ist immer das Gleiche«, schimpfte der General. »Sobald wir Gäste zu einem Festakt eingeladen haben, macht uns ein Alarm einen Strich durch die Rechnung. Ich hoffe nur, es handelt sich um keinen Angriff von außerhalb. «

»Wir werden es gleich erfahren«, antwortete Major Travis, als er die schwere Sicherheitstüre der Leitstelle aufriss.

»Status? «, erkundigte er sich.
Der diensthabende Commander drehte seinen Kopf und blickte die Führung der EWK an.

»Gut, dass sie kommen«, sagte er. »Unsere Raumüberwachung hat den Einflug einer fremden Flotte in unser System registriert. Es handelt sich um exakt neue 30.000 Ortungsimpulse. «

»Konnte unsere Hypertronic-KI von Natrid einen Abgleich durchführen? «, fragte Major Travis.

»Wir haben unsere Tiefenscans an sie übermittelt«, antwortete der Commander. »Sie wird uns gleich ihren Abgleich senden. Commander Giacombo ist mit 40.000 Schiffen der Heimatverteidigung auf einen Abfangkurs eingeschwenkt. «

»Gut«, lächelte Major Travis und blickte auf den zentralen Bildschirm.

Er wusste, dass sich die Maschinerie des Neuen-Imperiums jetzt in Bewegung setzte. Alle Stationen und Basen waren bereits von dem Frühwarnsystem unterrichtet worden. Sie bereiten sich darauf vor, bei einem Befehl der Leitstelle weitere Schiffs-Verbände auszuschleusen.

»Eingehender Hyperkomm-Funkspruch«, meldete der Offizier der Funkleitstelle. »Wir werden von den fremden Schiffen gerufen. «

»Geben sie die Nachricht laut aus«, befahl der Major.

»Hier spricht Admiral Dragphan«, knisterte es aus den zahlreichen Lautsprechern. »Ich rufe die Raumüberwachung des Neuen-Imperiums. Ich bitte um eine Einflugs-Genehmigung ins Sol-System. Wir kommen mit einer Unterstützungsflotte von Worgass und Green-Lizard Schiffen. «

Der Major griff nach dem Communicator.
»Hier ist Major Travis«, sprach er hinein. »Admiral Dragphan, es ist schön, ihre Stimme zu hören. Was

veranlasst sie zu diesem Besuch? Warum diese Unterstützungsflotte?«

»Morass und ich haben den Zusammenzug ihrer Schiffsverbände in ihrem Heimat-System registriert«, antwortete der Admiral. »Können wir davon ausgehen, dass sie eine Raummission vorbereiten? Ansonsten würden sie nicht so viele Schiffe in ihrem System versammeln. Wir möchten ihnen helfen. Die Worgass und die Green-Lizards sind auch ein Mitglied des Neuen-Imperiums. Wir werden sie nicht allein den Schutz unseres Hoheitsgebietes übernehmen lassen. «

Major Travis schaute General Poison an. Der nickte beiläufig.

»Es freut uns sehr, dass sie bereit sind, sich an dem Schutz des Neuen-Imperiums zu beteiligen«, antwortete der Major. »Sie scheinen tatsächlich ein Auge auf uns zu haben. General Poison nimmt ihre Unterstützung gerne an. «

Der Major überlegte einen Augenblick.
»Können sie durch den Abzug ihrer Flotten die Region ihres Heimatplaneten noch ausreichend schützen? «, fragte er.

»Die Produktion weiterer Schiffe ist auf Sira und auf Garth angelaufen«, erwiderte der Admiral. »Machen sie sich keine Sorgen. Wir haben genügend Verbände zum Schutz unserer Planeten zurückgelassen. Wer sollte uns auch angreifen? Wir haben niemanden etwas getan. «

»Da haben sie sicherlich Recht«, antwortete Major Travis. »Wir konnten die ganze Milchstraße noch nicht mit Frühwarnsensoren ausstatten. Viele Sektoren müssen noch von uns überprüft werden. Auch die Worgass-Clans aus Andromeda sind für uns ein nicht unkalkulierbarer Faktor. Sie arbeiten seit geraumer Zeit an einem neuen Wurmloch-Durchgang. «

»Das ist uns bekannt«, erwiderte Admiral Dragphan. »Wir haben derzeit keine Hinweise auf irgendwelche Aktivitäten von ihnen. Das wird wohl noch eine lange Zeit dauern. «

»Das hoffen wir«, antwortete Major Travis. »Ich lasse ihren Schiffen eine Warteposition zuteilen. Vermutlich wird es noch drei Tage dauern, bis wir mit unserer Mission beginnen können. «

»Damit haben wir gerechnet«, antwortete der Admiral. »Unsere Commander sind das gewohnt. Ich habe Morass bei mir auf dem Schiff. Können sie uns einen Landeplatz zuweisen? Nach unserer Ankunft unterhalten wir uns. «

»Sie erhalten einen Leitstrahl«, teilte der Major mit. »Es sind noch mehr Gäste eingetroffen. Wundern sie sich nicht. Die Lantraner sind mit einer Flotte zugegen, Kanzler Tarn-Lim und seinen Commodore kennen sie bereits. Die natradischen Schiffe, die sie bei ihrem Einflug in unser System gesehen haben, gehören Admiral Tarin. Sagen sie bitte Morass, er soll sich etwas zurückhaltend benehmen. Ich muss den Admiral erst auf die Green-Lizards einstellen. Er wird in ihnen lediglich den Vertreter einer Sauroiden-Species sehen. «

Es vergingen einige Augenblicke, bis der Admiral antwortete.

»Wir sind mittlerweile ein wenig mit der Geschichte von Natrid vertraut«, teilte er mit. »Dank ihren Geschichts-Datenbanken, die sie uns zur Verfügung gestellt haben, können wir auf entsprechendes Material zugreifen. Sprechen wir von dem Admiral Tarin, der vor 100.000 Jahren den Gegenschlag gegen die Rigo-Sauroiden kommandierte? «

»Von diesem Admiral sprechen wir«, antwortete Major Travis. »Er und die Offiziere seiner Evakuierungsflotte haben die lange Zeit in Stasis-Kammern verbracht, vergleichbar mit Lorin. «

»Die Zusammenarbeit wird sicherlich interessant werden«, scherzte der Admiral. »Ich bereite Morass und Raise entsprechend vor. «

Dann brach die Funkverbindung ab.

»Senden sie einen Leitstrahl an das Flaggschiff Worgass«, befahl Major Travis dem Ortungs-Offizier.

Den diensthabenden Commander der Leitstelle wies er an, die Verbände der Heimat-Verteidigung wieder in ihre Basen zu schicken. Lediglich ein kleiner Verband von 3.000 Schiffen sollte zwischen den unterschiedlichen Flotten-Verbänden patrouillieren und sie auf Distanz halten.

»Lassen sie bitte die Worgass und die Green-Lizards abholen«, wies er den Commander der Dienststelle an. »Stellen sie ihnen eine Eskorte zur Seite. Ihnen darf nichts passieren. Melden sie mir Personen, die sich negativ über sie äußern. «

Der Commander der Leitstelle bestätigte den Befehl.

»Ich lasse sie zu ihnen in den Festsaal bringen«, antwortete er.

»Danke«, sagte der Major.

Er blickte General Poison und Commodore von Häussen an.

»Gehen wir zurück in den Festsaal und bereiten Admiral Tarin und seine Offiziere vor«, sagte er. »Admiral Dragphan und Morass werden schnell eintreffen. «

Die laute Gesprächskulisse war schon auf dem breiten Korridor zu vernehmen.

Als er durch die Türe schritt, sah er Sergeant Hardin, rechts an der Wand stehen. Der Major schritt auf ihn zu.

»Sergeant«, sagte er. »Wir bekommen vermutlich eine Krisensituation. Ein starker Schiffs-Verband der Worgass und der Green-Lizards ist zu unserer Verstärkung eingetroffen. Admiral Tarin kennt unsere Verbündeten noch nicht. Vermutlich sieht er in ihnen Rigo-Sauroiden. Vermeiden sie, dass er und seine Offiziere unsere Gäste angehen. Behalten sie die Natrader im Auge. Wenn es sein muss, setzen sie Paralyse-Strahlen ein. Auch wenn jetzt Admiral Tarin zurückgekehrt ist, können wir uns von ihm nicht unsere Aufbauarbeit kaputtmachen lassen. Die Green-Lizards sind ein Mitglied des Neuen-Imperiums und unsere Verbündeten. «

»Ich habe verstanden«, antwortete Sergeant Hardin. »Ich ziehe zehn Marines zusammen, die sich unauffällig bei den Natradern der Evakuierungsflotte aufhalten werden.«

»Gut«, bestätigte der Major. »Behalten sie auch die Redartaner im Auge. Auch sie hatten noch keinen Kontakt zu unseren neuen Gästen. Ich denke aber, dass Kanzler Tarn-Lim aufgrund der Unterstützung aufgeschlossener sein wird. «

Sergeant Hardin nickte.
»Wir sichern vorsorglich alle Personen ab«, antwortete er. »Das ist unsere Aufgabe. «

Major Travis blicke sich in dem Saal um.
Die Natrader hatten sich mit Aritron, Kanzler Tarn-Lim und Sirin, Atlanta, Marin und Gareck an einem großen Tisch versammelt und tauschten Informationen aus. Major Travis erkannte, wie zwischendurch Gelächter ausbrach. Er schritt auf den Tisch zu.

Aritron blickte zu ihm auf.
»Haben sie Heran gefunden? «, fragte er.

Der Major nickte.

»Er kümmert sich um ihre Piloten«, antwortete er. »Giratron teilte mir mit, dass sie versorgt sind. «

»Danke für ihre Gastfreundschaft«, sagte Aritron. »Setzen sie sich zu uns. Wir führen interessante Gespräche. «

»Das mache ich später gerne«, erwiderte der Major. »Leider muss ich kurz ihre Gespräche unterbrechen. «

Die Offiziere blickten ihn fragend an.
»Das Erfreuliche möchte ich am Anfang mitteilen«, lächelte Major Travis »Es betrifft unsere redartanischen Gäste. Ich darf ihnen mitteilen Kanzler, dass soeben weitere Mitglieder des Neuen-Imperiums mit 30.000 Schiffen eingetroffen sind, die sie unterstützen werden. «

»Ich wusste es«, antwortete der Kanzler. »Je länger wir bleiben, umso mehr Verbündete ihres Imperiums treffen ein. «

»Sie haben Recht behalten«, erwiderte Major Travis. Admiral Dragphan und Commander Breckphan sind mit 5.000 Großkampfschiffen eingetroffen. Er hat eine Flotte von 25.000 Schiffen der Green-Lizards mitgebracht. «

»Es ist gut Freunde zu haben«, bestätigte Admiral Tarin. »Das wollen die Santaraner einfach nicht begreifen. «

Major Travis blickte ihn an.

»Das ist jetzt auch die Bewährungsprobe für sie und ihre Offiziere«, ergänzte der Major.

Admiral Tarin verstummte schlagartig. Aus den Augenwinkeln sah er, wie zehn Marines sich weiträumig um den Tisch verteilten. Sie wurden von sechs Kampfrobotern unterstützt.

»Wir haben unsere Waffen abgegeben«, bemerkte er. »Wofür sind die Kampfroboter? «

»Zu ihrer eigenen Sicherheit«, antwortete der Major. »Sie verstehen sicherlich, dass wir mit ihrem Eintreffen nicht rechnen konnten. Bis zu diesem Ereignis waren sie nur in unseren Geschichtsarchiven präsent. «

»Worauf wollen sie hinaus? «, fragte der Admiral irritiert.

»Das kann ich ihnen sagen«, antwortete der Major. »Wie weit konnten sie ihre eigene Geschichte aufarbeiten? «

»Das habe ich ihnen bereits mitgeteilt«, antwortete der Admiral. »Für uns liegen die Ereignisse noch in greifbarer Nähe. Viele Offiziere meiner Flotte müssen sie erst noch verarbeiten. «

»Aus diesem Grunde sind die Kampfroboter und die Marines aufmarschiert«, teilte der Major mit. »Bei den Mitgliedern, die als Unterstützung für Redartan eingetroffen sind, handelt es sich um eine starke Worgass-Flotte und um eine Armada der Green-Lizards. Das ist eine mit uns befreundete Sauroiden-Rasse. «

Admiral Tarin war aufgesprungen.
»Eine Sauroiden-Rasse«, fluchte er. »Diese Species war für den Untergang von Natrid verantwortlich. Wir werden ihnen diese Tat niemals verzeihen. «

»Sie stammen nicht von den Sauroiden ab, die für den Untergang von Natrid verantwortlich sind«, antwortete Major Travis gelassen. «

Er sah, wie sich die Offiziere von Admiral Tarin angestrengt unterhielten.

»Sie stammen aus Andromeda, wo sie Jahrtausende von ihren Herren versklavt wurden«, erklärte er »Wir haben sie gerettet und ihnen einen neuen Planeten beschafft. Sie sind ein wichtiges Mitglied in unserem Imperium. «

»Wie können sie Sauroiden als Verbündete bezeichnen? «, fragte Commander Lurtrin aufgebracht.

Sirin war aufgesprungen.

»Major Travis hat Recht«, tobte sie. »Sie sind genauso, wie Kaiser Quoltrin-Saar-Arel. Auch er ließ sich nicht von einer neuen Zeit beeindrucken. Ich bin die letzte adelige Natraderin der alten Generation. Falls sie nicht bereit sind, mich als ihre Vorgesetzte zu akzeptieren, sich einer neuen Zeit zu öffnen, dann haben sie in unserem Imperium nichts zu suchen. In diesem Fall bitten wir sie, unverzüglich weiterzufliegen und uns nicht zu behindern. Nicht nur unser Kaiser, auch sie und ihre Offiziere mit ihrem altmodischen Denken tragen die Schuld hieran, dass Natrid nicht mehr existiert. Sie sind Soldaten und kennen nur den Angriff und die Verteidigung. Es gibt aber noch so viel mehr zwischen diesen beiden Worten. «

Sie blickte den Admiral und seine Offiziere an.

»Entscheiden sie bitte hier und jetzt, wie der zukünftige Weg für sie aussieht. «

Aritron stand auf.

»Sirin hat Recht«, antwortete er. »Wir wollten es ebenfalls nicht glauben«, bestätigte er. »Major Travis und Heran haben uns eines Besseren belehrt. Diese Rasse der Green-Lizards ist zu einem wichtigen Verbündeten geworden. Das nur aus dem Grunde, weil sie aus der Unterdrückung ihrer Herren befreit wurden.«

Der Admiral hatte sich wieder gesetzt und blickte seine Offiziere an.

»Es sind 100.000 Jahre vergangen«, antwortete er. »Ich spreche auch im Namen meiner Untergebenen. Wir werden uns der neuen Zeit anpassen und uns eine eigene Meinung bilden. Können sie hiermit leben? «

»Es werden keine Diskriminierungen und negative Äußerungen gegen unsere Gäste ausgesprochen«, befahl Major Travis. »Wenn ich nur einen Vorfall mitbekomme, werden sie und ihre Offiziere aus dem Festsaal entfernt. Hierfür sind die Marines und die Roboter aufmarschiert. Habe ich ihr Wort hierauf? «

»Ja«, antwortete der Admiral. »Das haben sie. «

»Ich möchte ebenfalls eine Bestätigung von ihren Offizieren«, sagte Major Travis hartnäckig.

Admiral Tarin blickte seine Offiziere an.
»Wie entscheidet ihr euch? «, fragte er. » Wer sich nicht engagieren kann, der wird sofort auf unser Schiff zurückgehen. Wir sind hier Gäste und werden uns entsprechend benehmen. «

Nacheinander nickten die Offiziere.

»Ja«, antworteten sie noch in Gedanken versunken.

»Ich weiß zwar, dass es schwer für sie sein muss, doch es gibt auch unzählige andersartige Lebensformen«, bemerkte Major Travis. »Die Green-Lizards haben nichts mit ihren Rigo-Sauroiden zu tun. Sie sind selbst eine Rasse gewesen, die viele Jahrtausende versklavt wurde. Bitte akzeptieren sie ihren Wunsch, endlich in Freiheit leben zu können. Wenn man sie näher kennt, dann sind sie gar nicht so weit von unserem Gedankengut entfernt. «

»Wir werden sehen«, erwiderte der Admiral. »Sie haben unser Wort, dass wir keinen Eklat provozieren werden. «

»Das reicht mir«, antwortete der Major. »Trotzdem werden wir ihre Gruppe im Auge behalten. «

General Poison kam zu Major Travis geschritten.

»Die Worgass und die Green-Lizards sind da«, teilte er mit. »Haben sie den Admiral und seine Offiziere informiert, dass es keine Probleme gibt? «

General Poison blickte den Admiral und seine Offiziere an.

»Wir wurden ausreichend informiert«, antwortete der Admiral Tarin. »Sie können ihre befreundeten Echsen in den Saal führen. «

Der General verzog sein Gesicht.

»Ich bitte sie auf ihre Worte zu achten«, antwortete er mit einem eisernen Blick. »Diese treuen Verbündeten haben uns bereits in mehreren Missionen zur Seite gestanden, vor der ihre natradischen Splittergruppen zurückgeschreckt sind. Ich möchte, dass sie auch von ihrer Gruppe entsprechend gebührend akzeptiert werden. «

Admiral Tarin blickte den General irritiert an.

»Ich verstehe«, erwiderte er. »Vielleicht ist die Zeit wirklich an uns vorbeigeeilt und wir müssen uns erst hierauf einstellen. «

»Ich bitte hierum«, entgegnete der General. »Falls sie das nicht können, dann ziehen sie sich besser jetzt auf ihr Schiff zurück. «

»Machen sie sich keine Sorgen«, sagte Aritron. »Ich achte auf den Admiral und seine Offiziere. Sie werden von mir die fehlenden Bruchstücke der Geschichte des Sol-Systems mitgeteilt bekommen. «

»Kanzler Tarn-Lim und Commodore Run-Lac«, sagte Major Travis. »Bitte begleiten sie mich. Unsere neuen Gäste sind zu ihrer Unterstützung eingetroffen. «

Sie standen auf und schritten auf den Major und General Poison zu.

»Machen sie uns mit ihren Gästen bekannt«, sagte der Kanzler. »Ich bin gespannt auf sie. «

Major Travis nickte.
»Folgen sie mir bitte«, antwortete er. »Wir wollen sie nicht lange warten lassen. «

Die kleine Gruppe schritt auf die breiten Türflügel des Festsaales zu. Die Soldaten sahen den Major kommen und öffneten bereitwillig die Türen. Hiervor standen die neuen Gäste. Als sie Major Travis erblickten, schritten sie auf ihn zu.

Major Travis gab Admiral Dragphan, Commander Breckphan, Morass und Raise die Hand. Die Redartaner folgten seinem Beispiel.

»Willkommen im Sol-System«, lächelte der Major. »Ich freue mich, sie wiederzusehen. «

»Raise«, sagte er. »Sie ließen es sich nicht nehmen, ihren Vater zu begleiten? «

Die Green-Lizard nickte.

»Mein Vater ist nicht mehr der Jüngste«, antwortete sie. »Ich bin gerne an seiner Seite. Vor allem, wenn es um eine wichtige Mission geht. Wir können unsere Gedanken austauschen und den richtigen Weg finden. «

Major Travis nickte.
»Wir sind für ihre Hilfe sehr dankbar«, antwortete er. »Hiermit hatten wir nicht gerechnet. «

»Auch wir danken im Namen unserer neuen Republik«, lächelte Kanzler Tarn-Lim. »Ich hätte auch nicht gedacht, dass wir uns so schnell wiedersehen. Nochmals vielen Dank für ihre Unterstützung und ihre Hilfe bei der Absetzung unseres Kaisers.«

»Das haben wir gerne gemacht«, antwortete Commander Breckphan. »Ich hoffe, ihre neue Republik entwickelt sich nach ihren Wünschen? «

»Das tut sie«, erwiderte Kanzler Tarn-Lim. »Unsere Bevölkerung lernt derzeit intensiv mit ihrer neuen Freiheit umzugehen. Doch es ziehen dunkle Wolken am Horizont auf uns. Die Adramelech werden wohl in Kürze wieder angreifen. «

»Dafür sind wir hier«, sagte Admiral Dragphan. »Freundschaft bedeutet auch, füreinander einzustehen. «

Major Travis blickte auf Admiral Dragphan.

»Sie scheinen ein Auge auf unser System geworfen zu haben? «, fragte er

.

»Das war jetzt Zufall«, antwortete der Admiral. »Eine unserer Sonden hat bei einem Kontrollflug zufällig Aufnahmen gemacht. Hierauf konnten wir erkennen, dass sie starke Schiffsverbände in ihrem System zusammenzogen. Ihren scheint es nicht angenehm zu sein, ihre Verbündeten einzuweihen? «

»So ist das nicht«, erwiderte der Major. »Ich möchte möglichst vermeiden, dass unsere Verbündete bei geplanten Missionen Verluste an Schiffen und Personal erleiden. Wir haben ihnen versprochen, dass wir die polizeilichen Aufgaben übernehmen und für Ruhe und Frieden in der Milchstraße sorgen. Jetzt haben uns die Redartaner um Unterstützung gebeten. Wie Kanzler Tarn-Lim bereits mitteilte, werden sie von einer Rasse angegriffen, die sich die Mächtigen des Universums nennen.

Diese Species ist unter dem Namen Adramelech bekannt. Es handelt sich um eine alte Zivilisation im Universum, die alles humanoide Leben hasst. Warum sie das tun, entzieht sich unserer Kenntnis. Seit vielen Generationen brechen sie alle 150.000 Jahre zu Reinigungskriegen in ihrer Adramalon-Spiralgalaxie auf und vernichten alle nachgewachsenen Humanoiden und andersartigen Species in ihrem Hoheitsgebiet. Der Fluchtplanet der Redartaner liegt genau in ihrer Galaxie.

Es gab bereits eine Raumschlacht, bei der die evakuierten Natrader die Hälfte ihrer Raumflotte verloren haben. Die Adramelech zapfen eine für uns unbekannte Energie aus dem Zwischenraum an. Diese komprimieren sie in einer Vorrichtung, unterhalb ihrer großen Kampfschiffe, zu einer gasförmigen Wolke. Wird diese entfesselt, legt sie sich über angreifende Schiffe und lässt diese innerhalb von Sekunden explodieren. «

Morass und Raise hatten interessiert zugehört.
»Das hört sich nach einer gefährlichen Aufgabe an«, bemerkte Morass. »Wie können wir denn verhindern, dass diese Adramelech ihre Gaswolke freisetzen? «

»Admiral Tarin hat eine Technik mitgebracht, die uns hilfreich sein könnte«, antwortete Major Travis. » Die Konstruktionsdaten werden derzeit von den lantranischen Wissenschaftlern geprüft. Falls sie die Funktion bestätigen, dann bekommen wir Zusatzmodule für die Schutzschirme unserer Raumschiffe. Hiermit sollte die blaue Energie problemlos abgeleitet werden. «

»Funktioniert das auch mit unseren Schutzschirmen«, erkundigte sich Commander Breckphan.

Major Travis schüttelte seinen Kopf.
»Leider nicht«, antwortete er. »Ihre Schiffe müssen erst mit dem lantranischen Schutzschirm ausgestattet werden. Dann kann das Zusatzmodul angeschlossen werden. Leider stehen nicht genügend Schutzschirme zur Verfügung, um auch noch ihre Schiffe hiermit auszurüsten. Das werden wir später nachholen. «

»Dann wird es für unsere Schiffe nicht einfach werden«, ergänzte der Commander.

»Sie halten ihren Verband, ebenso wie die Flotte unseres Freundes Morass, hinter unseren Schiffen im Hintergrund«, erklärte der Major. »Sie kümmern sich um die Kampfjets, die von den Adramelech in den Kampf befohlen werden. Unsere letzte Einsatzbesprechung findet in drei Tagen statt, wenn Brontan mit den Zusatzmodulen von Centros zurückgekehrt ist. Auch für diese Mission gilt, möglichst wenige Verluste an Material und Personal zu erleiden. «

»Das wäre auch unser Ziel«, antwortete Morass. »Verluste an unseren Piloten schmerzen die Hinterbliebenen der betreffenden Clans sehr.«

»Das ist bei uns nicht anders«, sagte Admiral Dragphan. »Auch unsere Bevölkerung trauert sehr intensiv.«

»Lassen sie es nicht hierzu kommen«, sagte Major Travis. »Beachten sie unsere Befehle und planen sie keine eigenen Angriffe. Die Befehlsführung liegt bei mir und Aritron. Ist das klar?«

»Völlig klar«, antworteten die Gäste. »Wir verstehen uns lediglich als Unterstützung.«

»Ich möchte ihnen Admiral Tarin vorstellen«, sagte Major Travis. »Seien sie bitte zurückhaltend. Er hat mit seinen Offizieren erst vor kurzem die Stasis-Kammern verlassen. Für ihn und seine Offiziere sind die Erinnerungen an den großen Krieg noch sehr intensiv. Bekanntlich haben die Rigo-Sauroiden Natrid vernichtet.«

»Die Geschichte ist uns bekannt«, antwortete Morass ernst. »Doch in Andromeda gab es keine Rigo-Sauroiden. Wir kennen diese Species nicht und haben auch nichts mit ihnen gemein.«

Der Major legte Morass seine Hand auf die Schulter.

»Das weiß ich«, lächelte er. »Ihr Volk ist etwas Besonderes. Wir sind froh, dass sie unsere Verbündeten sind. «

Morass fletschte seine Zähne. Er schien zu lächeln.

»Doch berücksichtigen sie bitte den Argwohn bei Rassen, die sie noch nicht kennen«, erklärte Major Travis. »Für Admiral Tarin sieht jeder Sauroide, wie der andere aus. Ihnen fehlt noch das äußere Unterscheidungsmerkmal. Zeigen sie sich bitte von ihrer besten Seite. «

»Ich will es probieren«, lächelte Morass. »Achten sie auf Raise.« »Sie ist in solchen Dingen eher skeptisch. «

Major Travis blickte sie an.

»Sie waren doch in der Widerstandsbewegung ihres Planeten? «, sagte er. » Sie sollten doch die Schmerzen kennen, die ein Unrecht anrichten kann. «

Raise nickte.

»Machen sie sich keine Sorgen«, sagte sie. »Ich halte mich mit Äußerungen zurück. «

»Danke«, lächelte Major Travis.

Admiral Tarin und seine Offiziere beobachteten neugierig die eingetretenen Gäste.

»Die Echsen sind eindeutig kleiner als die Rigo-Sauroiden«, bemerkte Offizier Nofritin. »Ihre Gestalt ist zierlicher und nicht so muskulös. «

»Trotzdem bleiben es Sauroiden«, sagte Commander Lurtrin. »Ich möchte nicht mit ihnen an einem Tisch sitzen. «

»Was glauben sie wohl, wie viele unterschiedliche Echsen-Species es gibt? «, fragte Aritron.

Admiral Tarin und seine Offiziere sahen ihn an.
»Das wissen wir nicht«, antwortete Offizier Suterin. »Eine hat ausgereicht, um unsere alte Heimat zu verwüsten. «

»Ihre derzeitige Denkweise gefällt mir nicht«, antwortete Aritron. »Geben sie nicht den Lebensformen die Schuld an der Vernichtung ihrer Heimat, die am wenigsten hieran beteiligt waren. In der Galaxie existieren mehr insektoide und sauroide Lebensformen, als sie sich vorstellen können. Sie sind die größte Population im Weltall. Die humanoide Lebensform ist eher eine Seltenheit. Ihre Saat wurde von uns, von den Aller Ersten, oder von einigen anderen alten Rassen ausgesät, um ein Gleichgewicht in den unterschiedlichen Sterneninseln zu erzeugen. Ist ihnen das nicht bewusst? «

»Hiervon wussten wir nichts«, antwortete der Admiral. »In dem kaiserlichen Imperium wurden wir nicht mit allzu vielen Vertretern dieser Rassen konfrontiert. «

»Das haben sie den Ragunern zu verdanken«, antwortete Aritron. »Sie haben lange vor ihnen die Milchstraße gesäubert. «

»Wer waren die Raguner? «, fragte Admiral Tarin. » Diese Rasse ist uns nur von dem Namen bekannt. «

»Sie waren die ersten humanoiden Intelligenzen im Sol-System«, antwortete Aritron. »Sie lebten auf einem Planeten, der sich hinter Natrid in einer Umlaufbahn befunden hatte. Rugan war der Heimatplanet der ersten sich selbst entwickelten humanoiden Lebensform in der Milchstraße, neben der unseren. Vor vielen Millionen von Jahren tagte ein Gremium der ältesten Rassen des Universums. Jeder technisch hochentwickelten Species wurde ein Sternensystem zur Verwaltung übergeben. Sie sollten dafür sorgen, dass sich das Weltall mit Leben füllte. Der größte Teil der angereisten Species unterschrieb den Vertrag.

Nur wenige konnten sich hiermit nicht anfreunden. Sie wollten mehr für sich. Die Zierrakies, die Adramelech und andere Species boykottierten diesen Vertrag. Sie wurden von dem Ältestenrat der Zusammenkunft als unwürdig eingestuft. Ihnen wurden sämtliche Rechte an der Verwaltung eines Sternensystems abgesprochen. Mit gutem Grund, wie sie heute erkennen können. Die Adramelech haben sich nicht weiterentwickelt. Noch heute säubern sie ihr selbsternanntes Hoheitsgebiet von andersartigen Lebensformen. Diese Rasse ist auch der Grund für die Unterstützungsmissionen von Major Travis und unserer Flotte. Sie erkennen also, dass wir uns in der heutigen Zeit immer noch mit diesen nicht belehrbaren Lebensformen herumschlagen müssen. «

Aritron blickte den Admiral und seine Offiziere an. Sie hörten gespannt zu.

»Entschuldigen sie«, sagte der Führer der Lantraner. »Ich bin von dem ursprünglichen Thema abgekommen. Die Sonne des Sol-Systems war zu diesem Zeitpunkt noch wesentlich heißer, als sie heute ist. Der Planet der Raguner war ein Juwel im Weltall und befand sich in einer optimalen habitablen Zone. Sie mussten auf nichts verzichten. Ihre Welt versorgte sie mit allem, was sie brauchten. Ich denke, das ist jetzt 1 Million Jahre her. Sie entwickelten sich, wie jede normale Rasse im Universum.

Ihr Wissensdurst war immens. Irgendwann bauten sie Raumschiffe und erkundeten das Weltall. Ihr technisches Wissen war immens angewachsen.

Wenn ich darüber nachdenke, dann besaßen sie ein Wissen, das weit über das Verständnis ihres natradischen Volkes hinausging. Auch die Raguner sahen sich als wertvollste Species der Evolution an, ähnlich wie es heute noch die Adramelech tun. Diese Einstellung war der erste Schritt zu ihrem Untergang. Ihr immenses technisches Verständnis half ihnen wenig. Das Naheliegende passierte ohne Vorwarnung. Ihre Forschungsflotten stießen auf fremde Lebensformen. Mit Vorurteilen nahmen sie den ersten Kontakt auf, ließen jedoch von ihrer Überheblichkeit nicht ab. Als dann die fremden Lebensformen ihre Befehle nicht akzeptierten, fingen sie an diese andersartigen Lebensformen zu hassen.

Ihr Ärger wurde immer stärker. Irgendwann setzten sie ihre Wünsche mit Waffengewalt durch. Im Laufe von den nachfolgenden Jahrtausenden trafen die Raguner auf immer mehr fremde Lebensformen. Zu diesem Zeitpunkt verabscheuten sie bereits fremde Species so stark, dass sie fast alle Lebensformen in einem notwendigen Schnellverfahren als minderwertige Rassen aburteilten. Diese Einstufung gab den Kommandeuren der vielen Flottengeschwader das Recht, ohne Rückfrage bei ihrer

Flottenführung neu entdeckte fremde Rassen anzugreifen, diese auszurotten und ihre Planeten zu vernichten.

Es sollten keine Hinweise mehr auf fremde Rassen einer ausgeuferten Evolution zurückbleiben. Ihre Regierung erkannte nicht, dass sie gegen das unendliche Weltall mit all seiner Vielfalt kämpften. Zu diesem Zeitpunkt beobachteten wir nur und konnten nicht eingreifen. Wir waren mit eigenen Aufgaben beschäftigt. Wir hatten die Regierung der Raguner mehrfach gewarnt und ihnen eine Protestnote unserer hohen Empore zukommen lassen. Letztendlich verbaten sie sich unsere Einmischung. Die Raguner legten keinen Wert auf einen Kontakt zu uns. Dieses hatten sie uns im Anschluss unserer Proteste mehrmals mitgeteilt. Wir akzeptierten diese Entscheidung. «

»Was ist aus ihnen geworden? «, fragte Commander Lurtrin.

Aritron blickte ihn mitleidig an.
»Wie es allen Rassen ergeht, die sich nur Feinde machen können«, antwortete er. »Lebensformen, die sich nicht auf neue Verhältnisse einstellen können, werden zwangsweise aussterben. Für sie ist kein Platz in dem sich immer weiter ausdehnenden Universum vorhanden.

Jegliche Art von Hass zieht unweigerlich neuen Hass auf sich. So wie sie die sauroide Lebensform einstufen, so haben viele Rassen vor ihnen bereits empfunden. Bekommen sie ihre Gefühle endlich unter Kontrolle. Die Green-Lizards haben in keiner Weise etwas mit ihren Rigo-Sauroiden zu tun. Sie sind eine besondere Species. «

»Was ist mit den Ragunern passiert? «, fragte Admiral Tarin nach.

»Was soll ich ihnen sagen, dass sie nicht bereits selbst vermuten«, antwortete Aritron. »Die zahlreichen Feinde der Raguner haben eine große Vergeltungsflotte gebaut. Viele der durch die Raguner vernichteten Rassen und Species, haben sich hasserfüllt dieser großen Armada angeschlossen. Ihrem Planet erging es noch schlimmer als Natrid. Die Flotte der Raguner wurde in schweren, verlustreichen Raumschlachten besiegt. Trotz ihrer ausgereiften Technik, war die feindliche Übermacht zu groß. Ihre Zivilisation spürte erst jetzt den ungehemmten Hass der Angreifer. So wie sie es mit zahlreichen Species gemacht hatten, wurde ihre Zivilisation vollständig ausgerottet und ihr Planet in Stücke geschossen. Er ist heute nur noch ein Bestandteil aus unterschiedlichen großen Asteroiden, in dem großen Gesteinsgürtel, hinter ihrer ehemaligen Heimatwelt. «

Aritron blickte Admiral Tarin und seine Offiziere an. »Doch diese Geschichte ereignete sich bereits vor langer Zeit, bevor sich die natradische Rasse entwickeln konnte«, ergänzte Aritron.

Betroffenes Schweigen breitete sich aus. Admiral Tarin blickte Aritron durchdringend an.

»Das wussten wir nicht«, antwortete er.
»Der Hass ist noch immer sehr stark in unserem Kopf, bemerkte Commodore Sitrin. »Doch ihre Geschichte gibt uns wahrlich zu denken. Uns ist es gegeben, zwischen Recht und Unrecht zu unterscheiden. Allen Rassen, die sich nichts zuschulden haben kommen lassen, werden wir die Hand reichen und sie anhören. Doch die Verursacher des großen Krieges gegen Natrid, werden unsere ganze Härte zu spüren bekommen. «

Aritron nickte zustimmend.
»Dagegen ist nichts einzuwenden«, antwortete er. »Arbeiten sie ihre Geschichte auf. Wenn sie das erfolgreich abgeschlossen haben, lassen sie sich irgendwo nieder und bauen sie eine neue natradische Kolonie auf. Genügend Personal haben sie auf ihren Schiffen. «

»Bis dahin ist es noch ein weiter Weg«, lächelte der Admiral. »Wir sind Kämpfer und Piloten. Die Verursacher müssen erst noch ermittelt werden. «

»Ich glaube, Major Travis würde es sich wünschen, wenn sie in der Milchstraße bleiben würden«, sagte Aritron. »Sie als letzter, lebender Stratege des natradischen Imperiums, könnten ihm eine große Hilfe sein. Unser Ziel ist es, ein besseres Imperium aufzubauen, als wie es unter ihrem letzten Kaiser existierte. Darum unterstützen wir das Neuen-Imperiums. Die Terraner werden zukünftig die Regie in der Milchstraße übernehmen. Sie könnten dabei sein? «

Admiral Tarin lächelte.
»Diese Aufgabe könnte mir gefallen«, erwiderte er. »Doch wie sie wissen, müssen wir noch eine letzte Aufgabe erfüllen. Das bin ich meinem Personal schuldig. Danach entscheiden wir über unsere Zukunft. «

»In Ordnung«, erwiderte Aritron. »Ich bemerke mit Bedauern, dass ich ihren Entschluss nicht ändern kann. Ich hoffe für sie, dass ihr Vorhaben erfolgreich enden wird. «

Der Major kam mit Admiral Tarn-Lim, Commodore Run-Lac und seinen neuen Gästen auf den Tisch zugeschritten, an dem Aritron, Admiral Tarin und seine Offiziere saßen. An den Gesichtern der Offiziere von Admiral Tarin bemerkte Major Travis eine Veränderung. Sie schienen mit Abscheu auf seine grünen Begleiter zu schauen.

»Ich möchte ihnen kurz unsere Verbündeten vorstellen«, sagte Major Travis. »Admiral Dragphan und Commander Breckphan sind Worgass. Ihre Clans wurden von uns aus der Unterdrückung durch die Zierrakies befreit. Sie werden uns und die Redartaner mit 5.000 Schiffen ihrer 2.500 Meter-Klasse unterstützen. «

Aritron, Admiral Tarin und seine Offiziere waren aufgestanden und salutierten auf ihre alte natradische Art.

»Es freut mich sie kennenzulernen«, antwortete der Admiral. »Sie sollen Formwandler sein? Können sie uns diese Eigenschaft einmal demonstrieren? Wir sind bisher nicht mit Angehörigen ihrer Rasse konfrontiert worden. «

»Sind sie sich sicher? «, fragte Admiral Dragphan. » Wir haben Kenntnisse, dass Worgass aus Andromeda, die unter dem Befehl der Netzwerkdenker stehen, öfter einmal den Befehl erhalten erhielten, die Kasten auf Natrid zu infiltrieren. Den Netzwerkdenkern in

Andromeda war die Expansionspolitik ihres Kaisers sehr suspekt. «

Admiral Tarin schüttelte seinen Kopf.
»Hierüber ist mir nichts bekannt«, sagte er. »Auffälligkeiten wurden nicht registriert. «

»Wie sollten sie auch«, antwortete Admiral Dragphan. »Wir sind in einer neuen Gestalt nur mit Körperscannern zu erkennen. «

Er blickte seinen Commander an.
»Zeigen sie bitte Admiral Tarin und seinen Offizieren unsere Fähigkeiten«, sagte er.

Commander Breckphan verzog sein Gesicht.
»Eigentlich gehen wir mit unseren Fähigkeiten nicht hausieren«, bemerkte er. »Sie werden nur in Notfällen eingesetzt. So wie bei dem Sturz des redartanischen Kaisers.«

»Bitte erweisen sie uns den Gefallen«, sagte Admiral Tarin. »Wir kennen ihre Fähigkeiten wirklich nicht. «

»Also gut«, erwiderte der Commander. »Warten sie einen Augenblick. «

Er drehte sich zur Seite, der Wand entgegen. Die Zuschauer bemerkten, wie seine Haut anfing zu brodeln und aufzuquellen. Der ganze Körper des Commanders vibrierte merkbar für wenige Sekunden. Dann drehte er sich wieder zu den Gästen um.

»Das ist Kaiser Quoltrin-Saar-Arel, wie aus dem Gesicht geschnitten«, sagte Commodore Sitrin. »Wie ist das möglich? «

Die Offiziere der Evakuierungsflotte blickten staunend auf den Commander, der jetzt als ihr ehemaliger Kaiser vor ihnen stand.

»Wo kommen sie her? «, fragte Commander Breckphan mit der imitierten Stimme des Kaisers. » Sie sollte es schon lange nicht mehr geben. Ihre Rückkehr irritiert mich etwas. Erweisen sie ihrem Kaiser den nötigen Respekt. «

»Übertreiben sie es nicht«, mahnte ihn Admiral Dragphan. »Ich denke, diese Demonstration reicht aus. «

»Einen Augenblick noch«, sagte Admiral Tarin. »Krempeln sie bitte ihre Uniform hoch. Der Kaiser trug auf seinem Unterarm das Tattoo des natradischen Imperiums. «

Commander Breckphan zog seine Uniformjacke aus. Dann krempelte er den Arm seines Hemdes hoch und hielt ihn Admiral Tarin hin.

Exakt das gleiche Tattoo wurde sichtbar, dass auch der ehemalige natradische Kaiser trug.

»Das ist verrückt«, antwortete der Admiral. »Die Personen sind völlig identisch. «

»Danke, Commander«, sagte Admiral Dragphan. »Nehmen sie bitte wieder ihre reguläre Körperform an. «

Nur innerhalb von Sekunden hatte sich der Commander zurückverwandelt.

»Jetzt kennen sie unsere Fähigkeiten, « sagte er. »Eine Laune der Evolution gab uns diese Möglichkeit. Das ist leider auch der Grund, warum viele unserer Clans von sogenannten Herrenrassen für ihre Zwecke missbraucht wurden. «

»Ich verstehe«, sagte Admiral Tarin. »Sie haben es im Laufe ihrer Geschichte nicht leicht gehabt. «

»Wir haben mit dem gleichen Schicksal zu kämpfen gehabt, wie viele andersartige Lebensformen im

Universum«, teilte Admiral Dragphan mit. »Doch dank Major Travis ist endlich eine neue Zeit für unsere Rasse angebrochen. Aus diesem Grunde werden wir ewig dankbar sein und das Neue-Imperium unterstützen. Wir werden für unsere Freiheit einstehen. «

»Es ist gut, Freunde zu besitzen«, lächelte der Major »Hiervon gibt es nicht viele. Umso mehr wissen wir ihre Unterstützung zu schätzen. «

»Das Gleiche gilt für uns«, antwortete Kanzler Tarn-Lim. »Falls sie unsere Hilfe brauchen sollten, dann werden wir zu Stelle sein. «

»Danke«, antwortete Admiral Dragphan. »Wir wissen diese neue Freundschaft zu schätzen. «

Major Travis drehte sich Morass und Raise zu.
»Darf ich ihnen die Green-Lizards vorstellen«, fragte er.
»Wie sie unschwer erkennen, handelt es sich bei ihnen um eine sauroide Rasse. Ihre grüne Hautfarbe spiegelte sich in dem Namen ihrer Species wieder. Morass ist ein weiser Berater ihres Volkes. Er war Parlamentarier und 43. Abgeordneter des Hauses Lizzit. Beschützer der jungen Brüter und zuständig für einen reibungslosen Kommunikationsdienst innerhalb der Flotte, bevor ihn der Lantraner Heran zu uns in die Milchstraße evakuiert

hat. Heute berät er auf Lizzit 2, den neuen Heimatplaneten ihrer Rasse, den Ältestenrat bei seinen Amtsgeschäften. Er war maßgebend an der Rettung seiner Artgenossen aus Andromeda beteiligt. Alle Angehörigen seiner Rasse respektieren ihn als Autorität und Befreier seines Volkes. «

Morass hob die Hand halbhoch vor seine Brust.
»Ich begrüße Admiral Tarin und seine Offiziere«, sagte er in perfekter natradischer Sprache. »Ich verstehe, wenn sie uns gegenüber eine gewisse Zurückhaltung üben. Doch auch mein Volk wurde von den Worgass-Clans in Andromeda jahrtausendelang versklavt, misshandelt und ermordet. Viele Söhne unserer Angehörigen mussten ihr Leben geben. Erst durch die Hilfe von Major Travis gelang es mir, unser Volk aus diesem Teufelskreis zu befreien. Wenn sie es wünschen, kann ich ihnen gerne unsere Archivdokumente überspielen. Vorausgesetzt sie wollen sich mit dem Leiden unserer Rasse beschäftigen? «

Admiral Tarin blickte auf die versteinerten Gesichter seiner Offiziere. Er entschloss sich, über seinen Schatten zu springen.

Der Admiral stand auf und erwiderte den Gruß.
»Das möchte ich«, antwortete er. »Es trägt zu einem besseren Verständnis ihrer Species bei. Bitte

entschuldigen sie unser Verhalten. Es braucht noch eine gewisse Zeit, bis wir ihre Lebensform unterscheiden können. «

»Dafür habe ich Verständnis«, antwortete Morass. »Der Schmerz über den Verlust der Heimat und vieler Angehöriger trägt auch sehr schwer in unseren Herzen. «

Admiral Tarin nickte nachdenklich. Morass war ganz anders, als er sich einen Sauroiden vorgestellt hatte.

»Dieser hier ist mitfühlend und herzlich«, dachte er. »Wir werden unsere Einstellung korrigieren müssen. «

Seine Tochter Raise war eine Regimegegnerin auf Lizzit und Verfechterin eines neuen Gedankens«, erklärte Major Travis. » Sie kämpfte für ihre Ideale, dass alle Völker miteinander auskommen und sich in Freiheit entwickeln sollten. Ihr Ziel war es das Obernest, mit den befehlenden Organen der Netzwerkdenker zu beseitigen. Morass und seine Tochter sind mit 25.000 Schiffen ihrer 250 Meter messenden Angriffskreuzer zu uns gekommen.«

»Danke für ihre Unterstützung«, sagte Kanzler Tarn-Lim und gab Morass und Raise die Hand. »Sie glauben gar nicht, wie froh wir über ihre Beteiligung sind. Für uns geht es um alles, um den Fortbestand unserer jungen Republik.«

»Sie sind ein Mitglied des Neuen-Imperiums«, sagte Raise. »Wir stehen zusammen, gegen alles Fremde, das unseren Planetenverbund erschüttern will. Auch wir werden unsere neue Freiheit ohne Kampf nicht mehr aufgeben. Dass, was unsere Rasse in Andromeda erdulden mussten, das kann man nicht einmal seinem ärgsten Feind wünschen. «

Admiral Tarin und seine Offiziere hatten zugehört. Erst jetzt erkannten sie, dass nicht nur das natradische Volk gelitten hatte.

»Ein Universum voller Leid, Knechtschaft und Unterdrückung«, bemerkte Commander Lurtrin. »Erst jetzt öffnen sich unsere Augen. Wir waren blind und dachten nur unserem Volk wäre Leid und Vernichtung widerfahren. Doch es scheint üblich zu sein, dass selbsternannte Herrenrassen, andersartige Lebensformen als Hilfsvölker missbrauchen. «

Admiral Tarin blickte sie an.
»Es ist gut, dass wir sie kennenlernen durften«, sagte er. »An ihrem Beispiel sehen wir, wie viele mächtige Rassen sich Hilfsvölkern bedienen, um ihre Schmutzarbeiten

erledigen zu lassen. Diesem Eklat muss ein Ende bereitet werden. «

»Das ist auch unser Ziel«, sagte Aritron. »Doch zunächst bleiben unsere Aktivitäten auf die Milchstraße beschränkt. Hier liegt noch vieles im Argen. «

»Kommen sie, ich bringe sie zu Heran«, sagte Major Travis. »Er ist sicherlich auch über ihr Erscheinen erfreut.

Er blickte Admiral Tarin an.
»Ich überlasse sie Sirin und Atlanta«, sagte der Major an Admiral Tarin gerichtet. »Sie werden ihnen alles Wichtige zeigen. «

»Danke, antwortete der Admiral. »Wir haben uns viel zu erzählen. «

»Wo treffen wir uns später? «, fragte Sirin.

»Wir laden unsere Freunde in unser Haus in Douglas ein«, antwortete Major Travis. »Informiere bitte die Köche der EWK, dass sie etwas zubereiten. Die Service-Roboter sollen Bänke und Tische im Garten aufstellen. «

»Kommen die 500 Lantraner auch? «, fragte sie.

»Nein, ich denke sie werden hier gut versorgt«, erwiderte der Major. »Wir werden in einer kleineren Runde zusammen etwas essen. «

Er blickte in die Runde des Tisches.
»Sind sie einverstanden, dass Sirin in privater Atmosphäre ein Abendessen für sie vorbereitet? «, fragte er.

Die Gäste nickten zustimmend.
»Gerne«, antwortete der Admiral. »Wir freuen uns hierauf. «

Er blickte Sirin an.
»Wir treffen uns um 18:00 Uhr«, sagte er. »Bis dahin sind wir hier noch beschäftigt. «

Er nickte Sergeant Hardin zu. Dieser wusste, dass auch er und seine Marines dabei sein würden.

Angriffs-Flotte der Uylaner

Die uylanische Flotte war in einen neuen Raum-Sektor materialisiert. Sie stand vor einem Asteroidenfeld, das sie vor einer Entdeckung schützte. Der zentrale Bildschirm auf dem Flaggschiff des Doronger zeigte die aktuellen Tiefenscans an. Unzählige Ortungspunkte breiteten sich auf dem Bildschirm aus. Ein weiterer Flottenträger der

Adramelech und seine Schutzflotte waren deutlich zu erkennen.

»Wir haben den nächsten Träger gefunden«, meldete der Flottenführer aufgeregt. »Noch haben sie uns nicht bemerkt. «

»Ihre Befehle? «, fragte Offizier Bruksill, der 1. Offizier des Schiffes.

Doronger Furgun Marey überlegte kurz.
»Wir sind in großer Überzahl«, antwortete er. »Unsere Angriffslinie springt frontal unter ihre Flotte und gibt ihnen alles, was wir haben. Vorrangig ist die Zerstörung ihrer Komprimierungsfelder der blauen Energie. Wir kämpfen in Gruppen. Unsere Schiffe bilden Angriffsgeschwader von mindestens 20 Schiffen. Diese nehmen synchron ein einzelnes Kriegsschiff der Adramelech unter Feuer. «

»Ich gebe die Befehle sofort an unsere Flotte durch«, antwortete der 1. Offizier.

Lächelnd blickte der Doronger auf seine Beute.
»Wieder werden wir einen Träger der Mächtigen ausschalten«, grinste er. »Wenn es so weiter geht, dann

werden die Mächtigen über immer weniger Schiffe verfügen. «

»Die Flotte wurde informiert«, teilte der zurückeilende 1. Offizier mit. »Sie können den Angriffsbefehl erteilen. «

»Danke«, antwortete der Flottenführer.
»Steuermann nehmen sie den Sprung in das System der Adramelech vor«, befahl der Doronger.

Trägerverband 13 der Adramelech

Die Geytrin'Heytun gehörte zu einem Schiffs-Verband von 30 Schiffen der 2.500 Meter-Klasse. Das runde Raumschiff schwebte in dem Verband und diente als Einheit einer Schutztruppe, die den Träger 13 vor Übergriffen schützen sollte. Das Geschwader patrouillierte in einem entfernten Abstand von drei Lichtminuten von dem Träger entfernt. Er fungierte als Leitstelle für diesen Sektor. Die Kommando-Offiziere waren erfahren und seit langer Zeit in dem Dienst der Flotte tätig. Der Befehl der Leitstelle war klar und eindeutig. Das Geschwader sollte einfliegende Flotten ausmachen und sie an einem Angriff auf den Träger hindern.

Sidra'Narun, der Ortungs-Offizier der Geytrin'Heytun blickte intensiv auf die Ortungsmonitore.

»Waren da nicht gerade Ortungsreflexe? «, dachte er. Er wischte sich mit seinen Fingern durch die Augen.

»Nichts«, ergänzte er. »Nur das große Asteroidenfeld wird angezeigt. «

Seit vierzehn Tagen verrichtete er seinen Dienst auf diesem Schiff. Sämtliche Reservisten waren von dem Regenten zum Dienst in der Flotte einberufen worden. Aufgrund seines Alters wollte er nicht an den Missionen teilnehmen. Doch der Regent hatte ihm mitteilen lassen, falls er nicht seinen Dienst absolvieren würde, hätte das persönliche Konsequenzen zur Folge. Unter Protest hatte Sidra'Narun seine Einberufung akzeptiert. Angeblich wäre eine große Flotte der Uylaner in das Hoheitsgebiet der Adramelech eingedrungen, teilte man ihm mit. Diese müssten abgefangen und vernichtet werden.

Er kratzte sich über seine aufgerichteten Stacheln am Hinterkopf.

»Ich kenne die Uylaner nicht«, dachte er. »Vermutlich ist das auch wieder eine gezüchtete Species unseres Regenten. Ich habe immer schon vermutet, dass sich die Kreaturen irgendwann gegen uns wenden würden. Kein Lebewesen will dauernd unter einer Knechtschaft stehen.

Sollen sich doch die Biochemiker den Kopf zerbrechen, was bei dieser Züchtung falsch gelaufen ist. «

Sidra'Narun war ein geheimes Mitglied der Untergrundbewegung auf Drame'leur. Diese Gruppe wurde von dem Regenten unnachgiebig verfolgt und exekutiert.

»Viele meiner Gefährten wurden bereits von den Spüragenten der Regierung erwischt«, dachte er. » Von diesen Adramelech fehlt jede Spur. «

Sidra'Narun hatte sich bereits damit abgefunden, dass er seine Kollegen niemals wiedersehen würde. Er verfluchte den Regenten. Manchmal, in ruhigen Stunden in seiner Kabine, verspürte er eine intensive Lust den Regenten eigenhändig zu entmachten.

Er dachte mit Ärgernis an die Zeit, als ihn Freunde überredeten zur Flotte des Imperiums zu gehen. Hier würde er Abenteuer erleben, redeten sie ihm ein. Doch zu mehr als das Patent eines Ortungs-Offiziers, reichte seine Begabung nicht.

»Besser hätte ich eine bodenständige Ausbildung gemacht«, dachte er. »Dann hätte ich heute nicht die Befehle unseres Diktators zu beachten. Allein die stetige

Huldigung, Allmächtigkeit und Erleuchtung sei dir gegeben, geht mir gewaltig auf die Nerven. Doch in meinem Alter ist es schwer ein anderes Beschäftigungsfeld zu finden. «

Schwer atmete er aus und blickte wieder auf seine Ortungsmonitore.

»In dem Raum da draußen ist nichts«, erkannte er. »Lediglich Dunkelheit, Kälte und Einsamkeit erkenne ich. Mein Job ist der trostloseste in der ganzen Flotte. «

Er blickte zu seiner rechten Seite. Die Kollegen blickten fasziniert auf ihre Monitore. Sie suchten nach Wellen und Hyperraumverzerrungen. Diese konnten einen Hinweis auf eine eintreffende Flotte geben.

Die Geytrin'Heytun war kein modernes Schiff mehr. Es stand bereits 32 Jahre im Dienste des Adramelech-Imperiums. Doch es verrichtet immer noch seine Aufgaben ohne technische Ausfälle. Die 250 Personen der Stammbesatzung verliefen sich auf dem Schiff. Sidra'Narun konnte stundenlang durch die Verbindungsgänge des Schiffes gehen, ohne auf nur einen Offizier zu stoßen.

Der Monitor vor ihm blinkte. Sidra'Narun drehte seinen Kopf und blickte auf die Anzeige. Da waren sie wieder. Zahlreiche Fremdkontakte wurden sekundenlang angezeigt. Dann waren sie wieder verschwunden. Der Ortungsoffizier klopfte mit seiner Hand gegen den Monitor. Die Anzeige fiel in sich zusammen und baute sich neu auf. Wieder war nichts auf dem Monitor zu sehen.

Erneut drehte er seinen Kopf zu seinen Kollegen.
»Habt ihr Verzerrungen im Hyperraum registriert? «, fragte er. » Ich dachte gerade, ich hätte fremde Ortungsreflexe in dem Asteroidenfeld registriert. Doch jetzt ist mein Monitor wieder leer? «

»Das können Blendungen der Sonnenstrahlung sein, die von glasierten Asteroiden reflektiert werden«, antwortete ein Kollege. »In dem Gesteinsfeld lässt sich äußerst schlecht navigieren. Ich glaube nicht, dass sich dort fremde Raumschiffe verstecken. Wir haben keine neuen Daten aufgezeichnet. Alles ist ruhig. «

Die Anzeige seiner Bildschirme veränderte sich ohne seine Mithilfe. Die Hypertronic-KI des Schiffes zog alle neuen Daten von Ortungsinstrumenten und Sensoren ein, um auf den neusten Stand der Informationen zu kommen. Sidra'Narun wusste, dass dies eine automatische Kontrollabfrage der Schiffs-KI war. Die imperiale Führung des Regenten hatte dafür gesorgt, dass sie möglichst schnell mit aktuellen Informationen versorgt wurde.

Sidra'Narun lehnte sich in seinem Stuhl zurück. Er blickte sich in der Zentrale des Schiffes um. Er hatte sich an seine Kollegen gewöhnt. Ihnen erging es nicht anders als ihm.

»Vermutlich wollen sie auch lieber irgendwo anders sein als in dieser unendlichen Einsamkeit«, dachte er. »Doch der überhebliche Regent hat alle Reservisten wieder in die Flotte einberufen. Jetzt muss ich diesen langweiligen Dienst hier absitzen. «

Er ließ seinen Kopf durch die Zentrale wandern.
»Der Steuermann ist schon ewig auf dem Schiff«, dachte er. »Ich habe seinen Namen vergessen. Er ist mit diesem Metallklotz verwachsen und gehört zur Stammbesatzung. Wenn ich ihn anspreche, dann hat er niemals Zeit für eine Unterhaltung. Ich verstehe solche Befehlsempfänger nicht. «

Er war sich sicher, dass der Pilot bis an das Ende seiner Tage durch das Universums fliegen würde, nur um seine Position als Steuermann ausüben zu können.

Das Bild des zentralen Bildschirms des Schiffes zoomte die naheliegenden Planeten heran, die von einer großen gelben Sonne mit Energie gespeist wurden. Die glänzende Farbenpracht der unbekannten Welten wies auf Planeten mit einer prächtigen Flora und Fauna hin. Die blauen Farben deuteten auf Meere und Flüsse hin.

»Nie werden uns die Uylaner gefährlich werden können«, sagte Sidra'Narun in Gedanken. »Bisher hat es noch keine fremde Rasse gewagt Kolonien unseres Imperiums anzugreifen. Ich weiß, dass in dieser Angelegenheit der Regent keine Gnade walten lässt. «

Erst jetzt bemerkte er, dass er seine Gedanken laut ausgesprochen hatte. In der Stille der Zentrale, die nur durch das Brummen der Antriebe gestört wurde, blickten ihn seine Kollegen nachdenklich an.

»In diesem Fall ist es anders«, antwortete der Commander des Schiffes. »Die Uylaner sind von unserem Regenten für den Krieg gezüchtet worden. Sie werden nicht zurückweichen. Sie haben sich nach den Informationen unserer Flottenführung in den letzten 150.000 Jahren selbstständig weiterentwickelt. Das wurde von unseren Wissenschaftlern nicht vorausgesehen. Unsere Diplomaten Lord Quito-Weytun, er gehörte zur Obersten Vollkommenheit und seine Begleiter Bodra'Artun und Ludro'Heytun, beides Abgesandte unseres Regenten, wurden nach

Einschätzung unserer obersten Führung von ihnen getötet. Unsere Leute wurden von den Uylanern derart gequält, dass sie den Code zum Einflug in unser zeitversetztes Hoheitsgebiet preisgegeben haben. «

»Warum das alles? «, fragte Sidra'Narun. » Ich kenne die Uylaner nicht einmal. «

Der Commander lachte laut auf.
»Sie gehören zu einer neuen Generation von Adramelech«, erwiderte er. »Sie können es nicht wissen. Die Uylaner sind Tiere und wurden von uns auch entsprechend behandelt. Wir haben sie geknechtet und sie für unsere Missionen als Kanonenfutter missbraucht. Verletzte, oder nicht mehr arbeitsfähige Uylaner wurden von uns aussortiert und hingerichtet. Jetzt haben sie ihre Genmanipulation repariert und wollen ihre Rache für unsere Taten einfordern. Sie verstehen nicht, dass sie stets unsere gezüchteten Kreaturen bleiben werden. Der Regent hat befohlen, die ganze Population auszurotten.«

»Eine ganze Rasse soll ausgerottet werden?«, wiederholte Sidra'Narun. » Reicht es nicht, wenn wir ihnen einen Denkzettel verpassen. Viele unserer Bevölkerung werden unsere Tat als Völkermord einstufen. «

»Lassen sie das nicht den Regenten hören«, antwortete der Commander. »Nur sein Befehl ist maßgebend. Wenn wir die Uylaner erfolgreich zurückgeschlagen haben, werden wir uns um die Opposition unseres Planeten kümmern. Sie ist unserem Regenten bereits eine lange Zeit ein Dorn im Auge. Sie vergiftet das Klima in unserer Bevölkerung.«

»Ich verstehe«, antwortete Sidra'Narun. »Dann haben wir noch genügend Aufgaben vor uns. «

Angewidert drehte er sich wieder seinen Monitoren zu. Er nahm sich vor, seine Kollegen des Widerstandes rechtzeitig von dem Vorhaben des Regenten zu unterrichten.

Er hörte, wie der Funk-Offizier eine Meldung an alle Schiffe des Verbandes durchgab.

»Wir nehmen eine Kontrolle des Außenbezirkes vor«, meldete er. »Alle anderen Schiffe bleiben bis zu unserer Rückkehr auf dieser Position.«

»Kurskorrektur«, meldete der Steuermann. »Ich fliege den Außenbereich dieses Sektors an. «

Sidra'Narun spürte, wie die Vibration der Triebwerke zunahm. Der Steuermann beschleunigte das schwere Schiff und flog die neuen Koordinaten an.

Aus den Augenwinkeln sah er unzählige rote Ortungspunkte auf seinem Schirm blinken. Irritiert blickte er intensiver hierauf.

»Das kann nicht sein«, fluchte er. »Resonanzkontakt, ich registriere unzählige fremde Ortungen. «

»Bestätigt«, meldete ein Kollege. »Wir haben zahlreiche Hyperraumwellen registriert. Eine fremde Flotte ist in unseren Sektor materialisiert. «

»Gefechtsstände besetzen«, befahl der Commander. »Waffentürme ausfahren, den Schutzschirm auf die maximale Stufe hochfahren. Das Dekomprimierungs-Feld der blauen Energie aktivieren. «

Alle Offiziere der Brücken waren von einem Moment zum anderen hellwach und liefen durch die Zentrale. Sämtliche Befehle des Commanders wurden sekundenschnell umgesetzt.

Dieser blickte auf den zentralen Bildschirm. »Konnte unsere KI die Schiffe identifizieren? «, fragte er.

»Es sind Modelle einer unserer älteren Schiffs-Baureihen«, erklärte Sidra'Narun. »Jedoch erhalten wir keine ID's. «

»Das sind die Uylaner«, warnte der Commander. »Sie besitzen unsere alten Schiffe. Auf Kampfhandlungen einstellen. «

Auf dem Schirm sahen die Offiziere, wie eine große Armada in dem Sektor materialisiert war. Die 29 Schiffe ihres Geschwaders wurden von knapp 600 Schiffen eingekesselt. Ein Blitzgewitter entstand. Unzählige Lasersalven rasten zwischen den unterschiedlichen Verbänden hin und her.

»Position halten«, befahl der Commander. »Die Situation muss erst analysiert werden, an welcher Position wir eingreifen können. «

»Die Schutzschirme der Schiffe unseres Verbandes kollabieren«, teilte Sidra'Narun mit. »Sie brauchen dringend Unterstützung. «

»Es sind zu viele«, erkannte der Commander. »Wir können unmöglich die ganze Armada der Uylaner auslöschen. «

Er blickte auf den Monitor und sah, wie die Schiffe seines Verbandes in grellen Explosionen auseinandergerissen wurden. Der gezielte Angriff hatte den Uylanern nur fünf eigene Schiffe gekostet, die im Abwehrfeuer der Adramelech-Schiffe vernichtet wurden.

Der Commander schlug mit seiner Faust auf die Armlehne seines Stuhles.

»Sofort einen Notruf an den zentralen Flottenträger Acht schicken«, befahl er. »Wir brauchen sofort Unterstützung von den Eingreifflotten von Admiral Jordin'Rorxon und Prinz Dadra'Katyn. «

»Der Funkspruch ist durch und wurde bestätigt«, teilte der Offizier mit.

»Achtung, Hypersprung vor die Flotte programmieren, die unseren Verband vernichtet hat«, befahl der Commander. »Wenn wir materialisiert sind, bleiben uns nur 5 Sekunden. In dieser Zeit möchte ich 600 Raketen zielgenau auf die Feindschiffe ausgeschleust und die blaue Energie freigesetzt haben. Ist das umsetzbar? Wir warten nicht, bis der Erfolg unserer Aktion angezeigt wird. Rücksprung unverzüglich an diesen Standort.

»Wir bereiten alles vor«, antwortete der 1. Offizier. »Geben sie uns 10 Sekunden. «

Der Commander nickte.

Sidra'Narun spürte, wie ihm unwohl wurde. An einem direkten Kampfeinsatz hatte er noch nie teilgenommen. Er wusste, dass es jetzt um alles gehen würde.

»Sprung in fünf Sekunden«, sagte der Commander. »Ist alles vorbereitet? «

Wieder vergingen weitere Sekunden. »Fertig«, meldete der 1. Offizier.

»Den Sprung sofort durchführen«, befahl der Commander.

Das Schiff wechselte in den Hyperraum und materialisierte genau 1.500 Meter vor der Schiffs-Flotte, die gerade das Geschwader der Adramelech vernichtet hatte.

»Die Raketen sind raus«, meldete der 1. Offizier. »Sie suchen sich selbstständig intakte Ziele. «

Der Commander ließ seinen ersten Offizier nicht aussprechen.

»Die blaue Energie freisetzen«, befahl er.

»Das Komprimierungsfeld wurde deaktiviert«, meldete der Maschinist.

»Jetzt den Fluchtsprung durchführen«, befahl der Commander.

Die knisternden Geräusche wurden immer lauter.
Zahlreiche Lasersalven schlugen in den Schirm des Adramelech-Schiffes ein.

»Unsere Schutzschirmleistung ist auf 35 Prozent abgesackt«, teilte der 1. Offizier mit. »Wir sollten jetzt springen. «

Der Steuermann schlug mit der Faust auf den großen Buzzer des Hyperraum-Triebwerkes.

Gerade noch rechtzeitig entmaterialisierte die Geytrin'Heytun aus der Gefahrenzone. Nur Sekunden später trat das Schiff wieder in den Normalraum ein.

»Sensoren auf die feindliche Flotte ausrichten«, befahl der Commander.

Gerade noch rechtzeitig sahen die Offiziere, wie die Raketen in den Schirmen der feindlichen Schiffe einschlugen. Erste grelle Detonationen zeugten von explodierenden Schiffen der Uylaner. Sie hatten mit dem Angriff nicht gerechnet. Schiffe trudelten und kollidierten mit neben ihnen fliegenden Schiffen. Die zahlreichen Raketen rissen viele Aufbauten von den Schiffen ab. Zahlreiche Feuerherde entstanden in den Bordwänden, die von einschlagenden Raketen stammten. Dann war die blaue Gaswolke da. Sie hatte die Schiffe erreicht und hüllte sie ein. Immer mehr Feuerherde entstanden und fraßen sich durch die Schiffe des Uylaner-Verbandes.

Die ersten Schiffe explodierten und rissen neben ihnen fliegende Einheiten mit in den Untergang. Die Detonationen wurden immer heftiger. Die blaue Energie hatte die Elektronik und die Antriebe der Schiffe ausfallen lassen. Sie konnten sich nicht mehr retten. Dann brach der Atombrand aus. Wie in einer Kettenreaktion wurden zahlreiche helle Energiepilze auf dem zentralen Bildschirm des Adramelech-Schiffes angezeigt. Das Geschwader der Uylaner explodierte in grellen Feuerbällen. Nichts blieb von der Flotte übrig, welche die Begleitschiffe der Geytrin'Heytun vernichtet hatten.

»Wir haben sie«, freute sich der Commander. »Der Verband wurde vernichtet. Den Bildschirm auf die zentrale Armada richten. «

Entsetzt sahen die Offiziere, wie der Flottenträger in zahlreichen Explosionen auseinandergerissen wurde.

Eine massive Raumschlacht tobte in dem Sektor. Die Schiffe der Adramelech konnten dem massiven Angriff der Uylaner nur eine kurze Zeit standhalten. Überall wurden grelle Explosionen angezeigt.

»Verdammte Schweinerei«, tobte der Commander. »Unser Flottenträger und seine Schutzflotte wurden vernichtet. Wir können nichts mehr machen. «

Die gleißende Lichtfülle machte es schwer, auf dem Bildschirm die Verluste zu erkennen. Ein weiteres Schiff der Adramelech blähte sich auf und verging in einer Nova. Das Chaos breitete sich immer weiter aus.

»Ich registriere weitere Hyperraumwellen«, meldete der Kollege von Sidra'Narun. »Eine neue Flotte wird in diesem Sektor materialisieren. «

Sekunden später tauchten 5.000 schwere Einheiten der Adramelech in den Sektor ein. Die Crew beobachte, wie sie in einer Warteposition den Raum scannten. Die Klickgeräusche der Ortungstaster wiesen auf einen intensiven Scan hin. Dann beschleunigte die Flotte wieder und verschwand in den Hyperraum.

»Sie sind wieder weg«, erkannte der Commander. »Solche Feiglinge sind mir noch nie begegnet. Sie lassen unsere Flotte im Stich. «

Die Raumschlacht in dem Sektor dauerte an. Immer mehr Schiffe der Adramelech verloren den Kampf. Die Übermacht war zu groß.

»Resonanzkontakt« sagte Sidra'Narun. »Eine Flotte der Uylaner ist 5.000 Meter vor uns materialisiert. «

Mit schneller Geschwindigkeit kreisten sie das Schiff der Adramelech ein. Der Raum schien aufzureißen, als die ersten Lasersalven in den Schutzschirm der Geytrin'Heytun einschlugen. Die Energien überluden sich.

»Automatisches Abwehrfeuer aktivieren«, befahl der Commander. »Das Komprimierungsfeld der blauen Energie aufladen. Alle verfügbaren Raketen und Bomben ausschleusen. «

Die starken Lasersalven ließen den Schutzschirm der Geytrin'Heytun an vielen Stellen rot aufleuchten, an vier Ecken kollabierte der Schirm bereits.

»Der Schutzschirm ist auf 30 Prozent gefallen«, teilte der Maschinist mit. »Lange halten wir das nicht mehr aus. «

»Einen Fluchtsprung programmieren«, tobte der Commander. »Steuermann, bringen sie uns aus der Gefahrenzone. «

Ein gewaltiger Einschlag riss die Offiziere von ihren Füßen. Mehrere Raketen hatten innerhalb von Sekunden das halbe Unterschiff verwüstet und die Hypersprung-Triebwerke zerstört.

»Hypersprung nicht mehr möglich«, kreischte der Steuermann. »Die Antriebe sind ausgefallen. «

Mit Sorge nahm der Commander die Mitteilung zur Kenntnis.

»Sämtliche Energie in die Schutzschirme leiten«, befahl er.

Erneute Einschläge ließen die Elektronik der Brücke ausfallen. Feuer und Rauch brachen aus. Der Einschlag hatte mehrere Offiziere getötet. Die Stimme des Commanders war verstummt. Er hing reglos in seinem Kommandosessel.

»Das Schiff evakuieren«, befahl der 1. Offizier. »Sämtliche Besatzungsmitglieder begeben sich zu den Rettungskapseln. «

Sidra'Narun rieb sich seinen Nacken. Er hatte einen harten Schlag erhalten. Er griff nach seinem Raum-Helm und setzte ihn auf.

Flammen breiteten sich in der Zentrale des Flaggschiffes aus und fraßen sich gierig weiter. Weitere Explosionen schüttelten das Schiff durch. Der Qualm verhinderte eine freie Sicht.

Er sprang auf und lief zu der Feuerkonsole. Der Offizier, der sie ansonsten bediente, lag regungslos am Boden. Sidra'Narun schlug mit seiner Hand auf den Knopf für die automatische Verteidigung. Er spürte, wie der Boden vibrierte. Die Laser-Geschütze fingen erneut an zu feuern. Jemand riss ihn von der Konsole weg.

»Wir müssen in die Rettungskapseln«, sagte der 1. Offizier. »Kommen sie mit mir. Es bleibt nur noch wenig Zeit. Das Schiff ist nicht mehr zu retten. «

Sidra'Narun nickte geistesabwesend. Der 1. Offizier zog ihn mit sich. Er hatte viel Blut auf seiner Uniform kleben.

»Wir werden sterben«, sagte Sidra'Narun.

»Solange das Schiff noch etwas Energie besitzt, können wir die Rettungskapseln starten«, antwortete der 1. Offizier. »Reißen sie sich zusammen. «

Die beiden Offiziere liefen durch die Gänge, bis sie den Raum erreichten, in dem die Rettungskapseln hingen.

»Nehmen sie diesen Speicher-Kristall«, sagte der 1. Offizier. »Er besitzt die ID's der 5.000 Schiffe, die ohne Kampf den Sektor wieder verlassen haben. Übergeben sie den Kristall an unser Flotten-Oberkommando. Der Commander der Schiffe wird sich vor Gericht verantworten müssen. «

Sidra'Narun steckte ihn wortlos ein.
Der 1 Offizier drückte auf einen Schalter. Die Türe einer Rettungskapsel sprang auf. Der 1. Offizier schubste Sidra'Narun in die Kapsel und verschloss die Türe. Dann

schlug er mit seiner Faust auf einen roten Schalter in der Wand. Die Rettungskapsel wurde aus dem Schiff katapultiert. Schnell öffnete der 1. Offizier eine zweite Rettungskapsel.

Aus der rotierenden Drehbewegung seiner Kapsel sah Sidra'Narun, wie aus den Bordwänden seines Schiffes unzählige Explosionen austraten. Dann detonierte das große Schiff in einer gigantischen Stichflamme. Sämtliche Energiemeiler des Schiffes waren gleichzeitig explodiert. Geblendet schloss Sidra'Narun seine Augen. Mit Trauer erkannte er, dass der 1. Offizier es nicht mehr rechtzeitig aus dem schwer beschädigten Schiff geschafft hatte.

Die Flotte von Mentor Adra'Sussor tauchte in den Sektor der Raumschlacht ein.

»Eine Flotte der Uylaner greift unseren Flottenträger und seine Begleitschiffe an«, teilte der Ortungs-Offizier mit. »Sie sind massiv in der Überzahl. Unsere Flotte ist verloren. «

Der Mentor überlegt kurz.
»Hieran können wir nichts mehr ändern«, antwortete er. »Wir kommen zu spät. Unsere Aufgabe ist es, die humanoide Zivilisation zu vernichten. «

Mit Schrecken erkannte die Crew, wie der Flottenträger in zahlreichen Explosionen auseinandergerissen wurde. Seine Schutzflotte lag in einem schweren Gefecht.

»Wir müssen eingreifen«, erkannte der 1. Offizier des Schiffes. »Wie wollen sie unser Verhalten vor dem Regenten verantworten? «

»Mit Verlusten war zu rechnen«, antwortete der Mentor. »Senden sie einen Hyperkomm-Funkspruch an Admiral Jordin'Rorxon und informieren sie ihn über die Lage in diesem Sektor. Mehr können wir nicht mehr tun. «

Adra'Sussor blickte seinen Steuermann an.
»Den nächsten Hypersprung vorbereiten«, sagte er entspannt. »Wir verlassen diesen gefährlichen Sektor. «

»Ihr Befehl wurde der Flotte übermittelt«, teilte der Funk-Offizier mit. »Wir erhalten zahlreiche Protestnoten. «

»Diese ignorieren wir«, antwortete der Mentor. »Teilen sie ihnen mit, wer sich nicht an meine Befehle hält, der wird nach unserer Rückkehr vor ein Kriegsgericht gestellt und öffentlich angeprangert werden. Ich dulde keinen Widerspruch. «

Der Funkoffizier nickte eingeschüchtert.

»Die Flotte bestätigt«, meldete er. »Sie sind zu dem nächsten Sprung bereit. «

»Warum nicht direkt so«, antwortete der Mentor. »Den nächsten Sprung einleiten. «

Die Flotte von 5.000 großen Adramelech-Schiffen sprang aus dem Raumsektor und tauchte in den Hyperraum ein.

Doronger Furgun Marey blickte lachend auf den zentralen Bildschirm.

»Wir haben sie vernichtet«, bemerkte er. »Sie waren genauso unvorbereitet, die ihre anderen Trägergruppen. Die Mächtigen haben das Siegen verlernt. Jetzt kommen wir Uylaner und bringen ihnen das Fürchten bei. «

»Ich wäre vorsichtig mit ihren Aussagen«, konterte Offizier Bruksill. »Noch sind wir nicht auf ihre Hauptflotte gestoßen. «

»Wir haben jetzt fünf Träger und ihre Schutzflotten vernichtet«, grinste der Doronger. »Das macht nach meiner Rechnung grob 125.000 ihrer schweren Einheiten. Den Adramelech gehen langsam ihre Schiffe aus. Ihre blaue Energie konnte in den wenigsten Fällen unseren Schiffen gefährlich werden. «

»Entschuldigen sie, dass ich widerspreche«, antwortete der 1. Offizier. »Gerade in diesem Sektor haben wir 600 Schiffe des Nahill-Clans verloren. Ist ihnen das entgangen? «

Doronger Furgun Marey blickte seinen 1. Offizier an.
»Der ganze Nahill-Clan besteht nur aus Feiglingen«, antwortet er. »Warum haben sie wohl den Verband von 29 Schiffen der Adramelech mit 600 Schiffen angegriffen? Das will ich ihnen gerne erklären. Sie waren sich sicher, dass dieses Geschwader eine leichte Beute sein würde. Ihr Kampf war gut und erfolgreich. Dann zögerten sie jedoch zu lange in unsere Hauptarmada zurückzuspringen. Dort wären sie in relativer Sicherheit gewesen. Doch sie beobachten den Kampf lieber von einer entfernten Position aus. Aus diesem Grunde haben sie scheinbar nicht bemerkt, wie ein einzelnes Adramelech-Schiff in ihrem Rücken materialisierte. Dieses wird den Schiffen des Nahill-Clans den Todesstoß versetzt haben, allein durch die entfesselte blaue Energie. Erst unser zu Hilfe geeiltes Geschwader, konnte dann dieses Schiff vernichten. «

»Wenn sie dieser Auffassung sind, dann gebe ich ihnen natürlich Recht«, antwortete der 1. Offizier.

»Scannen sie nach Überlebenden unserer Flotte«, befahl der Doronger. »Die Rettungskapseln der Adramelech lassen wir zurück. Sie können von unserem grandiosen Sieg erzählen. «

Er zeigte auf das Sternensystem, dass in unmittelbarer Nähe lag.

»Programmieren sie jeweils 30 Landekapseln mit unserem Nachwuchs, mit einem direkten Kurs auf die vor uns liegenden Planeten«, befahl der Flottenführer.

»Dort werden weitere Kolonien der Uylaner entstehen. « Der 1. Offizier drehte sich ab und eilte davon.

Der Doronger lehnte sich zufrieden in seinem Kommandosessel zurück. Er schaute zu, wie Rettungsboote die zahlreichen Kapseln seiner Landsleute aufnahmen. Nach 45 Minuten sprang die Flotte in den Hyperraum. Ihr Ziel war der Heimat-Planet der Adramelech.

Die Kontrollanzeigen der Rettungskapsel von Sidra'Narun blinkten auffällig.

Der Ortungs-Offizier erkannte, dass 51 Prozent der Atemluft verbraucht waren.

»Hier endet mein Leben«, dachte er. »In Ausübung meines Berufes habe ich mein Leben für den Regenten geopfert. Mir kann man nicht vorwerfen, dass ich nicht dabei war. «

Er trommelte verbissen mit seinen Fäusten gegen das Metall der Rettungskapsel, bis sie schmerzten.

»Dieser Regent wird für seine Taten büßen«, tobte er außer sich. »Wie viele unseres Volkes haben sich heute wieder für ihn geopfert? Nur durch seine abartige Politik gegenüber anderen Rassen, konnte es zu diesem Dilemma kommen. «

Verärgert schaute er sich in der Rettungskapsel um.
»Nicht einmal für Wasser wurde gesorgt«, beklagte er sich.

Er spuckte etwas Schleimiges aus.
»Ich werde meinen Dienst quittieren und vollständig in den Untergrund wechseln«, dachte er. »Es wird Zeit, diesen Regenten ein für alle Mal zu beseitigen. «

Er blickte aus dem kleinen Schauglas der Rettungskapsel. Erleichtert bemerkte er, wie eine große Adramelech-Flotte in dem Sektor materialisierte.

»Ortungsimpulse? «, fragte Admiral Jordin'Rorxon.

»Ich registriere nur Trümmer und zahlreiche Rettungskapseln«, meldete der Ortungs-Offizier. » Die Flotte der Uylaner ist bereits weitergesprungen. «

»Wir sind wieder zu spät«, fluchte der Admiral. »Wird das ewig so weitergehen? «

»Wir kennen das Ziel ihrer Flotte nicht«, antwortete der 1. Offizier des Schiffes. »Sie können wahllos durch unser Hoheitsgebiet fliegen und alle Kolonien angreifen. Unsere Sterneninsel ist einfach zu groß. «

»Entsendet die Bergungsschiffe«, befahl der Admiral. »Keine unserer Kapseln wird zurückgelassen. «

Der Admiral blickte seinen Funk-Offizier an.
»Stellen sie bitte eine Verbindung zu Prinz Dadra'Katyn«, sagte er. »Wir brauchen eine neue Strategie. Derzeit verlieren wir zu viele Schiffe. Das kann so nicht weitergehen. «

Zwei Stunden waren vergangen. Prinz Dadra'Katyn war mit einem Gleiter in den Hangar des Flaggschiffes von Admiral Jordin'Rorxon geflogen.

In einem Besprechungszimmer tauschten sich beide Offiziere aus.

»Nach meiner Bewertung bringt unsere Strategie nicht viel«, bemerkte der Admiral. »Wir brauchen einfach zu lange, um rechtzeitig den Sektor des uylanischen Angriffes zu erreichen. So werden wir ihrer Flotte nicht habhaft werden. Ich bin für eine Änderung der Strategie.«

»Grundsätzlich stimme ich ihnen zu«, bestätigte der Prinz. »Doch wie kann eine neue Strategie greifen? «

»Ganz einfach«, antwortete der Admiral. »Wir bieten den Uylanern keine Angriffssektoren mehr an. Wenn sie kämpfen wollen, dann werden sie in den Sektor unseres Heimatplaneten eindringen müssen. Dort verstärken wir die Verbände unserer Heimat-Verteidigung mit unseren schnellen Eingreif-Verbänden. So gerüstet, sollten wir die Uylaner vernichten können. «

»Ihnen ist schon klar, dass wir dann keine Geschwader mehr in unserem Imperium patrouillieren haben, die angegriffene Kolonien retten können? «

»Haben wir das bisher gekonnt? «, stellte sich der Admiral dumm. » Nach meinen Informationen kamen wir überall zu spät. Die Flotte der Uylaner war bereits weitergezogen.«

»Sie haben natürlich Recht«, sagte der Prinz. »Doch unser Regent wird mit dieser Strategie nicht zufrieden sein. «

»Dann soll er uns die doppelte Menge an Schiffen zuteilen«, antwortete der Admiral. »Außer Versprechungen haben wir von ihm bisher nichts erhalten. Derzeit ist es für uns unmöglich, alle Sektoren abzusichern. Wir werden immer wieder zu spät kommen.«

»Was können die Uylaner wollen? «, fragte der Prinz. »Von ihrem Kurs kann ich nichts ableiten. «

Der Admiral blickte seinen Kollegen des imperialen Geheimdienstes an.

»Verlassen wir uns auf unseren Spürsinn«, antwortete Admiral Jordin'Rorxon. »Glauben sie wirklich, die Uylaner sind in unser System eingedrungen, um einige unserer Kolonien zu verwüsten? «

Er ließ kurz seine Frage wirken. Dann fuhr er fort.
»Ich denke nicht«, sagte er. »Es ist vielmehr so, dass sie ihre Spuren verwischen möchten. Durch unsere Strategie

haben wir ihnen unsere Schiffe serviert, die sie als Festschmaus gerne angenommen haben. Nach meiner Rechnung haben wir bereits 125.000 Schiffe und fünf Flottenträger verloren. Die Uylaner hoffen darauf, dass sie unsere aktiven Flottenverbände vernichten können. Sie erwarten, dass unsere Flottenverbände bei ihrem Endschlag gegen unser Heimat-System bereits ausgedünnt sind. «

Der Prinz sah den Admiral entsetzt an.

»Sie glauben doch nicht wirklich, dass die Uylaner es wagen werden, unseren Zentralplaneten anzugreifen«, fragte er. »Das wäre ihr Todesurteil. «

Der Admiral nickte.

»Sie kennen vermutlich unseren Regenten und wissen, dass ihr Eindringen in unser Hoheitsgebiet bereits ihr Todesurteil war«, erklärte er. »Sie setzen alles auf eine Karte. Ihr Ziel ist es, den Regenten von seinem Thron zu werfen. «

»An ihren Gedanken könnte etwas dran sein«, antwortete ein nachdenklicher Prinz. »Wir sollten allen Flotten-Verbänden den Rücksturz nach Drame'leur befehlen. Doch was machen wir, wenn unsere Überlegungen falsch sein sollten. «

»Was ändert sich dann? «, fragte der Admiral. » In diesem Fall suchen wir weiter nach den Uylanern, finden sie aber nicht. In der Zwischenzeit vernichten sie weitere Flotten-Träger von uns und die begleitenden Schutzflotten. Macht das einen Sinn? «

»Nein«, erwiderte der Prinz. »Wir werden vor dem Regenten mit einer Stimme sprechen. Er muss von unseren Gedanken überzeugt werden. «

»Das schaffen wir«, antwortete der Admiral. »Notfalls müssen wir vorher seine Berater auf unsere Seite ziehen und sie von der Notwenigkeit unserer Befehle überzeugen. «

Der Prinz nickte.
»Das wäre mir lieber, als in ein Messer zu laufen«, antwortete er. »Wir teilen ihnen mit, dass wir Informationen besitzen, die einen Angriff auf Drame'leur prognostizieren. Dann ist auch ihr Leben bedroht. «

Der Admiral lächelte den Prinzen an.
»So machen wir das«, antwortete er.

Die Türe klappte auf. Ein Adjutant kam auf den Admiral zugeschritten.

Dieser blickte ihn fragend an.

»Draußen wartet ein Ortungs-Offizier von der vernichteten Geytrin'Heytun«, teilte der Adjutant mit. » Er behauptet, dass er über wichtige Informationen verfügt. «

»Bringen sie ihn bitte herein«, antwortete der Admiral. »Wir sind mit unserer Beratung fertig. «

Der Adjutant lief zu der Türe.

»Sie können eintreten«, sagte er. »Der Admiral hat Zeit für sie. «

Sidra'Narun trat schüchtern in den Raum und ging auf den Admiral und den Prinzen zu. Diese blickten ihn fragend an

»Was haben sie so Wichtiges für uns? «, fragte der Prinz.

Der Ortungs-Offizier zog den Speicherkristall aus seiner Tasche und hielt diesen dem Prinz hin.

»Hierauf sind Daten enthalten, die Auskunft über eine unserer Flotten geben«, erklärte er. »Der Verband umfasste 5.000 Schiffe der 2.500 Meter-Klasse. Sie materialisierten in dem Sektor, indem unsere Schiffe gerade gegen die Uylaner kämpften. Sie scannten und orteten alle Daten. Nach wenigen Sekunden sprangen sie wieder in den Hyperraum, ohne jegliche Art von Hilfe zu leisten. «

Der Admiral und der Prinz sahen sich irritiert an.
»Das gibt es nicht«, tobte der Admiral. »Jede Flotte ist verpflichtet Hilfe zu leisten, auch wenn sie dabei selbst vernichtet würde. Auf meine Commander kann ich mich verlassen. «

»Schauen sie sich die Daten an«, sagte Sidra'Narun. »Der 1. Offizier meines Schiffes gab ihn mir, bevor er getötet wurde. «

Prinz Dadra'Katyn griff nach dem Speicher und gab ihn an den Adjutanten weiter.

»Spielen sie bitte die Aufnahme ab«, befahl er. »Was kann das für eine Flotte gewesen sein? «

Der Adjutant hantierte an einem Gerät.
»Die Aufnahme startet«, sagte er.

Der Raum verdunkelte sich und ein Bildschirm wurde von der Decke abgesenkt.

Die Videosequenzen zeigten, wie eine große Flotte nahe der Geytrin'Heytun materialisierte. Die Schiffs IDs konnten sauber abgelesen werden.

»KI, bitte identifiziere die Flotte«, befahl der Admiral. »Wer kommandiert die Schiffe? «

»Die Auswertung wurde beendet«, meldete die Hypertronic-KI blechern. »Die Flotte wird von Mentor Adra'Sussor kommandiert. Sie ist mit einem Sonderauftrag des Regenten ausgestattet. Sie wurde beauftragt die humanoide Kolonie zu zerstören. «

»Das darf doch nicht wahr sein«, tobte der Admiral. »Der Regent scheint genügend Schiffe zu haben, die er auf andere Missionen befehlen kann. Das Leben unserer Besatzungen ist ihm egal. «

Der Prinz nickte nachdenklich.
»Warum ist es ihm so wichtig, die Humanoiden auszurotten? «, fragte er. » Das hätte doch Zeit gehabt, bis wir die Uylaner vertrieben haben. «

»Der Regent ist krank, was die Ausrottung von andersartigen Rassen betrifft«, antwortete der Admiral. »Er zieht unser ganzes Imperium in den Untergang. «

»Danke«, sagte Admiral Jordin'Rorxon. »Diese Information war äußerst wichtig für uns. «

Der blickte den Adjutanten an.
»Weisen sie Sidra'Narun bitte eine Einzelkabine zu«, befahl er. »Er braucht nicht in den Massenunterkünften der Überlebenden auf unseren Rückflug zu warten. Verpflegen sie ihn gut und erfüllen sie ihm jeden Wunsch. Sidra'Narun wird seine Erlebnisse noch dem Regenten vortragen. Bis zu diesem Zeitpunkt ist er unser Gast. «

Der Admiral wartete noch, bis der Adjutant und Sidra'Narun den Raum verlassen hatten. Dann blickte er den Prinzen an.

»Bereiten wir den Rücksturz nach Drame'leur vor«, entschied er. »Alle Flottenverbände werden sich formieren und ihre Träger schützen. «

»Ich gehe auf mein Schiff zurück und gebe die entsprechenden Befehle weiter«, antwortete der Prinz. »Vor unserer Ankunft unterhalten wir uns noch einmal. «

Der Admiral nickte.
»Danke für ihr Entgegenkommen«, sagte er zum Abschied.

Ruf nach Vergeltung

Atlanta und Sirin hatten Admiral Tarin alle Besonderheiten des Neuen-Imperiums gezeigt. Begeistert zeigten sich die natradischen Offizier von der unterirdischen Stadt Tattarr, die aus allen Nähten platzte. Sie war das logistische Zentrum des Imperiums. Die Offiziere waren freudig überrascht zu sehen, wie das Leben in der Stadt pulsierte. Aber auch die Außenanlagen der Kolonie, die sich ständig vergrößerten, stießen auf reges Interesse. Oberst Cameron ließ es sich nicht nehmen, persönlich eine Führung durch sein neues ISD-Hauptquartier zu machen.

Am Anfang des Mars-Graben-Systems Valles Marineris, erhob sich aus 7.000 Metern Tiefe das gewaltige und monströse Bauwerk des ISD in den Natrid-Himmel. Das pyramidenförmige Gebäude ragte 4.000 Meter aus dem Canyon-Graben hervor. Außenstehende Beobachter konnten die Komplexität der Anlage unmöglich abschätzen. Für Personen, die weit vor dem Graben auf dem Boden von Natrid standen, war die Gesamthöhe des Bauwerks nicht abschätzbar. Es maß von dem Boden des Grabens ganze 11.000 Metern.

Hiermit jedoch nicht genug. General Poison und Noel hatten beschlossen, dem ISD ein Hauptquartier aus dem Boden zu stampfen, das den zukünftigen Aufgaben dieser Eingreif-Truppe gerecht werden sollte. Dank den natradischen Maschinen und den über 250.000 beteiligten Arbeits-Robotern, war dieses Gebäude innerhalb von 6 Monaten realisiert worden. Nicht sichtbar waren die 52 unterirdischen Stockwerke, die terranische Ingenieure mit Robotern in den Natridfelsen getrieben hatten.

Das unterirdische Flechtwerk wies eine Größe von 32 Kilometern auf. Die Betonwände wurden mit sechs Meter stabilen Natrid-Stahlwänden verstärkt. Alle Etagen waren als Sicherheits-Festungen autark ausgelegt worden. Auf allen Ebenen wurden für Notfälle natradische Energie-Meiler und Personen-Transmitter integriert. Alle Etagen konnten mit großzügigen Transport-Turbolifts und eigenen Anti-Grav-Bändern für eine schnelle Weiterleitung von Maschinen und Materiallen aufwarten.

Alle Räume wiesen zusätzliche massive Versteifungs-Elemente und extreme Sicherheits-Schotts auf. Jede Abteilung dieser Behörde war eigens mit Codegebern und Sicherheits-Schleusen gesichert. Den Zutritt erhielten Mitarbeiter nur über ihre eigene DNA-Code-Karte. Die mächtige Natrid-Hypertronic-KI prüfte die Daten auf lichtschneller Hyperkomm-Funkverbindung und erteilte erst dann die Freigabe. Die Steuerzentrale war in der Mitte des Gebäudes untergebracht. Tief im Boden arbeiteten geschulte Spezialisten und werteten jede eingehende Information aus, die von der zentralen Leitstelle aus Tattarr übermittelt wurde. Tief im Boden von Natrid lag die unterste Etage dieses Bauwerks. Sie war als modernes Energie- und Technik-Center konzipiert. Tief im Natridfelsen eingebettet arbeiteten 42 natradische Großmeiler neuster Bauart, um alle technischen Einrichtungen und Abteilungen mit Energie versorgen zu können. Eine Etage hierüber lag das zentrale Groß-Transmitter-Zentrum. Die 369 Geräte waren bereits auf diverse Koordinaten und Bezugspunkte im All eingestellt. Über 1.500 Kampf-Roboter patrouillierten in dem Gebäude und sicherten jeden Bereich.

Den Transmittern wurde eine abgespeckte Version des Materie-Produktions-Duplikators beigestellt, der speziell die Entwicklungs- und Forschungs-Abteilungen des ISD unterstützen sollte. Die Turbolifte sorgten für den schnellen personellen Austausch zwischen den Etagen. Alle nicht militärischen Bereiche, wie zum Beispiel Aufenthaltsräume, Bistros, Bars, Sport- und Erholungsanlagen, Unterkünfte für das Stammpersonal, sowie auch zahlreiche Konferenz-Zimmer, wurden im oberen Bereich des Gebäudes angelegt. Sie vervollständigten die Anlage zu einem autarken System.

Der Boden im Außenbereich des Grabens wurde großflächig begradigt und mit speziellen natradischen

Baumaschinen glasiert. Hier diente eine Fläche von 750 Kilometern als Landefläche für Raumschiffe und als Parkbereich der Einsatz-Schiffe. Oberhalb und unterhalb der Anlage zogen sich stabile Röhren-Verbindungen in alle Richtungen und stellten den Anschluss zu der natradischen Stadt Tattarr und der EWK-Natrid-Kolonie her. Die aus fünf Meter dickem transparentem Aluminium hergestellten Röhren wurden zusätzlich durch Schutzschirme gesichert. Ein Dreifachgeflecht des neuen Superschutz-Schirms sicherte zusätzlich das ganze Bauwerk von außen ab.

Dank der intensiven Überwachung aller Bereiche des Neuen-Imperiums, konnte im Notfall blitzschnell reagiert werden und ISD-Truppen in entsprechende Gefahrengebiete entsendet werden. Im Umkreise des neuen ISD-Hauptquartiers wurden 120 schwere, ausfahrbare natradische Abwehr-Geschütze installiert. Jede von ihnen war mit einem Zwillingsgeschütz bestückt. Die hierunter liegenden Wartungs-Schächte konnten von dem technischen Personal genutzt werden, um Wartungen oder Updates an den Geschütz-Anlagen durchzuführen.

Eine auf dem vorgelagerten Raumflughafen stationierte Einsatz-Flotte von 5.500 Schiffen der neuen 400 Meter messenden Prinz-Klasse, wurde von den Besuchern interessiert begutachtet.

Die anschließenden Besichtigungen der Flottenkampfstationen, den orbitalen Werften und den Duplikations-Stationen in der Umlaufbahn von Tarid, vermittelte die Leistungsfähigkeit des Neuen-Imperiums. Aber auch die Atlantis-Basis und seine gefüllten Schiffshangar wurden begeistert bejubelt.

Zwei Tage waren seit der Ankunft von Admiral Tarins Flotte vergangen. Man war sich nähergekommen. Auch die Worgass und die Green-Lizards wurden von den Offizieren der Evakuierungsflotte jetzt mit anderen Augen gesehen. Brontan war früher erwartet von Centros zurückgekehrt. Die Auswertung der Daten und die Konstruktionsanweisungen der Sorganis hatten die Produktion und die Duplikation der Module vereinfacht. Laut den lantranischen Wissenschaftlern sollten die Zusatzmodule die Schutzschirme der Schiffe positiv konfigurieren, dass sie die blaue Energie aus dem Zwischenraum abgestoßen würde.

Leider konnte die Wirksamkeit der modifizierten Schutzschirme bisher nicht getestet werden, da die Lantraner über keine Erfahrung mit dem Zapfen der blauen Energie verfügten. Nach den Berichten der

Sorganis, wurde jedoch eine optimale Wirksamkeit zugesichert. Die großen Hauptstädte auf Tarid wurden von den Gästen nachhaltig bewundert. Ein langer, schöner und informativer Sommertag, neigte sich für die Gäste dem Ende entgegen.

Major Travis hatte sie ein zweites Mal zu einem Abendessen auf sein Anwesen in Douglas eingeladen. Bereits die erste Bewirtung sorgte für ein harmonisches Miteinander und den Austausch neuer Informationen.

Der Major stand mit Admiral Tarin, Commander Tarn-Lim, Sirin und Atlanta an der Klippe seines Anwesens. Unter ihnen funkelte die Stadt Douglas, in einem bunten Farbenmeer. Eine leichte Brise wehte von der See herüber.

»Tarid ist so anders, als Natrid es war«, bemerkte Admiral Tarin respektvoll. »Die Menschen hier leben in zufriedener Freiheit und versuchen sich zu vervollkommnen. Hier ist kein militärischer Drill zu spüren. «

»Das kommt von den Staatenbunden, die sich auf unserem Planeten entwickelt haben«, lächelte Major Travis. »Trotzdem werden alle anstehenden Aufgaben von den Menschen euphorisch umgesetzt. Bei uns zählt die Ausbildung. Jede Person hat die Möglichkeit sich in eine Spitzenposition hineinzuarbeiten. Letztendlich zählt nur die Eignung seiner Fähigkeiten hierfür. «

»Das ist eine gute Sache«, bemerkte Kanzler Tarn-Lim. »Auch wir sind auf einem Wege hierhin. «

»Ich habe Tarid lieben und schätzen gelernt«, sagte Sirin. »Ich wollte es vorher nicht glauben. Für mich war Natrid immer das Zentrum des Universums. Doch sie sehen es selbst. Dieser Planet gibt so viel mehr, als unsere frühere Heimat das konnte. Wir Natrader haben es früher nie erkannt. «

»Mir war das schon länger bekannt«, lachte Atlanta.
»Meine Basis war immer schon auf diesem Planeten eingerichtet. Ich habe die Anfänge der menschlichen Geschichte erlebt. «

»Dank ihres Kaisers«, antwortete der Admiral. «Es wurden uns Gerüchte bekannt, dass der sie möchte. «

»Das mag sein«, erwiderte Atlanta. »Doch ohne eine straffe Organisation meiner Basis und die Umsetzung seiner Befehle wäre ich wohl auch in Ungnade gefallen. Sie kennen doch selbst unseren ehemaligen Kaiser zur Genüge. «

Admiral Tarin nickte.

»Er hat uns das Leben schwer gemacht«, erwiderte er. »Seine launische Art war an manchen Tagen kaum zu ertragen. Hinzu kommen noch seine heimlichen Projekte, über die er seine Offiziere erst nach einem erfolgreichen Abschluss informierte. «

Admiral Tarin schaute Major Travis an.

»Ich würde gerne den Kaiser befragen? «, sagte er. »Natürlich nur in ihrem Beisein. Ist das möglich? «

Major Travis dachte nach.

»Er sitzt in einer Arrestzelle in Tattarr«, antwortete er. »Dort ist er in einer Sicherheitsverwahrung. Ich sehe keine Probleme, wenn sie mit ihm reden möchten. Es werden einige Marines und Kampfroboter dabei sein. «

»Hiergegen bestehen keine Einwände«, antwortete der Admiral. »Wann würde es ihnen passen? «

»Das können wir morgen erledigen«, sagte der Major. »Dann werden sie jedoch keine Zeit mehr haben unsere Stationen auf Marid und Varid zu besuchen. Diese werden derzeit von uns ausgebaut und modernisiert. «

»Sie meinen unsere alten Stationen auf Merkur und der Venus, um ihre Bezeichnungen für die Planeten zu verwenden«, antwortete der Admiral. » Diese inneren Stationen hatten bereits zu unseren Zeiten keine große Bedeutung. «

»Das sehen wir anders«, lächelte der Major. »Im Hinblick, dass wir immer stärker auf den neuen Wurmloch-Antrieb setzen, ist es durchaus möglich, dass fremde Flotten in diesem Bereich unseres Systems materialisieren. Diese Basen werden von uns zu großen Flotten-Kampfstationen ausgebaut. Dank ihren großzügigen Vorarbeiten, werden auch hier jeweils 10.000 Großraumschiffe der Kaiser-Klasse ihre Basis finden. «

Der Admiral schüttelte seinen Kopf.
»Diese Entwicklung fasziniert mich«, sagte er. »Ich hätte bei meiner Nachfolgeprogrammierung niemals diesen Erfolg vorausgesetzt. «

Er blickte den Major an.
»Danke, dass sie unser altes Heimat-System wieder zum Leben erweckt haben«, entgegnete er.

»Diesen Dank gebe ich gerne zurück«, erwiderte Major Travis. »Wir beide wissen, dass es ohne ihre Hilfe nicht so schnell gegangen wäre. «

Heran kam zu Major Travis geschritten.

»Brontan ist bereits zurückgekommen«, teilte er mit. »Die Produktion der Module ist schneller gelungen, als erwartet. Unsere Wissenschaftler haben ihr Bestes gegeben. Ich habe bereits General Poison informiert. Er kümmert sich mit ihm um die Zuordnung der Werften, welche die Umrüstung durchführen werden. «

»Perfekt«, sagte der Major. »Dann brauche ich mich nicht hierum zu kümmern.

»Ich soll dich und deine Gäste zu Tisch rufen«, sagte er. »Die Köche möchten das Essen servieren. «

»Danke, wir kommen«, antwortete der Major. Er blickte seine Besucher an.

»Darf ich sie bitten, mich an die Tafel zu begleiten? «, fragte er. «

Die Gruppe schritt zu den zahlreichen Tischen, die bereits eingedeckt wurden.

Admiral Tarin setzte sich zu seinen Offizieren. Diese unterhielten sich mit anderen Gästen der EWK.

Nicht zwei Stühle entfernt saß Heinze. Zufällig drehte der Admiral seinen Kopf und sah, wie der Ro mit seiner Hand verärgert auf den Tisch schlug.

»Gibt es Probleme? «, fragte er.
»Immer wieder die gleichen Service-Roboter«, murrte der pelzige Verbündete.

»Was ist mit ihnen? «, erkundigte sich der Admiral.
»Sie bedienen mich nicht«, schimpfte der Ro. »Sie betrachten mich als ein Tier. «

Admiral Tarin winkte einem der Service-Roboter.
»Nehmen sie bitte die Bestellung meines kleinen Freundes auf«, befahl er.

Der Service-Roboter wirkte irritiert.
»Tiere werden hier nicht bedient«, antwortete er und drehte sich ab.

Der Admiral blickte hinter ihm her.
Heinze hob seine Hand und zerrte ihn dank seiner psionischen Fähigkeiten zurück an den Tisch.

»Du willst mich nicht bedienen? «, fragte er den Roboter an. »Dann kannst du die gleiche Reise antreten, wie dein Vorgänger.

Heinze hob den Roboter mit der Kraft seines Geistes in die Luft und schleuderte ihn über das Dach von Major Travis Haus, die Klippen hinunter.

Der Admiral traute seinen Augen nicht. Verdutzt blickte er Heinze an.

»Du verfügst wahrlich über interessante Kräfte«, sagte er. »Willst du nicht in die Dienste meiner Flotte eintreten? «

»Ich fühle mich hier wohl«, antwortete der Ro. »Es sieht zwar nicht immer so aus, doch ich werde hier bestens versorgt. «

Admiral Tarin lachte ihn an.
»Was will man mehr«, antwortete der Admiral.

Major Travis hatte den Zwischenfall mitbekommen. Er trat auf Heinze zu.

»Musst du jedes Mal einen Roboter opfern? «, erkundigte er sich. » Ich habe doch extra einen für dich umprogrammieren lassen? «

»Der ist nicht da, oder er lässt sich nicht sehen«, antwortete Heinze verärgert. »Die Service-Roboter sehen alle gleich aus. Ich kann ihn nicht finden. «

»Er ist der Einzige, der das blaue EWK-Logo auf der Brust trägt«, sagte Major Travis. »Das solltest du doch wissen?«

»Entschuldige«, antwortete Heinze. »Hieran habe ich nicht mehr gedacht. «

Major Travis drehte sich um und suchte den Roboter. Schnell hatte er ihn gefunden und dirigierte ihn zu Heinze.

Erleichtert gab Heinze seine Bestellung auf. Der Service-Robot drehte sich ab und lief ins Haus.

»Wenn es weitere Probleme gibt, dann sage es bitte mir«, bemerkte der Major.

Ohne eine Antwort abzuwarten, drehte sich der Major um und schritt zu den Lantranern an den Tisch.

»Jetzt hast du deinen Vorgesetzten verärgert«, lachte Admiral Tarin.

»Der beruhigt sich wieder«, schmunzelte Heinze. »Er kennt mich bereits eine geraume Zeit. Ich habe seine Gedanken gelesen. Innerlich schmunzelt er über mich. «

»Ich erkenne bereits, deine Fähigkeiten sind für viele Dinge gut«, lachte der Admiral.

Der Service-Roboter kam zurück und servierte Heinze eine Schale Möhren. Noch dampfend stellte der Robot die Mahlzeit vor Heinze hin. Zusätzlich bekam er ein Glas Bananensaft serviert.

»Möhren«, freute sich Heinze. »Etwas Besseres gibt es nicht. «

Admiral Tarin schmunzelte und blickte auf den Teller. »Was ist denn da so Besonderes dran? «, erkundigte er sich.

Heinze hielt ihm mit seiner Gabel eine aufgespießte Möhre hin.

»Es ist ein Gemüse von Tarid«, antwortete der Ro. »Ich könnte es stundenlang genießen. Es unterstützt meine Fähigkeiten. «

Admiral Tarin griff nach der Möhre und zerkaute sie langsam.

»Es ist gut«, sagte er. »Aber eine Wirkung hat das Gemüse nicht auf mich. «

»Das habe ich vermutet«, lächelte der Ro. »Dann bleibt mehr für mich. «

Admiral Tarin musste erneut über das pelzige Wesen lachen. Leider hatte der ehemalige Kaiser einen solchen Kontakt zu anderen Rassen niemals gepflegt.

Admiral Tarin bemerkte erst jetzt, wie hilfreich diese Rassen mit ihren unbekannten Fähigkeiten sein konnten.

»Du kannst Gedanken lesen? «, erkundigte er sich.
Heinze blickte ihn an und nickte.

»Ich werde morgen den Kaiser verhören«, ergänzte der Admiral. »Würdest du mich begleiten und auf die Richtigkeit seiner Antworten achten? «

»Das kann ich machen«, erwiderte der Ro. »Doch vorher musst du den Major um Genehmigung bitten. «

Admiral Tarin lächelte, als er bemerkte, dass Heinze ihn duzte. Es machte ihm nichts aus.

»Das werde ich«, lächelte er. »Das werde ich ganz bestimmt machen. Lasse es dir schmecken. «

»Danke«, antwortete Heinze.

Laut tönten die Gespräche des lantranischen Tisches herüber. Sie schienen bereits eine Menge Bier konsumiert zu haben.

Major Travis klappte seinen Communicator zu. Er hatte gerade von General Poison ein Update bekommen. »Unsere Techniker arbeiten die ganze Nacht durch«, erklärte der Major. »Die Ausrüstung der Flotte von Admiral Tarin und unseren Schiffen wird morgen abgeschlossen sein. Alle restlichen Module sind mit den erforderlichen Steuereinheiten der Superschutzschirme nach Redartan unterwegs. Unsere dortigen Wissenschaftler und Techniker sind informiert.

Sie werden ebenfalls mit Hochdruck daran arbeiten, die Geräte in die Schiffe der redartanische Flotte einzubauen. Dank euren Zusatzmodulen hoffe ich, dass wir ausreichend gegen die blaue Energie aus dem Zwischenraum geschützt sind. Alle 5.000 Schiffe der

Worgass und die 25.000 Angriffskreuzer der Green-Lizards werden auf unserer Seite mit den lantranischen Super-Schutzschirmen ausgestattet. Für sie haben die Module leider nicht mehr ausgereicht. «

Aritron nickte.

»Es tut mir leid, aber die Zeit reichte nicht für weitere Module«, antwortete er. »Das holen wir später nach. Auf Centros werden weitere 500.000 Stuck dupliziert. «

Er blickte sich im Kreis der Zuhörer um.

»Unsere Piloten haben die Zusatzmodule bereits in ihre Schiffe eingebaut«, ergänzte der Lantraner. »Unser Schirm ist zwar hochentwickelt, jedoch wurde er bisher nicht an dieser blauen Energieform getestet. Wir werden den Sorganis vertrauen müssen. Ich erinnere mich daran, dass sie stets eine vertrauenswürdige Rasse waren. «

»Wir können uns nur auf eure Wissenschaftler verlassen«, erwiderte Major Travis. »Alle technischen Informationen, die wir bisher von ihnen erhalten haben, erfüllten ihren Zweck reibungslos. «

»Das muss auch so sein«, bemerkte Heran. »Wo kommen wir hin, wenn uns unsere Experten falsche Angaben machen. «

Die Gäste schmunzelten bei dem Zwischenruf. Ihnen war bekannt, dass Heran ein lautes Organ besaß.

»Fassen wir zusammen«, sagte Major Travis. »Für die redartanische Mission stehen folgende Schiffe zur Verfügung.

200.000 Schiffe des redartanischen Imperiums,
195.000 Schiffe von Admiral Tarin,
50.000 Schiffe des Neuen-Imperiums,
25.000 Schiffe der Green-Lizards,
5.000 Schiffe der Worgass,
500 Schiffe der Lantraner.

Das macht exakt 475.500 Schiffe als Gesamtzahl aus«.

»Ich bin bewusst nicht auf die einzelnen Größenklassen der Schiffe eingegangen«, ergänzte der Major. »Sie werden nach Bedarf eingesetzt. Ich frage jetzt Aritron, ob nach seiner Meinung die Anzahl der Schiffe ausreichen wird, um die Adramelech in ihre Schranken zu weisen. Er hat von uns als einzige Person bereits Kontakt zu ihnen gehabt. Oder zumindest besitzen er und seine Rasse mehr Informationen über sie, als wir sie haben. «

Aritron lächelte die Gäste und Major Travis an.

»So einfach lässt sich das nicht sagen«, entgegnete er. »Es ist richtig, dass wir bereits Kontakt zu den Adramelech hatten und sie an einem Eindringen in die Milchstraße hindern konnten. Doch seit dieser Zeit sind viele Jahrtausende vergangen. In dieser Zeit kann sich alles positiv, oder auch negativ verändert haben. Wie ich schon mitteilte, kann Brontan nicht in ihr zeitversetztes Imperium schauen.

Wir können daher nur spekulieren. Ich bin der Meinung, dass durch die Reinigungskriege der Adramelech ihre Flotte stetig geschrumpft ist. Diese Aktionen können nicht ohne Verluste abgelaufen sein. In den anschließenden Jahrtausenden werden sie ihr Flottenkontingent wieder angepasst haben. Ich vermute, dass die Mächtigen über eine Flottenstärke von 400.000 bis 500.000 Schiffen verfügen. Das würde auch zu der Größe ihres selbsternannten Hoheitsgebietes passen. «

Die Zuhörer dachten angestrengt nach.
»Das sind eine Menge Schiffe«, bemerkte Admiral Tarin, der an den Tisch gekommen war.

»Ich stimme ihnen zu«, antwortete Aritron. »Doch die Adramelech verlassen sich überwiegend auf ihre blaue Energie aus dem Zwischenraum. Bisher ist ihnen noch keine Rasse begegnet, die sich hiergegen wehren konnte. Das wird unser Vorteil sein. «

»Vorausgesetzt die Wirksamkeit unserer Schutzschirme wird bestätigt«, teilte Kanzler Tarn-Lim mit. »Ansonsten haben wir schlechte Karten, wenn ihre Schiffe über unsere Heimatwelt herfallen. «

»Über ihre Fluchtwelt herfallen, wollten sie sagen? «, korrigierte ihn Admiral Tarin.

»Nein«, antwortete der Kanzler. »Ich habe mich richtig ausgedrückt. Die heutige Generation der Redartaner versteht unseren Planeten als ihre Heimat. Nicht alle Lebewesen im Universum sind mit der relativen Unsterblichkeit gesegnet, oder haben 100.000 Jahre in Stasis-Kammern verbracht. «

»Meine Herren«, beruhigte Major Travis die beiden Parteien.

»Diesen Punkt hatten wir doch bereits geklärt. Admiral Tarin braucht noch einige Zeit, um sich an diesen Namen zu gewöhnen. Von daher bitte ich sie alle um Nachsicht. «

»Entschuldigung«, antwortete der Admiral.

Morass, Raise, Admiral Dragphan und Commander Breckphan waren von Major Travis ebenfalls an den Tisch gerufen worden.

»Setzen sie sich«, bat er seine Gäste. »Wir sprechen gerade über unsere Mission. «

Er informierte die nachträglich hinzugekommenen Offiziere über die vorhergehenden Gespräche.

»Wir werden morgen mit der Verlagerung unserer Flotten nach Redartan beginnen«, sagte er. »Wenn alles gut geht, werden die Schiffe bereits umgerüstet sein. «

»Dann ist uns sichtbar wohler«, freute sich Kanzler Tarn-Lim. »Ich werde mit Commander Run-Lac nach diesem Essen zurückfliegen. Unsere Flotten müssen alarmiert werden, dass sie großräumig den Weltraumbahnhof absichern, nicht dass noch etwas Unvorhergesehenes passiert. «

»Das wäre sehr schlecht«, erwiderte der Major. »Wir haben nur einen Durchgang zu ihrem System. Falls dieser vernichtet wird, dann hat sich unsere Unterstützung für sie erledigt. Wir wissen nicht, woher ihr ehemaliger Kaiser das Artefakt erhalten hat. «

»Mit dieser Information kann ich ihnen weiterhelfen«, antwortete der Admiral. »Es stammt von den Sorganis. Es wurde unserem Kaiser als Dank übergeben, als er mit seiner Flotte Sorganis-Kolonisten vor dem Angriff einer fremden Rasse beschützte. «

»Die Technovalgoren konnten sich nicht allein schützen? «, fragte Aritron erstaunt. » Das ist ungewöhnlich.«

»So lautet die offizielle Mitteilung«, erklärte Admiral Tarin.

»Sie informierten uns, dass es unserem ehemaligen Kaiser gelang, einen ihrer neuen Stützpunkte in der Andromeda-Galaxie zu verteidigen. Ihre dortige Kolonie wurde überraschend von Schiffs-Verbänden der Worgass angegriffen, die von einigen Schiffen der Mächtigen begleitet wurden. Die Sorganis waren erst vor einigen Stunden gelandet und konnten noch nicht ihre Abwehreinrichtungen aufbauen. Ihre Rasse bediente sich damals noch nicht den Metallkugeln zur Manifestierung des Geistes, sondern sie gingen auf diesem Planeten eine Symbiose mit einer fremden Lebensform ein.

Auf dieser Welt fanden sie in einer 1,20 Meter großen katzenartigen Wesensform einen optimalen Träger ihres energetischen Geistes. Doch auch diese Gattung war nicht gegen die Strahlen der Angreifer resistent. Die Schiffe der Worgass vernichteten den Großteil ihrer Kolonie. Sie wissen bis heute nicht, wie man auf sie aufmerksam geworden ist. Ihre Kolonie stand kurz vor der kompletten Ausrottung. Dann kamen natradische Schiffe. Durch die Unterstützung unseres Kaisers und seiner Flotte, wurden die Angreifer besiegt. Ein geringer Teil ihrer Kolonisten konnte gerettet werden. Als Dank übergaben sie dem Kaiser einen dieser seltenen Transmitter-Wurmloch-Generatoren, den sie mit den Kon-Ra-Tak entwickelt hatten. «

»Diesen baute der Kaiser später auf der Atlantis-Basis ein«, bestätigte Major Travis. »Nur dank dem Gildoren Barenseigs haben wir ihn entdeckt. Die weitere Geschichte kennen wir. «

»So kommen wir ins Spiel«, ergänzte Kanzler Tarn-Lim. »Unser ehemaliger Kaiser wusste nicht, dass die Gegenseite des Wurmloch-Durchganges auf einem Planeten installiert war, der in dem Hoheitsgebiet der Adramelech lag. Vermutlich hatten die Mächtigen gerade erst ihre letzten Reinigungskriege abgeschlossen. Nur so ist es zu erklären, dass die Nachkommen der ehemaligen Flüchtlinge so lange unbehelligt blieben. Erst vor kurzem wurden die Adramelech auf uns aufmerksam und griffen, ohne zu zögern an. «

»Der Kreis schließt sich«, erwiderte Aritron. »Was von den Sorganis als Hilfe angesehen wurde, endet möglicherweise in einem Desaster. Das ist der Grund, warum wir mit der Weitergabe von hochentwickelter Technik an unterentwickelte Zivilisationen vorsichtig sind. «

»Ich hoffe, sie meinen nicht uns hiermit«, lächelte der Major. »Wenn sie es auch noch nicht erkennen, haben wir doch einen gewaltigen Sprung gemacht und entwickeln die natradische Technik bereits weiter. «

Aritron nickte.

»Das ist bewundernswert und verdient unseren Respekt«, antwortete er. »Doch es gibt noch viel mehr in der Galaxie zu erforschen, dass weit über ihren Verstand hinausgeht. Ich warne dringend vor zu schnellen technischen Sprüngen. Erst wenn sie eine Technik perfekt beherrschen, erst dann sollten sie sich über die Weiterentwicklung Gedanken machen. «

»Anders haben wir es nicht vor«, erklärte Major Travis.

In diesem Moment summte der Communicator des Majors.

Er blickte seine Gäste an.

»Entschuldigen sie bitte, ich werde gerufen«, sagte er.
Die Gespräche verstummten.

Major Travis öffnete das Gerät und stellte die Verbindung her.

»Hier ist General Poison«, hallte es aus dem Gerät. »Ist Kanzler Tarn-Lim noch bei ihnen? Er wird von einem Admiral Garan-Sek gerufen. Es scheint wichtig zu sein. «

»Stellen sie das Gespräch auf meinen Communicator«, antwortete der Major. »Ich gebe dem Kanzler mein Gerät.«

Er drehte sich um und blickte Kanzler Tarn-Lim an.
»Kanzler, ein Admiral Garan-Sek möchte mit ihnen sprechen«, sagte er. »Es scheint wichtig zu sein. «

»Das ist der kommandierende Offizier unserer Flottenleitstelle«, antwortete der Kanzler. »Er weiß, dass ich bei ihnen bin. «

Schnell stand er auf und kam auf Major Travis zugeschritten.

»Kann ich mit dem Gerät sprechen? «, fragte er.

Major Travis nickte.

»Warten sie kurz, die Verbindung wird durchgestellt«, erklärte er.

Er reichte dem Kanzler seinen Communicator.

»Hier ist Kanzler Tarn-Lim«, sprach der redartanische Gast in das Gerät.

»Gut, dass ich sie erreiche«, meldete sich der Admiral. »Ich habe eine Nachricht von Commander Siras-Tok erhalten. Unser Gefangener wird sichtbar unruhig. Er bittet um ein dringendes Gespräch mit ihnen. Es ist nicht aufschiebbar. Er kann scheinbar plötzlich Gedanken von seinen Artgenossen auffangen. «

»Ich befinde mich gerade in dem Gespräch der Flottenverschiebung nach Redartan«, antwortete der Kanzler. »Ich kann jetzt nicht zurückkommen. «

»Probleme? «, erkundigte sich Major Travis.

Kanzler Tarn-Lim nickte und hielt den Communicator zu.

»Unser Gefangener fängt an zu randalieren«, erklärte er. »Er empfängt Gedankenwellen seiner Artgenossen. Er scheint neue Informationen für uns zu haben. «

Major Travis dachte kurz nach.

»Heinze erklärte mir, dass die Adramelech über eine gewisse Begabung verfügen«, sagte er. »Sie können über eine große Entfernung von vielen Lichtjahren Kontakt zueinander aufnehmen und Gedanken austauschen. Bei dem letzten Versuch musste Heinze und Commander Niras-Tok ihren Gefangenen geistig unterstützen. Wenn es ihm jetzt allein gelingt, dann kann das nur bedeuten, dass die Mächtigen auf dem Weg zu ihrem Heimat-System sind. «

Kanzler Tarn-Lim machte ein erschrecktes Gesicht.
»Wir müssen unbedingt mehr erfahren«, ergänzte der Major. »Ich sende einen Gleiter nach Redartan. Er soll ihren Gefangenen und Niras-Tok zu uns bringen. Bei uns ist er weit von dem Einfluss seiner Artgenossen entfernt. Ich hoffe, es gelingt uns ihm neue Informationen zu entlocken. Bitte informieren sie ihren diensthabenden Offizier, dass er den Adramelech durch vier ihrer Soldaten eskortiert und zu uns bringt. «

Kanzler Tarn-Lim nickte und gab die Information weiter.

In der Zwischenzeit hatte Major Travis Commander Brenzby und Commodore Run-Lac gerufen.

»Wir haben einen Notfall«, erklärte der Major. »Es ist

möglich, dass eine Krisensituation entsteht. Wir brauchen den gefangenen Adramelech und Commander Niras-Tok sofort hier zum Verhör. Er hat den Kontaktversuch seiner Artgenossen gefühlt. Was dies bedeutet, das muss ich ja nicht lange erklären. Bringen sie beide zu uns. Ich hoffe, dass unser Sol-System weit genug entfernt liegt. Wir dürfen den Adramelech keine Hinweise auf die Koordinaten von Redartan geben. Vermutlich sind sie auf der Suche nach den Humanoiden, die eine Kolonie in ihrem Hoheitsgebiet gegründet haben. Wir entziehen den Gefangenen einer Lokalisierung durch die Adramelech. Ein Gleiter steht für sie bereit. Holen sie den Gefangenen zu uns. «

Die beiden Offiziere nickten bestätigend.
»Wir brechen sofort auf«, antwortete Brenzby.

»Rufen sie die höchste Alarmbereitschaft für unsere Flotte aus«, ergänzte Kanzler Tarn-Lim. »Unser Weltraumbahnhof muss mit allen zur Verfügung stehenden Kräften geschützt werden. Nach ihrer Rückkehr beginnen wir mit der Verlagerung der Flottenkontingente. «

Commodore Run-Lac nickte.
»Ich leite alles in die Wege«, erwiderte er.

Dann liefen die beiden auf den wartenden Gleiter zu.

Major Travis blickte ihnen nach. Dann richtete er sich auf.

»Geehrte Gäste«, sagte er.

Die Anwesenden blickten ihn an

.

»Leider müssen wir die gemütliche Runde beenden«, erklärte er. »Wir haben soeben Informationen erhalten, dass die Adramelech nach den Redartanern suchen. Vermutlich nähert sich eine Flotte ihrem Imperium. Darf ich sie bitten ihre Schiffe zu informieren. Wir werden in Kürze unsere Flotten nach Redartan verlagern. Die letzte Einsatzbesprechung findet auf Titan statt. «

Die Gäste erhoben sich und folgten Major Travis zu dem Transmitter in dem Keller seines Hauses. Ein Techniker der EWK hatte das Gerät bereits aktiviert und den Durchgang nach Titan justiert. Nach und nach gingen die Gäste durch den geöffneten Ereignishorizont.

General Poison erwartete die Offiziere bereits. Er führte sie in einen nahen Raum, der an die Leitstelle von Titan angrenzte.

»Commander Brenzby ist auf Redartan«, bemerkte er. »Er holt den gefangenen Adramelech. Halten sie es für eine gute Idee ihn zu uns zu bringen? «

»Ich bin informiert«, antwortete der Major. »Solange er sich auf Titan aufhält, können seine Artgenossen die Anwesenheit von Adra'Metun nicht lokalisieren. Das Sol-System liegt 12 Millionen Lichtjahre von der Adramalon-Spiralgalaxie entfernt. Ich glaube nicht, dass sie ihn bei uns orten können. Sofort nach der Rückkehr von Commander Brenzby und Commodore Run-Lac, werden wir unsere Flotten-Verbände durch das Portal senden. «

»In Ordnung«, antwortete der General. »Noel ist informiert. Commander Giacombo eskortiert den Einflug in das Wurmloch. «

Flotte von Mentor Adra'Sussor

»Irgendwann werden wir handeln müssen«, erklärte Wartungstechniker Sitron'Vuton seinen Kollegen. »Wir haben erfolgreich das Flaggschiff des auferstandenen Mentors infiltriert. Die Begleitschiffe werden unseren Befehlen folgen. Wenn wir jetzt nichts unternehmen, dann läuft unsere Mission aus dem Ruder. «

»Wir sind zu wenige«, antwortete der Elektronikspezialist Tiron'Lotyrin. »Auch unsere Untergrundbewegung schützt nicht vor einer Entdeckung durch den Sicherheitsdienst. Viele unserer Freunde haben es nicht geschafft, sich auf diese Flotte versetzen zu lassen. Die Reinigung des humanoiden Sektors ist jetzt nicht aufzuhalten. «

Sitron'Vuton spürte, wie sich in ihm und bei seinem Kollegen eine gewisse Anspannung aufbaute.

»Was der Mentor im Namen des Regenten durchführen möchte, grenzt erneut an Wahnsinn«, fluchte der Wartungstechniker. »Bereits bei seinem letzten Angriff hat er alle seine Schiffe verloren. Nur er ist von unserem Regenten wiederbelebt worden. Das restliche Personal unserer Schiffe war Zadra-Scharun gleichgültig. «

Der Kommandant des Schiffes hatte im Schatten einer Maschine sehend zugehört. Erst jetzt trat er in das Licht einer diffusen Lampe.

Lord Leitho'Greytin blickte seine Kollegen des Untergrundes an.

»Auf meiner Brücke befinden sich fünf Gedankenspürer des Mentors«, teilte er mit. »Sie alle besitzen besonders starke psionische Fähigkeiten. Es scheint so, dass sie auf der Suche nach Adra'Metun sind. «

»Der Mentor ist versessen darauf, seinen Schüler zur Rechenschaft zu ziehen«, bestätigte Sitron'Vuton. »Sein beschädigter Gleiter wurde von den Humanoiden geborgen. Seitdem genießt Adra'Metun ihre Gastfreundschaft. Irgendetwas ist mit ihm passiert. Die Humanoiden konnten die einfliegende Vergeltungsflotte von Admiral Gordra'Wetun vernichtend schlagen. Hiermit nicht genug. Der Schüler unseres Mentors drohte der flüchtenden Flotte. «

Sitron'Vuton und Tiron'Lotyrin blickten sich fragend an.

»Hiervon wissen wir nichts«, antwortete der Wartungstechniker.

»Weil der Hyperkomm-Funkspruch nicht bis nach Drame'leur durchgekommen ist«, erklärte der Kommandant des Schiffes. »Er hatte eine solche Brisanz, dass der mehrfach zerhackt und mit Störgeräuschen belegt wurde. Trotzdem wurde später unserer Bevölkerung der wahre Wortlaut bekannt. Alle Versuche von den Vasallen des Regenten die Nachricht zu verhindern, schlugen fehl. Seitdem brechen verstärkte Tumulte in unserer Bevölkerung aus. Viele aufgebrachte Adramelech wollen den Regenten abdanken sehen. «

Tiron'Lotyrin pfiff durch seine Zähne.

»Wie lautete die ursprüngliche Nachricht?«, fragte er.

Lord Leitho'Greytin überlegte kurz.
»Ich werde sie nicht wortgetreu wiedergeben können«, antwortete er. »Doch der Inhalt der Nachricht lautete etwa folgendermaßen.«

Er blickte seine Begleiter des Widerstandes an.
»Hier spricht Adra'Metun«, hörten die Techniker ihn sagen. »Mein Mentor war Adra'Sussor. Ich genieße die Gastfreundschaft dieser humanoiden Wesen. Sie haben mich vor dem Tod gerettet, dem ihr mich übereignet hattet. Ich darf euch eine Mitteilung überbringen. Sie lassen euch Folgendes wissen. Wir kennen die Koordinaten eures Heimat-Systems. Dieser Angriff wird nicht unbeantwortet bleiben. Wir werden nicht eher ruhen, bis der Regent des dunklen Imperiums der Adramelech und seine Handlanger, die Oberste Vollkommenheit unserer Gerichtsbarkeit unterstellt wurde.

Wir haben es bereits einmal geschafft, eure gezüchteten Rassen zu vernichten und von den Raumkarten zu tilgen. Die Rigo-Sauroiden wurden ausgelöscht. Unsere Vorfahren waren die Natrader. Aus ihrer Stärke sind wir hervorgegangen und haben uns weiterentwickelt. Endlich wissen wir, wer für den Untergang unserer ersten

Heimatwelt verantwortlich ist. Das allein gibt uns den Grund, euer unwichtiges Imperium zu zerschlagen und eure Führung zur Verantwortung zu ziehen. Wir sorgen dafür, dass in dem Imperium der Adramelech ein neues Zeitalter anbricht. Informiert alle eures Volkes. Die Zeit der Erneuerung ist angebrochen. Erhebt euch und verhindert den Untergang eures Volkes. Entledigt euch des Regenten und der Obersten Vollkommenheit. «

»Hier endete die Aufzeichnung«, teilte der Kommandant mit.

Er blickte die Techniker an.
»Der Regent tobte«, ergänzte er. »Zadra-Scharun gab der Flotte die Schuld, dass dieser Funkspruch trotz seiner Befehle großen Teilen unserer Bevölkerung zugänglich gemacht wurde. Auf vielen System-Planeten brechen Aufstände aus, die wir nur mit massiver Truppenpräsenz niederschlagen können. «

»Das Volk verändert sich«, bestätigte Sitron'Vuton, der Wartungstechniker. »Hiervor haben die Berater den Regenten eindringlich gewarnt. Seine dauernden Feldzüge gegen andersartige Lebensformen, die hohen Steuerabgaben, pressen unsere Bevölkerung drastisch aus. Sie sind ihrer imperialen Führung überdrüssig geworden. «

»Was wussten wir nicht«, sagte Tiron'Lotyrin. »Für mich ist es nachzuvollziehen, dass Adra'Metun seinen Rettern dankbar war. Jedes Lebewesen würde das gleiche machen. «

»Nur in den Augen unseres Regenten ist es Verrat«, lachte der Kommandeur des Schiffes. »Der Mentor Adra'Sussor sieht es genauso. Sein Ehrgeiz ist immens. Er möchte seinen Schüler dem Regenten auf einem goldenen Tablett servieren. Wir sind sein Werkzeug hierfür. «

»Wir müssen etwas unternehmen«, flüsterte Sitron'Vuton. »Noch nie war die Gelegenheit so perfekt, wie auf dieser Mission. «

»Lord Leitho'Greytin wird auf die Brücke gerufen«, tönte es aus unterschiedlichen Lautsprechern. » Kommen sie unverzüglich auf die Brücke. «

»Ich muss los«, sagte der Kommandant. »Der Mentor sucht mich anscheinend. Begebt euch in euren Arbeitsbereich. Verhaltet euch unauffällig. Haltet Kontakt zu den restlichen Einsatzkräften des Untergrundes. Unser Zeitpunkt wird kommen. «

Die Gruppe schlich vorsichtig auseinander.

Kommandeur Lord Leitho'Greytin trat auf den breiten Hauptkorridor des Schiffes. Verhalten blickte er nach allen Seiten. Niemand war zu sehen. Schnellen Schrittes eilte er in Richtung der Brücke des Schiffes davon.

Als er eintrat, wartete Mentor Adra'Sussor bereits ungeduldig auf ihn.

»Wo waren sie so lange? «, erkundigte sich der Auferstandene. » Sie können nicht einfach die Brücke verlassen? «

Lord Leitho'Greytin ignorierte den Vorwurf des Mentors. Gemächlich schritt er auf seinen Kommandosessel zu und ließ sich hineinfallen. «

Der Mentor wollte aufbegehren, doch der Kommandeur schnitt ihm das Wort ab.

»Beruhigen sie sich wieder, Mentor«, antwortete der Kommandeur. »Wo sollte ich wohl hinkönnen? Glauben sie, ich wäre aus dem Schiff gesprungen? «

»Ihre Anwesenheit auf der Brücke ist dringend erforderlich«, tobte Adra'Sussor. »Ich verlange von ihnen Disziplin. «

Das war dem Kommandeur zu viel. Verärgert sprang er auf.

»Sicherheit«, befahl er.

Zwei bewaffnete Raumsoldaten kamen auf die Brücke gestürmt.

Der Kommandeur hob seine Hand. Die Soldaten der Sicherheit blieben stehen und warteten auf seinen Befehl.

Verdutzt blickte Adra'Sussor den Kommandeur an.
»Ich will ihnen ihre Aufgabe noch einmal in einem ruhigen Ton erklären«, sagte der Kommandeur. »Ich bin für diese Flotte verantwortlich. Sie sind lediglich ein Mentor, der von dem Regenten mit einer Aufgabe betraut wurde. Führen sie sich nicht so auf, als ob sie den Oberbefehl auf diesem Schiff hätten. Mit anderen Worten, ich werde nicht zulassen, dass sie nochmals eine Flotte in den Untergang befehlen. Haben sie das verstanden? «

»Unser Regent hat mich mit allen erforderlichen Privilegien ausgestattet«, tobte der Mentor. »Ich erwarte von ihnen und allen Crewmitgliedern dieses Schiffes uneingeschränkten Gehorsam. «

»Es reicht«, antwortete der Kommandeur.

Er winkte seinen Sicherheitssoldaten.

»Begleiten sie bitte Adra'Sussor in seine Kabine«, befahl er. » Für heute hat der Mentor genug Unruhe gestiftet. Bewachen sie seine Türe. Er hat ab sofort Hausarrest. Führen sie ihn ab. «

Die Soldaten stießen den Mentor grob vorwärts. Er tobte, als ob er von Sinnen wäre. Adra'Sussor schrie rüde Drohungen in Richtung des Kommandeurs.

Dieser winkte ab.
Der 1. Offizier war an seine Seite getreten.

»Musste das sein? «, fragte er den Kommandeur. » Das gibt wieder nur Probleme mit der Flottenführung. «

»Dann soll sich der Mentor entsprechend verhalten«, antwortete Lord Leitho-Greytin. »Wir sind nicht seine Sklaven. Wollen sie leichtfertig in den Untergang fliegen? Wir werden nicht ohne eine Prüfung die Anordnungen dieses Protegés des Regenten ausführen. Ist das klar? «

»Ich habe verstanden«, erwiderte der 1. Offizier.

»Was war so wichtig? «, erkundigte sich der Kommandeur.

»Die Späher des Mentors glaubten vorübergehend die Aura von Adra'Metun gespürt zu haben«, teilte der 1. Offizier mit. »Sie informierten ihn, dass sie bald die Koordinaten ermitteln könnten, an denen sich der ehemalige Schüler unseres Mentors verbirgt. Doch dann haben sie leider die Spur wieder verloren. «

»Das ist Pech«, antwortete der Kommandeur. »Was hilft uns das jetzt? «

Der 1. Offizier zog seine Schultern hoch.
»Ich wollte es ihnen nur mitteilen«, antwortete er verhalten. »Wie uns diese Information helfen kann, weiß ich nicht abzuschätzen. «

»Wir bleiben auf unserem Kurs«, entschied der Kommandeur. »Befehlen sie halbe Kraft voraus. «

Der 1. Offizier bestätigte und eilte davon.

Kommandeur Lord Leitho'Greytin wusste, dass die Zeit drängte. Scheinbar näherte sich die Flotte ihrem Ziel. Er überlegte angestrengt.

»Von den 5.000 Schiffen unserer Flotte, konnten wir lediglich 127 Einheiten mit Personal des Wiederstandes infiltrieren«, dachte er. »Auf diesen Schiffen werden wir problemlos die Befehlsgewalt übernehmen können. Doch alle anderen Schiffe bleiben unberechenbar. Es kann sich zu einem Desaster entwickeln. «

Er lehnte sich in seinem Sessel zurück.
»Die Situation wird kommen, an der wir nicht zögern dürfen«, dachte er. »Der Widerstand ist bereit zu handeln und die Folgen zu tragen. Unser Leben für die Freiheit von Drame'leur. Nieder mit Regent Zadra-Scharun. Er soll sich für alle seine Taten verantworten müssen. «

Er atmete tief durch. Er spürte förmlich die Bereitschaft und seine eiserne Entschlossenheit in seinen Adern pochen.

Lord Leitho'Greytin wischte seine Gedanken beiseite.
»Ich muss mich vorsehen«, dachte er. »Ab jetzt dürfen wir nicht mehr auffallen. «

Sol-System, Neuen-Imperiums von Natrid & Tarid.

General Poison hatte die Führungs-Offiziere der Gemeinschafts-Flotte in einem Besprechungszimmer, nahe der großen Leitstelle auf Titan versammelt.

»Es wird ernst, meine Damen und Herren«, sagte er. »Commander Brenzby und Commodore Run-Lac sind gelandet und werden gleich den gefangenen Adramelech und Commander Niras-Tok zu uns bringen. Vorsichtshalber habe ich den Durchgang nach Redartan verschließen lassen. Somit sollten die Mächtigen keinen Hinweis auf den Verbleib von Adra'Metun finden können.«

»Hören wir uns an, was er uns sagen kann«, bemerkte Aritron. »Es ist verwunderlich, dass ein Adramelech bereitwillig Auskunft über seine Rasse gibt. Für uns ist es das erste Mal, dass wir von so einer Begegnung hören. «

»Bisher hat er uns gute Dienste geleistet«, antwortete Kanzler Tarn-Lim. »Ich habe keine Bedenken, dass er nicht die Wahrheit sprechen wird. «

»Wir sollten nicht so gutgläubig sein«, erwiderte Admiral Tarin. »Ich habe während des großen Krieges viele angebliche Überläufer kennengelernt, die sich später als Spione von einer feindlichen Rasse herausgestellt haben. Aus diesem Grunde warne ich eindringlich vor zu viel Vertrauen. «

»Besteht die Möglichkeit seine Gedanken zu kontrollieren? «, erkundigte sich Admiral Dragphan.

»Heinze wird sich Zugriff auf seinen Gedankeninhalt verschaffen«, bestätigte Major Travis. »Wir können auf diesem Wege erkennen, ob er die Wahrheit spricht. «

»Das wäre sehr hilfreich«, bestätigte Morass. »Trotzdem kann ich noch nicht verstehen, warum er seine eigene Rasse verrät? «

»Wir werden ihn fragen«, antwortete Major Travis. »Bereits nach seiner Rettung durch Bergungsschiffe der Redartaner hat er einen Hyperkomm-Funkspruch an seine Rasse durchgegeben. Er hat sie massiv gewarnt, von weiteren Angriffen auf Redartan abzulassen. Gleichzeitig rief er die Bevölkerung seiner Heimatwelt zu einem Widerstand gegen den Regenten auf. «

»Unser Gefangener gehört scheinbar einer Widerstandsbewegung auf ihrem Heimatplaneten an«, erklärte Kanzler Tarn-Lim. »Diese bemüht sich, der Unterdrückung und Verfolgung durch den Regenten ein Ende zu bereiten. «

»Das hört sich alles gut an«, lächelte Aritron. »Aber ich kenne die Adramelech als erbarmungslose Kämpfer. Ihr Regent wird diese Bewegung niemals dulden. Vermutlich lässt er die Mitglieder bereits verfolgen und hinrichten. «

»Wir warten ab, was uns der Gefangene berichten kann«, sagte Major Travis. »Er wird gleich bei uns erscheinen. «

Es klopfte an der Türe. Sergeant Hardin trat ein und kam auf Major Travis zugeschritten. Vorschriftsmäßig salutierte er.

Commander Brenzby und Commodore Run-Lac sind zurück«, teilte er mit. Sie haben den gefangenen Adramelech und Commander Niras-Tok dabei. Wir haben sie intensiv gescannt, durchleuchtet und abgesucht. Sie besitzen keine versteckten Waffen. «

»Gut«, antwortete der Major. »Führen sie beide herein und behalten sie unsere Gäste im Auge. «

Sergeant Hardin nickte.
»Befehl verstanden«, antwortete er.

Erneut salutierte er, dann drehte er sich um und ging zu der Türe zurück. Gespannt folgten die Blicke der Gäste ihm. Eisige Stille herrschte in diesem Augenblick in dem Besprechungszimmer. Man hätte eine Stecknadel fallen hören.

Offizier Hardin öffnete die Türe.

»Sie können Niras-Tok und Adra'Metun jetzt hereinführen«, sagte der Sergeant. »Er wird erwartet. «

In Begleitung von sechs Kampf-Soldaten der redartanischen Flotte wurden der Commander und sein Gefangener in den Raum geführt. Zwischen ihnen bestand seit der Gefangennahme von Niras-Tok durch die Adramelech eine seltsame mentale Verbindung.

Interessiert blickte sich der Adramelech um. Dann richteten sich seine Augen auf die wartenden Gäste. Major Travis, Aritron und Kanzler Tarn-Lim waren aufgestanden und gingen ihm entgegen. Drei Meter vor den Gästen ließ sich der Adramelech auf den Boden fallen. Er breitete seine Arme seitlich aus.

»Allmächtigkeit und Erleuchtung sei euch gegeben«, sagte er. »Danke, dass ihr die Verbindung zu meinen Verfolgern unterbunden habt. Endlich spüre ich die mentale Suche nach mir nicht mehr in meinem Kopf. Die Gedanken in mir sind nach einer langen Zeit endlich wieder frei. «

»Stehen sie auf«, sagte Major Travis in einem angenehmen Tonfall. »Hier sind sie in Sicherheit. »Machen sie sich keine Sorgen mehr. «

Der Adramelech stand auf. Er blickte die drei Personen an. Dann zeigte er auf die Hände von Major Travis, Aritron und Kanzler Tarn-Lim.

»Darf ich ihre Hände nehmen? «, erkundigte er sich.

Major Travis nickte. Er streckte dem Adramelech seine Handflächen hin. Dieser ergriff sie, drehte sie um und küsste beide Handrücken von Major Travis.

Dieser blickte ihn erstaunt an. Das gleiche wiederholte er mit den Händen von Aritron und Kanzler Tarn-Lim.

»Das ist unsere Geste einer unsagbaren Dankbarkeit«, teilte der Adramelech mit. »Ich bin so glücklich, dass ich den Regenten und seine Vasallen nicht mehr in meinem Kopf spüre. Wie kann ich ihnen das vergelten? «

Heinze war an die Seite von Major Travis getreten. Er nickte dem Major zu.

Dieser wusste, dass der Adramelech die Wahrheit sprach. »Setzen wir uns«, schlug Major Travis vor. »Wir haben einige Fragen an sie. «

Niras-Tok und Adra'Metun gingen auf die zwei freien Stühle zu, die bewusst für sie bereitgehalten wurden. Kanzler Tarn-Lim blickte seinen Commander an.

»Warum wurde ihr mentaler Partner so unruhig? «, erkundigte er sich.

Der Commander blickte ihn an.
»Scheinbar verursacht die mentale Suche einer großen Menge seiner Artgenossen schwere Schmerzen in ihm«, antwortete Niras-Tok. »Die Adramelech sind auf der Suche nach ihm. Sie wissen, dass er von uns gerettet wurde und dass er sich in unserem Hoheitsgebiet aufhält. Doch lassen wir ihn selbst sprechen. «

Die Gäste musterten den Adramelech. Er sah so anders aus, als sie ihn sich vorgestellt hatten.

Admiral Tarin und seine Offiziere hatten ihr Gesicht verzogen, als der Adramelech von dem redartanischen Sicherheitsdienst in den Raum geführt wurde.

Adra'Metun blickte sie an. Plötzlich stellten sich bei ihm die Stacheln am Kopf steil auf. Sie bedeckten sein ganzes Gesicht.

»Er scheint von einem Stachelschwein abzustammen«, sagte Admiral Tarin. »Wie kann sich so eine Rasse, als die Mächtigen des Universums bezeichnen? «

»Nicht alle in diesem Raum sind mir für meine Hilfe dankbar«, bemerkte Adra'Metun plötzlich. »Ein Teil der Gedanken der hier Anwesenden sind voller Abscheu und Ekel auf mich gerichtet. Ich fühle ihre hasserfüllte Aura. «

Major Travis blickte den Admiral und seine Offiziere an. Er winkte Sergeant Hardin und seine Marines.

»Führen sie Admiral Tarin und seine Offiziere in einen anderen Raum«, befahl er. »Sie sind noch nicht in der Lage, Gespräche mit andersartigen Rassen zu führen. «

Sechs Kampf-Roboter und vier Marines schritten wortlos auf die Gruppe der Natrader vor.

Admiral Tarin war aufgesprungen.
»Entschuldigen sie unsere Entgleisung«, sagte er. »Es wird nicht mehr vorkommen. Wir haben zu wenige Erfahrungen, in dem Austausch von Meinungen mit anderen Rassen. Wir würden gerne hören, was Adra'Metun zu sagen hat. «

»In Ordnung«, antwortete Major Travis. »Das ist jetzt ihre letzte Chance. Falls sie ihre Gedanken nicht in den Griff bekommen, dann lasse ich sie aus diesem Raum entfernen. «

Morass war auf den Adramelech zugetreten.
»Auch wir wurden nicht auf Anhieb akzeptiert«, erklärte er. »Wir sind anders. Es braucht eine lange Zeit, bis sich Vertrauen zwischen unterschiedlichen Rassen bilden kann. «

»Sie sind eine sauroide Lebensform? «, staunte der Adramelech. » Was machen sie hier? «

»Wir sind Verbündete der Humanoiden«, erklärte Morass. »Sie haben uns aus der Knechtschaft unserer Herren befreit und uns einen eigenen Planeten gegeben, auf dem wir uns frei entwickeln können. Wir stehen unendlich tief in ihrer Schuld. Daher beteiligen wir uns an der Sicherheit dieses Sternensystems. «

»Ich verstehe«, antwortete Adra'Metun.

Er musterte die weiteren Gäste intensiv.
»Auch die Worgass gehören zu ihren Verbündeten? «, fragte er erstaunt. » Sie werden von unserem Regenten als Hilfsvolk eingesetzt.

»Das ist leider so«, erwiderte Admiral Dragphan. »Wir entstammen der Whirlpool-Galaxie. Unser dortiger Clan wurde von den Zierrakies unterjocht und versklavt. Jahrtausendelang mussten wir ihnen dienen, bis das Neue-Imperium uns befreit hat. Auch wir haben von Major Travis ein kleines Sternensystem als unsere neue Heimat zugesprochen bekommen. Uns ergeht es ähnlich als den Green-Lizards. Wir sind anders, aber auch wir stehen zu unserer Verpflichtung die Milchstraße zu schützen. Sie ist unsere neue Heimat. Vermutlich die einzige Region im Universum, in der wir in Freiheit leben können. «

»Ich bin begeistert«, antwortete Adra'Metun. »Hier scheint ein Platz für viele unterschiedliche Species entstanden zu sein, die anderer Orts in Knechtschaft leben und von ihren selbsternannten Herren ausgebeutet werden. «

»Das ist das Ziel unseres Imperiums«, lächelte Major Travis. »Wir haben erkannt, dass unterschiedliche Rassen viel zu einem starken Planetenverbund beitragen können. Welche neuen Informationen können sie uns mitteilen? «

Die Stacheln am Kopf des Adramelech hatten sich wieder in ihre ursprüngliche Lage gelegt. Seine Erregung schien sich gelegt zu haben.

Adra'Metun nickte.
»Das will ich ihnen gerne mitteilten«, antwortete er. »Die Mächtigen sind auf der Suche nach mir. Der Regent hat meinen Mentor Adra'Sussor wiederbelebt. Er war bekanntlich für meine Ausbildung zuständig. Adra'Sussor ist eine mächtige Persönlichkeit unter dem Dienste des Regenten. Noch nie wurde einer seiner Schüler abtrünnig. Es ist sein persönlicher Ehrgeiz, dass er nach mir sucht, um mich der Gerichtsbarkeit des Regenten zu überstellen. Dabei ist ihm jedes Mittel recht. Er wird nicht hiermit aufhören, ehe er mich gefunden hat. Dass ich mich in dem Hoheitsgebiet einer humanoiden Rasse befinde, kommt seinen Wünschen entgegen.

Sie haben seinen letzten Angriff vereitelt und ihn getötet. Jetzt wird er sich mit aller Härte rächen wollen. Er hat von dem Regenten den Auftrag erhalten, das Hoheitsgebiet der Adramelech von der humanoiden Kolonie zu befreien. Er ist mit einer Flotte von 5.000 Großraum-Schiffen auf der Suche nach uns. Sie alle sind mit dem Eindämmungsfeld der blauen Energie, unterhalb ihrer Schiffe, ausgestattet. «

»Wann werden sie Redartan gefunden haben? «, fragte Kanzler Tarn-Lim. » Wie viel Zeit bleibt uns noch? «

Adra'Sussor blickte ihn an.
»Das weiß ich nicht, Kanzler«, entschuldigte sich Adra'Metun. »Dank der Verschmelzung meines Geistes mit dem von Niras-Tok gelang es mir, meine Gedanken zu unterdrücken. Der geistige Angriff meiner Artgenossen konnte nur zerhackte Bruchstücke ausfiltern. Ich bin mir sicher, dass sie keine Koordinaten auslesen konnten. «

»Gut gemacht«, sagte Aritron. »Dann werden wir genügend Zeit haben, um unsere Flotten auf die andere Seite zu verlegen. Doch kann ihr Mentor durch seine Wiedererweckung nicht auf alle seine alten Erinnerungen zugreifen? «

»Langfristig schon«, antwortete Adra'Sussor. »Doch dieser Prozess entwickelt sich nur sehr langsam. Es ist möglich, dass er noch nicht hierauf zugreifen kann. Der Einflug seiner Flotte in das Gebiet von Kanzler Tarn-Lim war eines seiner letzten Eindrücke. Diese Erkenntnisse werden sich auch als Letztes wieder in seinem Gedächtnis ausbreiten. «

»Teilten sie uns nicht mit, dass ihre Rasse gegen fremde Eindringlinge in ihrem Hoheitsgebiet kämpft? «, fragte Major Travis.

Adra'Metun nickte bestätigend.
»Doch«, antwortete er. »Das ist immer noch der Fall. Die Adramalon ist eine große Spiralgalaxie. Dem Regenten blieb nichts anderes übrig, als seine Streitmacht aufzuteilen. Er hat Teilgeschwader in unterschiedliche Sektoren und an verschiedene Koordinaten seiner Sterneninsel befohlen. Insgesamt suchen 15 Flottenträger und ihre Schutzverbände nach den Eindringlingen. Alle angrenzenden Gebiete werden nach den Uylanern abgesucht. Ich erklärte bereits, dass es sich bei den Uylanern um eines von unserem Regenten gezüchtetes Hilfsvolk handelt. Es wurde als Kriegsrasse ausgebildet. Sie wurden immer eingesetzt, um schwierige Fälle zu lösen. Die Uylaner gingen bisher immer mit einer unbeschreiblichen Brutalität vor, um Regionen unseres Imperiums zu säubern. Es sind Tiere, die Kampfrobotern gleichen. Immer wenn sie einen Planeten gesäubert hatten, zelebrierten sie am Ende eine Siegesfeier. Auf dieser wurden die getöteten Führer einer Rasse feierlich gefressen. «

Ein Aufschrei ging durch die Zuhörer.

»Sie haben richtig gehört«, bemerkte Adra'Metun. »Die Uylaner besitzen keinen Respekt vor anderen Rassen. Sie sind Tiere und müssen auch so behandelt werden. Jetzt konnten sie sich nach 150.000 Jahren von der Genmanipulation der Wissenschaftler unseres Regenten befreien. Sie scheinen die ihnen zur Verschrottung übergebenen Raumschiffe wieder flugfähig gemacht zu haben. Jetzt sind sie mit einer Flotte von knapp 500.000 Schiffen in unser Gebiet eingedrungen und fordern Rache für die lange Knechtschaft unter unserem Volk. «

»Die schlechten Taten einer Rasse werden irgendwann aufgerechnet werden müssen«, bemerkte Aritron. » Jetzt schreien die Uylaner nach einer Abrechnung. «

»Genauso sieht das aus«, antwortete Adra'Metun. »In der Haut des Regenten möchte ich jetzt nicht stecken. Ich konnte mentale Gedanken auffangen, die bereits von einer Vernichtung von fünf Flottenträgern und deren Begleitflotten sprachen. Ich spreche hier von jeweils 25.000 Schiffen des Regenten, die vernichtet werden konnten. Die Uylaner tauchen auf, fallen über die ahnungslosen Flottenverbände her, vernichten sie und springen wieder in einen unbekannten Sektor. Noch ist es unserem Flottenkommando nicht gelungen, ihre Spur aufzunehmen. Der Regent wird außer sich sein. «

Die Zuhörer hörten gespannt zu.

»Konnten keine Hypersprung-Daten ausgewertet werden?«, erkundigte sich Morass.

Adra'Metun blickte ihn an.
»Die Uylaner sind nicht dumm«, antwortete er. »Sie lassen die Rettungskapseln der zerstörten Adramelech Raumschiffe unbehelligt. Wenn jetzt eine unserer Unterstützungsflotten, aufgrund eines gesendeten Notrufes den Raumsektor erreicht, dann stoßen sie lediglich auf viele dieser Rettungskapseln. Die Flotte der Uylaner ist dann bereits in dem Hyperraum verschwunden. Ich konnte espern, dass zu diesem Zweck die Schiffsverbände unserer Flottenführung und des Geheimdienstes zusammengelegt wurden. Vermutlich verfügt diese große Eingreifflotte über eine Anzahl von geschätzten 350.000 Schiffen.

Sie wird von Admiral Jordin'Rorxon, unserem militärischen Oberkommandierenden befehligt. Er ist schon lange der leitende Kommandeur unserer Flotte. Der Admiral wird die Überlebenden einer Raumschlacht nicht zurücklassen. Er ist anders als die Offiziere, die von meinem Mentor befehligt werden. Sie gehen über Leichen. Ihnen bedeuten die überlebenden Adramelech nichts, die in ihren Rettungskapseln sitzen. «

»Er wird dem Regenten hörig sein«, bemerkte Admiral Dragphan. »Sicherlich will er seinen Rang und sein Ansehen noch vergrößern? «

»Sein Ehrgeiz ist nicht mehr zu übertreffen«, antwortete der Schüler des Mentors. »Es war nicht leicht in seinen Diensten. Nur wenige unseres Volkes konnten es dem Mentor recht machen. «

»Das kennen wir von irgendwo her«, sagte Commander Breckphan. »Auch der zierrakische Großkaiser verhielt sich nicht anders. «

»Jedenfalls ist er auf der Suche nach mir«, erklärte der Adramelech. »Ich sage ihnen, dass er mich und die Koordinaten von Redartan irgendwann finden wird. Dann wird er mit allen Kräften in ihr Sternensystem einfallen und keinen Stein mehr auf dem anderen lassen. Den Hass auf humanoide Rassen hat er dem Regenten abgeschaut und für sich zu eigen gemacht. «

»Wir werden ihn erwarten«, sagte Admiral Tarin. »Soll er nur kommen. Wissen sie, ob die Rigo-Sauroiden auch eine Züchtung seiner Wissenschaftler waren? «

»Die Rigo-Sauroiden? «, fragte Adra'Metun erstaunt. »Diesen Namen habe ich lange nicht mehr gehört. «

»Wissen sie etwas hierüber? «, erkundigte sich der Admiral ungehalten.

»So wie ich informiert bin, handelt es sich um keine Rasse unserer Züchtung«, antwortete der Adramelech. »Erst kürzlich habe ich meinen Mentor nach unseren Hilfsvölkern gefragt. Es fielen Namen von Rassen, die mir bis dahin völlig unbekannt waren. Er erklärte mir, dass viele Hilfsvölker über die Galaxie verstreut für ihre Herrenrassen arbeiten würden. Andere von ihnen würden mordlüstern auf einen neuen Auftrag warten. Die bekanntesten von ihnen besitzen die größte Population im Universum und konnten sich über Jahrtausende über viele Sterneninseln ausdehnen. An erster Stelle sind die Treutranten zu nennen. Sie sind die Herren vieler Sterneninseln und unterhalten ein Geflecht von Netzwerk-Denkern, denen wiederum unzählige Worgass-Stämme unterwürfig sind. «

»Sie wurden von ihnen genmanipuliert«, sagte Admiral Dragphan wütend. »Das passiert leider überall im Universum. «

Major Travis hob seine Hand.

»Bitte lassen sie unseren Gast weitersprechen«, entgegnete er energisch.

Er sah Adra'Metun an.
»Bitte sprechen sie weiter«, entschuldigte er sich.

»Als zweite Gattung sind die Virgonesen zu nennen«, fuhr Adra'Sussor fort. »Diese Rasse kontrolliert einen Galaxienhaufen, der über 2.000 Sterneninseln beinhaltet. Auch hier wurden wieder Worgass-Clans angesiedelt. In weiter entfernten Galaxien folgen die Myratoren, die über eine große Mächtigkeitsballung befehlen. Sie bedienen sich nicht nur der Worgass-Kolonien, sondern und einer Rasse, die sich Daraner nennt. Hierbei handelt es sich um eine geflügelte Insekten-Species. Auch sie wurde genoptimiert und nach den Wünschen unseres Regenten gestaltet. «

»Diese kennen wir, « bemerkte Admiral Tarin. »Es handelt sich um eine stures und ein kompromissloses Volk. «

»Wir kennen sie ebenfalls«, bemerkte Major Travis. »Doch sprechen sie bitte weiter. Ihre Informationen sind sehr interessant für uns. «

»Danke«, antwortete Adra'Metun.

»Jetzt wären noch die Uylaner zu nennen«, sagte er. »Sie leben versteckt in einer großen Wolke, die sie selber Nubes Magellanic nennen. Sie schreiten erst zur Tat, wenn die Population der Humanoiden ein überschaubares Maß überschritten hat. Die Uylaner stammen von Raubtieren ab. Sie haben Krallen und spitze Zähne. Diese Rasse hat sich ihren Urtrieb erhalten. Sie töten zum Spaß und aus Vergnügen, anschließend fressen sie ihre Opfer. Sie sind der Ansicht, dass somit die Stärke ihrer Gegner auf sie übergeht. Diese Species ist die grausamste Züchtung unseres Regenten. «

»Also besitzen sie keine Hinweise auf die Rasse der Rigo-Sauroiden? «, fragte Admiral Tarin erneut.

»Ich habe den Namen von meinem Mentor gehört«, bestätigte Adra'Metun. »Sie wurden für die Vernichtung ganzer Sternensysteme eingesetzt. Doch unserer Züchtung entstammen sie nicht. Es ist möglich, dass mein Mentor nicht alle Informationen an mich weitergegeben hat. Er kann wissen, für welche Herren sie tätig sind. «

»Das ist für uns von einer wichtigen Bedeutung«, sagte Admiral Tarin. »Wir müssen ihren Mentor lebend ergreifen. «

»Ob uns das gelingt, kann noch nicht vorhergesehen werden«, sagte Aritron. »Wie sollen wir das Schiff des Mentors orten können? «

»Ich fühle seine Präsenz und kann auch sein Schiff ermitteln«, antwortete Adra'Metun. »In dieser Angelegenheit werde ich ihnen behilflich sein. «

»Wenn das möglich ist, dann ändern wir unsere ganze Einstellung über andersartige Lebewesen«, freute sich Admiral Tarin. »Wir werden ihnen auf einem Planeten ein Denkmal bauen. «

»Das will ich nicht«, flüsterte der Adramelech. »Mir ist wichtig, dass mein Volk in die Freiheit geführt wird. Einige der Schiffe meines Mentors wurden von Freiwilligen des Untergrundes unserer Welt infiltriert. Wenn ich sie per Hyperkomm-Funknachricht überzeugen kann, dann werden sie möglicherweise nicht an den Kampfhandlungen teilnehmen. «

»Das ist ein wichtiger Hinweis«, sagte General Poison. »Wie viele Schiffe können es sein? «

»Die genaue Anzahl konnte ich aufgrund des nur kurzen geistigen Kontaktes nicht ermitteln«, antwortete Adra'Metun. »Mir gelang es nicht, zu meinem Kollegen des Widerstandes durchzudringen. Der Hass des Mentors hat viele Gedankenreflexionen überlagert. «

»Ich verstehe«, antwortete der General.
»Das sollte aber kein Problem darstellen«, entgegnete der Gefangene. »Falls wir Kontakt zu der Flotte bekommen, werde ich erneut meine Gedanken aussenden. Zusätzlich besteht die Möglichkeit der Kontaktaufnahme per Hyperkomm-Funkspruch. «

»Wichtig ist die Information, dass ihr Mentor glaubt, er könnte die redartanische Republik mit 5.000 Schiffen besiegen«, sagte Major Travis. »Wir werden ihn bitten, von seinem Vorhaben abzulassen. Er wird erstaunt sein, wenn er unsere Gemeinschafts-Flotte ortet. «

»Sicherlich wird er das«, antwortete Adra'Metun. »Doch mein Mentor wird von seinen Vorhaben nicht abweichen. Sein Ehrgeiz und seine Ergebenheit zu unserem Regenten werden ihn bestätigen, mit seiner Flotte anzugreifen. Vermutlich beabsichtigt er, die blaue Energie seiner Schiffe einzusetzen. «

»Hiermit rechnen wir«, antwortete der Major. »Wir werden Vorsorge treffen und das redartanische Heimatsystem großflächig absichern. Unsere Großraumschiffe werden im Sekundentakt auf das

Komprimierungsfeld unterhalb ihrer Schiffe feuern. Wir geben ihren Artgenossen keine Zeit, die blaue Energie in einen gasförmigen Zustand zu verwandeln. «

»Es ist ihre einzige Chance«, sagte Adra'Metun. »Falls unsere Schiffe die blaue Energie freilassen, dann hilft nur noch ein Fluchtsprung in den Hyperraum. Von einem Kampf Schiff gegen Schiff rate ich dringend ab. Alle Feinde, die sich zum Kampf gestellt haben, wurden von der blauen Energie aus dem Zwischenraum vernichtet. «

»Mir wurde mitgeteilt, dass sie in einer mentalen Verbindung zu Commander Niras-Tok stehen? «, fragte Aritron. » Kann ich das so verstehen, dass sich ihre mentalen Kräfte ergänzen? «

»Ich bin genauso verwundert, wie sie«, antwortete der Adramelech. »Seit der Commander während seiner Gefangenschaft von meinem Mentor an unseren Gehirnwellen-Synaptor angeschlossen wurde, ist etwas mit seinem Gehirn passiert. Zu ihrem besseren Verständnis möchte ich ihnen erklären, dass diese Maschine über eine zukunftsweisende Technologie verfügt, die uns Zugang zu dem Gedächtnis und den Erinnerungen von allen Wesen verschafft.

Es ist zwar für das Opfer sehr schmerzhaft, aber das Ergebnis war bisher immer optimal. Unser Mentor konnte auf diesem Wege alle Erinnerungen von gefangenen Wesen auslesen und diese in digitaler Form an unseren Geheimdienst und direkte an den Regenten übermitteln. Lediglich bei Commander Niras-Tok funktionierte diese Technik nicht. Wir konnten keine seiner Erinnerungen auslesen. Vielmehr hat unsere Anlage neue Fähigkeiten in dem Commander erweckt. Das wurde aber von Mentor Adra'Sussor nicht erkannt. «

Die Zuhörer blickten den Adramelech angewidert an.
»Ihr Regent scheint über Leichen zu gehen«, bemerkte Admiral Tarin. »Es ist an der Zeit, dass solche Vorgehensweisen untersagt werden. «

»Deswegen bin ich im Untergrund tätig«, erklärte der Gefangene. »Viele unseres Volkes sind auf rätselhafte Weise verschwunden. Sie alle haben die Befehle unseres Regenten auf das Schärfste kritisiert. «

»Wenn sie sich mental mit Commander Niras-Tok verbinden, werden dann ihre Fähigkeiten noch verstärkt? «, fragte Major Travis.

Der Adramelech nickte.
Er zeigte auf den Ro.

»Sie haben es doch bereits bemerkt, während mich ihr Freund Heinze unterstützte«, bestätigte Adra'Metun. »Die Reichweite meiner mentalen Fähigkeiten vergrößerte sich extrem. Das alles war nur dank den immensen Kräften von Heinze möglich. «

»Dann würde ich vorschlagen, dass sie auf meinem Schiff mitfliegen«, sagte Major Travis. »Sie werden uns rechtzeitig informieren, wenn die Flotte ihres Mentors das Sternensystem der Redartaner erreicht. Das wäre uns eine große Hilfe.

»Einverstanden«, antwortete Adra'Metun. »Wenn sie mich im Gegenzug unterstützen würden, dass der Regent von seinem Stuhl gestoßen wird. Viele Adramelech unserer Bevölkerung sind seine Bevormundungen leid. Sie wollen endlich in Freiheit leben. «

Die Führungs-Offiziere der Gemeinschaft-Flotte blickten sich an.

»Das können wir ihnen nur zum Teil zusagen«, erwiderte Aritron. »Sie vergessen, dass die Uylaner in ihr Hoheitsgebiet eingedrungen sind. Uns fehlen die Informationen, wie weit sie bereits zu ihrem Heimat-System vorgedrungen sind. Es ist möglich, dass sie vor uns eintreffen und die Flotten-Verbände ihres Regenten aufreiben. Anschließend werden sie Rache nehmen, für die an ihrem Volk vorgenommene Genmanipulation. «

»Das darf nicht passieren«, erwiderte der gefangene Adramelech entsetzt. »Die Flotten-Verbände von Admiral Jordin'Rorxon und Prinz Dadra'Katyn werden sie aufhalten. Da bin ich mir sicher. «

»Vorausgesetzt sie finden die Flotte der Uylaner in ihrem großen und unüberschaubaren Hoheitsgebiet«, antwortete Aritron.

Adra'Metun dachte nach.
»Mein Ziel ist es, das unsere Widerstandsbewegung die Oberhand gewinnt«, erklärte er. »Sie wird die Machtverhältnisse auf unserem Planeten neu ordnen und den Regenten stürzen. Bitte helfen sie mir hierbei. «

Major Travis blickte ihn an.
»Wir tun unser Bestes«, erwiderte er. »Zunächst ist es uns aber daran gelegen, das redartanische Imperium vor dem Angriff ihrer Rasse zu schützen. Die Spiralgalaxie Adramalon ist zu groß für eine einzelne Rasse, auch wenn sie sich als die Mächtigen des Universums bezeichnen. Wenn ihre Führung auf unseren Vorschlag eingeht, dann werden wir zu weiteren Gesprächen bereit sein. Unter

Umständen helfen wir mit, die Uylaner aus ihrem Gebiet zu vertreiben. «

»Danke«, antwortete Adra'Metun. »Mehr kann ich nicht erwarten. Ich werde ihnen helfen, die Heimatwelt meiner Rasse zu finden. «

Major Travis blickte die Führungs-Offiziere der Gäste an. »Hat jemand Einwände gegen die Unterstützung des Adramelech? «, fragte er.

»Jede Hilfe ist nützlich«, bemerkte Admiral Tarin. »Ich hoffe nur, dass es kein Hinterhalt wird. «

»Das werden wir erkennen«, ergänzte Aritron. »Ich denke, der Adramelech meint es ehrlich. «

Er blickte Heinze an.
»Was sagst du hierzu, mein kleiner Freund? «, lächelte er. Heinze knabberte an einer Möhre.

»Adra'Metun spricht die Wahrheit«, bestätigte er. »Seine Gedanken sind frei von jeglicher Art der Zwietracht. Wir können ihm bedingungslos vertrauen. «

»Da bin ich wirklich froh, dass wir den pelzigen Gedankenleser unter uns haben«, lachte Commander

Lurtrin. »Früher habe wir uns nie auf die Aussagen eines Tieres verlassen.«

»Ich bin kein Tier«, bemerkte Heinze mit lauter Stimme. »Nehmen sie das bitte zur Kenntnis. Ich hoffe, ich muss mich nicht klarer ausdrücken. Ihre Gedanken können sich am wenigsten mit unserer neuen Zeit anfreunden. Ihr Kopf ist voller Hass und Abscheu auf unsere Verbündete, die hier am Tisch sitzen. Ich halte den Adramelech für ehrenvoller, als sie es sind.«

Commander Lurtrin war erbost aufgesprungen.
»Das brauche ich mit von einer widerwärtigen Kreatur nicht bieten zu lassen«, sagte er.

»Genug«, unterbrach Admiral Tarin den Commander. »Der Ro hat Recht. Ein Teil unserer Offiziere ist mit ihren Gedanken noch bei dem alten kaiserlichen Imperium. Es wird eine ganze Zeit dauern, bis sich viele unserer Offiziere der Gegenwart stellen können. Ich entschuldige mich für den Zwischenfall.«

Er blickte seine Begleiter an.
»Offizier Nofritin und Offizier Suterin«, befahl der Admiral » Begleiten sie bitte Commander Lurtrin zurück auf unser Schiff. Warten sie dort auf neue Befehle. Ich glaube, dort sind sie besser aufgehoben.«

Der eiserne Blick von Admiral Tarin ließ Commander Lurtrin auf eine Antwort verzichten.

Verärgert stand er auf.
Major Travis winkte Sergeant Hardin.
»Begleiten sie bitte die Offiziere zu ihrem Schiff«, sagte er. Sergeant Hardin salutierte und führte die Offiziere in Begleitung von vier Elitesoldaten seiner Marines aus dem Saal.

»Lassen sie uns jetzt mit der Verlagerung unserer Flotten auf die redartanische Seite beginnen«, schlug der Major vor. » Dort teilen wir unsere Flotten in Verbände zu 7.500 Schiffen auf. Ich möchte gerne, dass sich diese Geschwader in einem ausreichenden Abstand verteilen und die Einflugs-Punkte in das redartanische System überwachen. Admiral Dragphan und unseren Freund Morass bitte ich, mit ihren Flotten-Verbänden die Heimat-Verteidigung von Kanzler Tarn-Lim zu unterstützen, gegebenenfalls den Weltraumbahnhof noch stärker abzusichern. «

Er blickte die Angesprochenen an.
»Haben sie Einwände? «, fragte er.

»Das machen wir gerne«, antworte Admiral Dragphan. »Im Hinblick, dass wir noch nicht über das Zusatzmodul zur Abwehr der blauen Energie verfügen, betrachten wir uns als zweite Barriere, falls feindliche Schiffe durchbrechen sollten. «

»Das hoffe ich nicht«, erwiderte Major Travis. »Doch sicher ist sicher. Der Weltraumbahnhof darf durch einen Angriff nicht beschädigt werden, ansonsten ist uns der Rückflug verbaut. «

»Ich bitte zu bedenken, dass wir es lediglich mit 5.000 Schiffen zu tun bekommen«, sagte Aritron. » Es sollten keine Probleme entstehen. «

»Mein Wunsch wäre es, den Mentor von Adra'Metun lebend zu fassen«, sagte Admiral Tarin. »Er kann uns mit Bestimmtheit die Frage beantworten, wer hinter den Rigo-Sauroiden die Fäden gezogen hat. «

»Die Möglichkeit besteht«, antwortete der Major. »Unterhalten sie sich rechtzeitig mit Heinze und dem Adramelech. Sie können das Schiff gedanklich ermitteln, auf dem sich der Mentor aufhält. «

»Ich bin mir nicht sicher, ob Heinze nach diesem Zwischenfall noch gut auf uns zu sprechen ist? «, sagte der Admiral.

»Fragen sie ihn einfach«, antwortete Heran.
Er hatte sich mit Äußerungen bisher zurückgehalten und die ganze Zeit zugehört.

»Er ist so gutmütig, wie er aussieht«, ergänzte er.

Heinze bedachte Heran mit einem abfälligen Blick.
»Offizier Heinze«, sagte Admiral Tarin. »Ich hoffe, sie sind nicht nachtragend. Meine Offiziere brauchen einige Zeit, um sich an die neuen Gegebenheiten zu gewöhnen. Würden sie uns trotzdem behilflich sein? «

»Natürlich, Admiral Tarin«, antwortete dieser. »Sie und ihre Offiziere sind nicht die ersten humanoiden Personen, die in mir ein Tier sehen. Ich und Adra'Metun werden ihnen helfen. Wir teilen ihnen per Hyperkomm-Funkspruch die Koordinaten des Flaggschiffes mit. «

Erleichtert lehnte sich der Admiral in seinem Stuhl zurück und nickte Heinze dankbar zu.

»Die Flotte des Neuen-Imperiums, der Lantraner und die Schiffe von Admiral Tarins Evakuierungsflotte werden das offene System Redartan absichern«, sagte Major Travis. »Wir verteilen unsere Verbände so, dass wir im Notfall sofort zu den Koordinaten eilen können, auf denen die Schiffe der Adramelech materialisieren. Der Mentor wird sich sicher fühlen. Die Breitseiten aller Schiffe der Kaiser-Klasse feuern gezielt auf die Ausdehnungsfelder der blauen Energie. Die Schutzfelder dieser unbekannten Energie, unterhalb ihrer Schiffe, müssen vernichtet werden. Ist das von allen Beteiligten verstanden worden?«

»Verstanden und akzeptiert«, antworteten die Offiziere. »Es bleiben nur wenige Minuten für die Ausschaltung der Eindämmungsfelder«, ergänzte Major Travis. »Falls es einer Gruppe nicht gelingt, bitte ich alle Schiffe dieser Angriffsformation sich durch einen kleinen Hyperraumsprung an eine andere Position zu versetzen. Auch hier gilt wieder der Grundsatz, vermeiden sie Verluste an ihren Schiffen und an ihrem Personal. «

»Wir haben verstanden«, lächelte Admiral Tarin. »Besser hätte ich es nicht sagen können. Beginnen wir mit der Verlagerung der Schiffe. «

Die Anwesenden sprangen auf und liefen hinter General Poison und Noel her. Die Schiffe und Gleiter standen auf dem großen Raumflughafen auf Titan.

Ganze 60 Minuten waren vergangen. Die unterschiedlichen Flotten hatten sich formiert. Alle Führungs-Offiziere warteten auf das Signal.

Major Travis gab den Befehl, das Wurmloch-Portal zu öffnen. Kanzler Tarn-Lim hatte seine Flottenführung abgefragt, ob fremde Ortungen registriert wurden. Das wurde jedoch verneint. Noch war alles ruhig im System der Redartaner. Major Travis gab das Kommando. Als erstes Schiff flog das Flaggschiff des redartanischen Kanzlers in das Portal. Erst als Major Travis den Hyperkomm-Funkspruch des Kanzlers von der anderen Seite erhielt, gab er die Flugfreigabe für die lantranische Flotte durch. Sie war das schlagkräftigste Geschwader in der Gemeinschaftsflotte. Für sie war der Durchflug durch ein Wurmloch nichts Bedeutendes.

Major Travis, Commander Brenzby, Heinze, Commander Niras-Tok und Adra'Metun sahen, wie die Schiffe dicht an dicht in den hellblauen Ereignishorizont flogen und von ihm verschluckt wurden. In kurzer Zeit waren die 500 Schiffe durch. Major Travis wartete ab, bis er einen Funkspruch von Heran erhielt.

»Wir sind durch«, tönte es aus den Lautsprechern. »Sende die nächste Flotte. «

Major Travis griff nach seinem Communicator.

»Admiral Dragphan«, sprach er in das Gerät. »Fliegen sie mit ihrer Flotte in das Portal. Der Weg ist frei. «

Der Admiral bestätigte und machte es der Flotte von Aritron nach. Die großen 2.500 Meter Schiffe flogen dicht an dicht in das geöffnete Portal. Das Manöver dauerte wesentlich länger, als die lantranische Flotte hierfür benötigt hatte. Auf der Gegenseite wurden sie von 200.000 redartanischen Schiffen erwartet, die den Weltraumbahnhof großräumig sicherten.

Ungeduldig warteten Major Travis und die restlichen Schiffe auf die Freigabe zum Flug. Als diese eingetroffen war, übermittelte der Major der Flotte der Green-Lizards die Freigabe. In geordneter Reihenfolge flogen die kleinen Angriffskreuzer Schiff an Schiff in den Durchgang. Aufgrund ihrer kleineren Größe lief dieses Manöver wieder bedeutend schneller ab als bei der Formation der Worgass Großraumschiffe. Als die Mitteilung eintraf, dass alle Schiffe vollständig auf der redartanischen Seiten angekommen waren, konnte der Major erleichtert Admiral Tarin die Flugfreigabe erteilen. Auch die Evakuierungsflotte hielt sich exakt an die Anweisungen. Schiff an Schiff flog hintereinander in das Portal. Die große Flotte des Admirals verkleinerte sich zusehends.

Major Travis blickte den Adramelech an, der ständig von zwei Marines bewacht wurde.

»Spüren sie bereits die Anwesenheit ihres Mentors durch das geöffnete Tor? «, fragte er.

»Es ist nichts zu spüren«, antwortete der Adra'Metun. »Es sieht fast so aus, als ob der Mentor meine Spur verloren hat. Durch die Abschaltung des Wurmloch-Tores, konnte er keinen Kontakt mehr spüren. Er befindet sich zurzeit nicht in unserer Nähe. Das fühle ich eindeutig. «

»Dann bleibt uns genügend Zeit, um unsere Flotten in Stellung zu bringen«, antwortete Major Travis. »Die letzten Schiffe von Admiral Tarin fliegen in das Portal. «

Er zeigte auf den Bildschirm. «

»Der Durchgang ist offen«, meldete Funkoffizier Farmer. »Admiral Tarin ist auf der anderen Seite angekommen. Der Ausgang ist frei. «

Mac griff nach dem Communicator.
»Öffnen sie mir bitte einen Kanal zu unserer Flotte«, bat er.

»Sie können sprechen«, erwiderte der Sergeant.

»Her spricht Major Travis«, sprach er in das Gerät. »Unsere befreundeten Flottenverbände sind wohlbehalten auf der redartanischen Seite angekommen. Folgen sie jetzt der Termar 8, unter dem Kommando von Commander Benford. Sie wird als erstes Schiff in das Portal fliegen. Die Termar 1 bildet den Abschluss. Halten sie nur geringen Abstand zu ihren vorausfliegenden Schiffen. Auf der redartanischen Seite formieren sie sich in einem ausreichenden Abstand zu den anderen Flotten. Aktivieren sie ihre Schutzschirme und achten sie auf die Ortungstaster. Jeder fremde Ortungsreflex ist zu melden. Aktivieren sie ihre Antriebe. «

»Die Bestätigungen kommen zurück«, meldete Funkoffizier Farmer.

»Die Flotte setzt sich in Bewegung«, teilte Sergeant Dantow mit.

Der Verband von 50.000 Schiffen des Neuen-Imperiums flog diszipliniert auf das Wurmloch zu und tauchte ein. Schiff für Schiff wurde von dem blauen Ereignishorizont verschluckt.

General Poison und Noel beobachteten den Abflug der Flotte von einem Überwachungsschiff aus. Erleichtert registrierten sie, wie die ersten Schiffe des Neuen-Imperiums in das Portal eintauchten. Am äußeren Rand des Durchganges überwachten die Schiffe der Heimat-Verteidigung, unter dem Befehl von Commander Giacombo, den reibungslosen Verlauf der Mission. Die Rohre der Waffentüre auf den Schiffen waren auf das Wurmloch ausgerichtet. Unbefugten würde kein Einlass in das Sol-System gestattet.

Zielpunkt Drame'leur

Der Regent hielt eine geheime Hyperkomm-Funk-Nachricht von Admiral Jordin'Rorxon in seinen Händen. Die Nachricht war relativ kurzgehalten.

»Angriff der Uylaner auf den Flottenträger 13 und seine Begleitflotte erfolgt«, las er laut vor. »Unser Träger-Geschwader wurde völlig überrascht. Der Flotten-Träger und seine Schutzflotte konnten die Flotte der Uylaner nicht aufhalten. Sie vollständig zerstört. Aufgrund des Notrufes sprang die Gemeinschafts-Flotte des Ober-Flottenkommandos und des Geheimdienstes zur Unterstützung in den Sektor. Leider war die Flotte der Uylaner bereits wieder in den Hyperraum geflüchtet. Der Feind konnte nicht gestellt werden. Der Verlust an Schiffen erhöht sich entsprechend auf 125.000 Einheiten. Vermutlich werden die Uylaner einen Kurs auf Drame'leur setzen. In Absprache mit Prinz Dadra'Katyn befehlen wir allen Einheiten zurück ins Heimat-System zu springen, um unsere Zentralwelt abzusichern. Es ist mit einem massiven Angriff der uylanischen Flotte auf unsere Zentralwelt zu rechnen. «

Der Regent tobte. Er zerknüllte die Infofolie und warf sie zu Boden.

»Das kann doch nicht wahr sein«, fragte er seinen Führungs-Offizieren. »Konnten sie das nicht vorhersehen? Wie ist es zu erklären, dass es den Uylanern immer wieder gelingt, unserer Hauptflotte zu entgehen. «

»Sie sind zu gerissen«, antwortete Commodore Fuito'Jeyfun. »Ihnen ist bekannt, dass wir alle Rettungskapseln unseres Flottenpersonals bergen, bevor unsere Schiffe mit der Verfolgung beginnen können. Die Uylaner waren eine lange Zeit in unseren Diensten tätig.«

»Wir werden zukünftig auf die Bergung von Rettungskapseln verzichten«, befahl der Regent. » Nur durch die Unfähigkeit unserer Offiziere gehen im Kampf Schiffe verloren. «

»Das können sie doch nicht ernst meinen? «, bemerkte ein Berater des Regenten. » Denken sie nur an den Protest in unserer Bevölkerung. Wenn das bekannt wird, dann werden auch noch die letzten Adramelech gegen sie protestieren. «

»Proteste werden von dem Militär niedergeschlagen«, antwortete der Regent. »Ich rufe das Kriegsrecht aus. Wer sich gegen mich stellt, wird auf der Stelle standrechtlich eliminiert. Ab sofort dulde ich keinen Widerspruch mehr. Die Situation ist eskaliert. Dank der Unfähigkeit meiner Offiziere werden die Uylaner in Kürze unsere Zentralwelt erreichen. «

»Wir warnen sie vor übereilten Aktionen«, sagte ein anderer Berater des Regenten. »Das wird sie zu Fall bringen. «

Verärgert blickte ihn der Regent an.
»Niemand bringt mich zu Fall«, antwortete er verbissen.
»Ich danke ihnen für ihre Fürsorge. «

Dann zog er einen Strahler und streckte den Berater mit zwei Laserschüssen zu Boden. Ein Aufschrei entwich den restlichen Offizieren in dem Saal.

Der getroffene Berater sackte in sich zusammen. Auf seiner Brust waren zwei qualmende Einschusslöcher zu sehen.

»Noch jemand, der über meinen Fall sprechen möchte? «, erkundigte sich der Regent.

Betretenes Schweigen breitete sich unter seinen Führungs-Offizieren aus. Jeder von ihnen wusste, dass der Regent in dieser Gemütslage unberechenbar war. Der Regent blickte seine Berater an.

»Wir müssen handeln«, sagte er. »Wenn wir jetzt keine Vorbereitungen treffen, dann könnte es möglicherweise schlecht für uns ausgehen. «

Lord Pidra'Borxon trat vor.
»Darf ich um das Wort bitten? «, erkundigte er sich.

»Sprechen sie Lord«, antwortete der Regent. »Ihre Beratung hat mich noch nie enttäuscht. «

»Danke, für ihr Lob«, antwortete der Lord und verbeugte sich tief vor dem Regenten. »Wir alle wollen nur das Beste für das Imperium und für unseren unvergleichlichen Regenten. Das sollte ihnen klar sein. «

Der Regent nickte verhalten.
»Wir werden uns vorbereiten«, sagte Lord Pidra'Borxon. »Admiral Jordin'Rorxon und Prinz Dadra'Katyn befehlen ihre Flottenverbände zurück in unser System. Sie werden Gründe für einen solchen Befehl haben. Ich bin mir sicher, dass die Uylaner in Kürze bei uns eintreffen werden. Falls die Eingreifflotten von Admiral Jordin'Rorxon und von Prinz Dadra'Katyn nicht rechtzeitig hier sind, dann wird es für unsere Heimatflotte sehr schwierig, die uylanische Armada aufzuhalten. Der Einfall von 490.000 Schiffen in unser System überfordert unsere Verteidigung rigoros. «

»Das ist mir bewusst«, erwiderte der Regent. »Was schlagen sie vor? «

Lord Pidra'Borxon blickte den Regenten an.
»Rückruf sämtlicher Ressourcen in unser Heimat-System«, antwortete er. »Selbst Mentor Adra'Sussor sollte sich herablassen, unser System zu verteidigen. Ich habe sowieso nicht verstanden, warum sie ihn mit 5.000 Schiffen ausgestattet haben. Die Suche nach den Humanoiden hätte später noch erfolgen können. Jedes kampffähige Schiff ist uns in dieser Lage von Nutzen. «

»Die humanoide Kolonie muss vernichtet werden«, entschied der Regent. »Das ist eine Frage unseres Machtanspruches. Lassen wir das durchgehen, dann werden andere Rassen folgen. Es werden mehr und mehr werden. Irgendwann dürfen wir nicht mehr die Herren über unser eigenes Territorium sein. «

Lord Pidra'Borxon blickte die Berater und die herumstehenden Führungsoffiziere des Regenten an. Mit zusammengekniffenen Augen schauten sie auf ihn und den Regenten. Unfähig einen Betrag zu leisten, warteten sie die Unterredung zwischen dem Lord und dem Regenten ab.

Lord Pidra'Borxon spürte die Erregung, die sich in ihm ausbreitete. Verächtlich blickte er die Berater an.

»Meine Kollegen sind scheinbar nicht in der Lage, verwertbare Vorschläge zu unterbreiten«, sagte er zu dem Regenten. »Sie blicken uns lediglich teilnahmslos an. «

Der Lord drehte sich wieder dem Regenten zu.

»Ich stimme ihnen zu, dass die Situation kurz vor dem Eskalieren steht«, bestätigte er. »Aus diesem Grunde entschuldigen sie bitte, dass ich ihnen widersprechen muss. Was sie vorhaben, das grenzt an Wahnsinn. Rufen sie den Mentor Adra'Sussor mit seinen Schiffen zurück in unser System. Er ist mit den neusten Einheiten unterwegs, die wir hier dringend gebrauchen können. Er kann seine Vergeltung aufschieben, bis wir mit den Uylanern fertig sind. Hierfür brauchen wir unsere ganzen Ressourcen. Darf ich erinnern, dass wir bereits 125.000 Schiffe und fünf Träger verloren haben. Stellen sie sich einmal vor, wenn diese noch existent wären und unser Heimatsystem schützen würden. «

Der Regent dachte nach.

»Er wird bereits zu weit entfernt sein«, gab der zu bedenken. »Er wird erst nach Admiral Jordin'Rorxon und Prinz Dadra'Katyn bei uns eintreffen. «

»Falls er den Befehl befolgt«, antwortete Lord Pidra'Borxon. »Der Mentor ist ehrgeizig und wird nicht eher ruhen, bis er die Humanoiden besiegt hat. Er ist ihr treuster Untergebener. «

Der Regent schmunzelte.
»Mentor Adra'Sussor übertreibt es gelegentlich mit seiner Unterwürfigkeit«, antwortete der Regent. »Das trübt seinen klaren Verstand und bringt ihn hin und wieder in kritische Situationen. «

»Dafür gibt es keine Entschuldigungen«, sagte der Lord. »Es gibt ein zweites Communiqué über ihren Mentor. Admiral Jordin'Rorxon beschwerte sich darüber, dass eine Flotte von 5.000 Schiffen in dem Sektor des Trägers 13 materialisierte. Die Raumschlacht lief in vollem Umfang. Doch diese Flotte scannte nur und entmaterialisierte nach wenigen Minuten in den Hyperraum. Sie leistete keine Hilfe. Der Admiral hat die ID's der Schiffe ausgewertet. Es handelte sich um die Flotte von Mentor Adra'Sussor. Sie erkennen also, dass ihr Mentor nur Augen für seinen Auftrag hat. Alles andere scheint ihm egal zu sein. «

Der Regent dachte kurz nach.
»Adra'Sussor hatte erkannt, dass seine 5.000 Schiffe den Untergang unseres Trägers nicht aufhalten würden«, erklärte er. »Er hat somit richtig gehandelt. «

»Sie nehmen den Mentor immer noch in Schutz«, fluchte der Lord verärgert. »Es ist richtig, dass vermutlich weitere 5.000 unserer Schiffe nichts an dem Ausgang der Raumschlacht geändert hätten. Doch sie hätten uns in jedem Fall mehr Zeit gebracht. Das Eingreifen der Schiffe von Mentor Adra'Sussor hätte ausgereicht, um die Flotte der Uylaner bis zu der Ankunft unserer Eingreifflotten zu binden. Ich bin mir sicher, dass der Admiral und der Prinz die Armada der Uylaner hätten zerschlagen können. Von daher hat Mentor Adra'Sussor grob fahrlässig und nicht im Interesse unseres Imperiums gehandelt. Jetzt ist die Flotte der Uylaner vermutlich auf einen Kurs zu unserem Heimat-System eingeschwenkt. «

»Das sind Mutmaßungen«, antwortete der Regent. »Die Uylaner hätten massiven Widerstand geleistet. «

Lord Pidra'Borxon nickte. Ein verächtlicher Zug umfloss seinen Mund.

»Unsere Vorkehrungen müssen ausgeweitet werden«, erklärte er. »Wir können nicht abwägen, welche Flotte zuerst unser System und Drame'leur erreicht. Im ungünstigsten Fall werden es die Uylaner sein. Sie scheinen einen Vorsprung vor unseren Eingreifflotten zu besitzen. «

»Wir wissen nicht, ob sie den direkten Weg in unser System finden werden«, antwortete Commodore Fuito'Jeyfun.

Er war der diensthabende Offizier der Leitstelle auf Drame'leur. «

»Das ist richtig«, erwiderte Lord Pidra'Borxon. »Doch dieses Risiko können wir nicht eingehen. Es ist möglich, dass sie von unserem getöteten Abgesandten Lord Quito-Weytun die Koordinaten erhalten haben. Ich empfehle dringend, weitere Vorbereitungen zu treffen. Falls unsere Heimat-Verteidigung den Angriff der Uylaner nicht aufhalten kann, dann ist nur die Versetzung unseres Heimatplaneten in eine andere Zeitzone möglich. «

Lord Suito'Beytun war vorgetreten. Der Sprecher der Obersten Vollkommenheit blickte den Regenten an.

»Die Zusammenkunft der obersten Vollkommenheit unterstützt diesen Vorschlag«, sagte er. »Drame'leur muss erhalten bleiben. «

Der Regent schüttelte seinen Kopf.
»Die Versetzung unserer Zentralwelt in eine andere Zeitebene würde bedeuten, unser derzeitiges Imperium

aufzugeben«, schimpfte er. »Sämtliche Welten und Kolonien könnten nicht an der Versetzung teilnehmen. Sie wären dem Hass und der Vergeltung der Uylaner ungeschützt ausgeliefert. Wollen wir das wirklich hinnehmen? «

»Es geht um den Erhalt unserer Welt und seiner Bevölkerung«, antwortete Lord Pidra'Borxon. »Wir nennen uns die Mächtigen des Universums. Doch bereits der massive Angriff eines unserer Hilfsvölker bringt unser Imperium an den Rand des Unterganges. Warum haben das unsere Wissenschaftler nicht voraussehen können? «

»Wir waren uns zu sicher, dass kein Hilfsvolk sich gegen uns wenden würde«, antwortete Lord Suito'Beytun. » Es gab keinen Anlass für diese Gedanken. Über Jahrtausende waren uns alle gezüchteten Hilfsvölker hilfreich und erfüllten ihre Befehle. «

»Die Uylaner sind anders«, tobte der Regent. »Sie konnten sich in den letzten 150.000 Jahren von unserer Manipulation befreien. Niemand hatte ihnen das zugetraut. Jetzt stehen wir vor der Armada ihrer Schiffe, die wir ihnen überlassen haben. Es ist einfach unbegreiflich. Mit einer listigen Schläue und einem grenzenlosen Mut, konnten sie bereits 125.000 Schiffe und fünf Träger unseres Imperiums vernichten. Das ist nicht hinnehmbar. Sie müssen vernichtet werden. «

Lord Pidra'Borxon blickte die Offiziere der Flottenführung kurz an. Dann schüttelte er seinen Kopf.

»Geschätzter Regent«, sagte er in einem ernsten Ton. »Sie scheinen sich der drohenden Gefahr nicht bewusst zu sein. Falls die Uylaner mit ihrer Flotte in unserem Heimat-System materialisieren, dann machen sie mit unserer Heimatflotte kurzen Prozess. Noch bevor Admiral Jordin'Rorxon und Prinz Dadra'Katyn mit unserer Eingreifflotte eingetroffen sind, werden sie unsere Heimatflotte aufgerieben und schwere Schäden auf unserer Zentralwelt angerichtet haben. Aus diesem Grunde bitten wir sie eindringlich den Befehl zu geben, unsere Heimatwelt in eine andere Zeitepoche zu versetzen. Die Generatoren für die Zeitfeldtürme müssen aktiviert werden. Falls der Angriff nicht mehr aufzuhalten ist, können wir nur so unseren Planeten vor größeren Schäden bewahren. «

Der Regent dachte nach. Es fiel ihm sichtbar schwer, diesen Schritt zu gehen.

»Wir sollen vor unserem Hilfsvolk fliehen? «, fragte er. »Das ist dem Volk der Adramelech unwürdig. «

»Es gibt keinen anderen Weg«, ergänzte Lord Pidra'Borxon. »Wir bauen in einer anderen Zeit ein neues, noch größeres Imperium auf. Alle dort lebenden Rassen werden vor unseren technischen Errungenschaften zittern. Verhindern sie die Vernichtung unserer Welt. «

Der Regent blickte ärgerlich seine Berater an. Dann stand er aus seinem Thron auf. Er schlug mit seinem Zepter-Stab dreimal auf den Boden auf. Dumpfe Schläge donnerten durch den Sitzungssaal des engen Führungskreises.

»Fahrt die Generatoren der Zeitfeldtürme hoch«, befahl er. »Wir bereiten uns auf alle Gegebenheiten vor. Die Vernichtung unserer Zentralwelt muss verhindert werden. «

Die Berater und die Führungs-Offiziere verbeugten sich. »Allmächtigkeit und Erleuchtung sei dir gegeben, Zadra-Scharun«, sprachen sie spirituell mit gleicher Stimme. »Der Regent des Wissens und der Erleuchtung hat entschieden. «

Dann eilten die Berater und die Offiziere aus dem Saal. Von ihnen waren wichtige Vorbereitungen zu treffen.

System Redartan, Fluchtwelt der ehemaligen Natrader

Die Gemeinschaftsflotten hatten sich in dem Heimat-System des redartanischen Imperiums aufgeteilt. Geschwader von 7.500 Schiffen riegelten einzelne Einflugs-Regionen ab und scannten nach Auffälligkeiten und fremden Ortungsreflexen. Redartan und der vorgelagerte Weltraumbahnhof wurden von 100.000 Schiffen der Heimat-Verteidigung des Flottenkommandos abgesichert. Sie wurden durch 5.000 Schiffe der Worgass und 25.000 Angriffskreuzer der Green-Lizards verstärkt. Diese Schiffe bildeten den inneren Schutzring. Ihnen vorgelagert standen 195.000 Schiffe der Evakuierungsflotte von Admiral Tarin.

Er hatte die Flotte hatte in 9 kräftige Geschwader gesplittet, die an unterschiedlichen Koordinaten des redartanischen Systems den Einflug der Adramelech abfangen sollten. Ferner bildeten sie eine Barriere vor dem Agrarplaneten und dem Produktions-Planeten des Systems. Noch wusste niemand, wann und wo die Mächtigen eintreffen würden. Unterhalb des redartanischen Rohstoffplaneten hatte sich die Flotte des Neuen-Imperiums formiert. Sie baute sich in breiter Formation auf, um eine große Fläche des Leerraums zu sichern. Einige Klicks vor ihr, hatte Aritron seine lantranische Flotte zu einer Balkenbarriere formiert. Die Evolutions-Raumschiffe standen an vorderster Front und sicherten den hinteren Sektor des redartanischen Heimat-Systems ab. So aufgestellt wartete man auf die Ankunft der Schiffe der Mächtigen.

Major Travis stand auf der Brücke der Termar 1 und blickte auf das große Flottenaufkommen. Neben ihm standen Kanzler Tarn-Lim, Commander Niras-Tok, der Überläufer Adra'Metun, Heinze und Commander

Brenzby. Der Adramelech wurde von zwei redartanischen Sicherheits-Soldaten nicht aus den Augen gelassen.

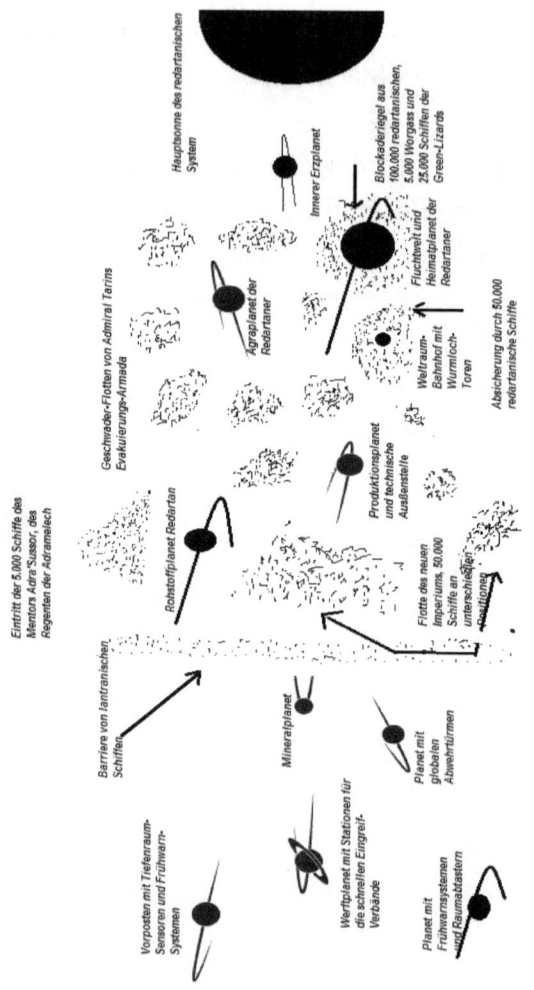

Eintritt der 5.000 Schiffe des Mentors Adra'Suasor, des Regenten der Adramelech

Geschwader-Flotten von Admiral Tarins Evakuierungs-Armada

Hauptsonne des redartanischen System

Innerer Erzplanet

Blockaderiegel aus 100.000 redartanischen, 5.000 Worgass und 25.000 Schiffen der Green-Lizards

Agrarplanet der Redartaner

Fluchtwelt und Heimatplanet der Redartaner

Weltraum-Bahnhof mit Wurmloch-Toren

Absicherung durch 50.000 redartanische Schiffe

Produktionsplanet und technische Außenstelle

Rohstoffplanet Redartan

Barriere von Iantranischen Schiffen

Flotte des neuen Imperiums, 50.000 Schiffe an unterschiedlichen Positionen

Mineralplanet

Planet mit globalen Abwehrtürmen

Vorposten mit Tiefenraum-Sensoren und Frühwarn-Systemen

Werftplanet mit Stationen für die schnellen Eingreif-Verbände

Planet mit Frühwarnsystemen und Raumabtastern

346

»Sind alle ihre ausstehenden Flotten-Verbände eingetroffen? «, fragte Major Travis den Kanzler.

Dieser nickte freudig.
»Alle Verbände, die wir kurzfristig zurückrufen konnten, nehmen an der Verteidigung teil«, antwortete der Kanzler. »So ein geballtes Flotten-Aufkommen haben wir noch nie in unserem System erlebt. «

Der Major lächelte.
»Sie erkennen die Vorteile, wenn man sich Freunde sucht«, erklärte er. »Nicht immer kann man alle Probleme allein aus dem Wege räumen. «

»Wir sind unbeschreiblich dankbar für ihre Hilfe«, sagte der Kanzler. »Morass und Admiral Dragphan freiwillige Unterstützung haben mir gezeigt, was alles möglich ist. Wir haben den Beitrittsvertrag zu dem Neuen-Imperiums unterschrieben. Ich hoffe, dass sie in uns zukünftig auch einen verlässlichen Partner sehen werden. «

»Da bin ich mir sicher«, lächelte Major Travis. »Vergessen sie nicht, dass auch ihre Vorfahren aus dem Sol-System stammen. Das allein verbindet uns. «

Sein Blick streifte Adra'Metun. Dieser hatte sein Gesicht verzerrt. Er hielt sich an einer Haltestange fest. Der Körper vibrierte leicht.

Es vergingen nur Sekunden, dann atmete er erleichtert aus.

»Ich wurde von den Gedanken meiner Artgenossen gefunden«, sagte er aufgeregt. »Dank der Unterstützung von Heinze und Niras-Tok habe ich sie ganz klar gespürt. Sie suchen nach mir. «

»Sträube dich nicht weiter gegen ihre Suche«, riet ihm der Major. »Zeige deinem Mentor den Weg in das redartanische System. Entspanne deinen Geist. «

Der Adramelech nickte.

Major Travis blickte Heinze an.
»Blockiere seine Erinnerungen an unsere Gemeinschaftsflotte«, befahl er. »Adra'Metun soll keine Informationen hierüber weitergeben. «

Der Ro nickte.
»Ich verstecke sie tief in seinem Geist«, antwortete Heinze. »Ich blockiere sie mit einem Abwehrriegel. «

Major Travis blickte Commander Brenzby an.

»Bitte informiere die Flotte, dass in Kürze mit dem Einflug der Adramelech gerechnet werden muss«, sagte er. »Unsere Flotte soll ihre Schutzschirme und die Waffentürme ausfahren. Vorrangige Ziele sind die Eindämmungsfelder der blauen Energie, unterhalb ihrer großen Schiffe. «

»Ich gebe den Befehl sofort weiter«, antwortete der Commander und lief zu Sergeant Farmer.

Gespannt blickte Major Travis auf den Bildschirm. »Ich messe eine starke Verzerrung des Hyperraumes an«, teilte Sergeant Dantow mit. »Wir bekommen gleich Besuch. «

»Sind die Einflugs-Koordinaten bereits zu ermitteln? «, fragte der Oberbefehlshaber.

Sergeant Farmer blickte auf seine Monitore. »Ich vermute, dass sie 1 Lichtminute vor der Flotte von Admiral Tarin eintauchen werden«, antwortete er. »Der Ausgang der Verzerrungen ist an diesen Koordinaten am stärksten. «

»Mit halber Geschwindigkeit auf die Koordinaten zufliegen«, befahl der Major. »Wir dürfen der

Adramelech-Flotte keine Gelegenheit geben, ihre blaue Energie zu entfesseln. «

Die Flotte des Neuen-Imperiums beschleunigte und flog auf den errechneten Sektor zu. Es vergingen nur 5 Sekunden, dann riss der Hyperraum auf und spuckte die erwartete Flotte der Mächtigen aus. Die Verbände von Admiral Tarin beschleunigten und flogen auf die Feinde zu. Aus allen Geschützrohren feuernd, stürzten sich die Schiffe der Evakuierungsflotte auf die vermeintlichen Gegner. Diese waren sichtlich überrascht. Noch reagierten ihre Schiffe nicht. Erste Einheiten, der 2.500 Meter messenden Adramelech-Schiffe, verglühten in grellen Detonationen. Die vorderste Angriffsreihe wurde von den Schiffen Admiral Tarins förmlich weggeblasen. Erst jetzt flackerten die Schutzschirme der feindlichen Schiffe auf. Heftiges Abwehrfeuer fauchte den Schiffen der Evakuierungsflotte entgegen. Doch die neuen Schutzschirme leiteten die Strahlen mühelos ab.

Ein Schiff der Adramelech wurde von zahlreichen Einschlägen getroffen. Der schützende Schirm des Schiffes kollabierte. Die nachfolgenden Einschläge ließen das Schiff angeschlagen trudeln. Es konnte seinen Kurs nicht mehr halten und kollidierte mit einem seitlich von ihm fliegenden Schiff. Unheilvolle elektrische Kurzschlüsse breiteten sich in den Schiffen aus. Aus den

Bordwänden pufften Brände heraus. Sie fraßen sich an den Schiffen schnell weiter. Nur Sekunden später explodierten die Schiffe in gigantischen Feuerpilzen. Die nachfolgenden Schiffe reagierten durch schnelle materialzermürbende Ausweichmanöver. Dann waren die Schiffe des Neuen-Imperiums eingetroffen.

Sie feuerten ihre Breitseiten in die Flanken der Flotte. Andere Gruppen zielten bewusst auf das Eindämmungsfeld, unterhalb der Schiffe. Im Sekundenrhythmus schlugen die Strahlen von jeweils 25 Waffentürmen aus den Schiffen der Kaiser-Klasse ein. Erste Eindämmungsfelder der blauen Energie zeigten tiefrote Strukturlöcher. Dann zerriss es das Feld des vordersten Schiffes. Die blaue Energie entwich als gasförmiges Element und breitete sich unkontrolliert aus. Fünf nachrückende Schiffe der Adramelech konnten nicht mehr ausweichen und flogen direkt in die blaue Wolke hinein.

Die Antriebe der Schiffe versagten. Die Elektronik und die Steuerungen fielen aus. Die gasförmige Wolke drang ungehindert in die Schiffe ein. Es vergingen nur Sekunden, dann explodierten die fünf Schiffe in einem lodernden Feuer.

Rückseitig näherten sich die lantranischen Verbände. Als sie in Schutzreichweite gekommen waren, löste sich von den Schiffen ein roter spiralförmiger Strahl, der sich durch die Schutzschirme der Adramelech-Schiffe bohrte. Die Strahlen durchschlugen die Bordwände der ungeschützten Schiffe und bohrten sich tief in das Schiff hinein. Es schien so, als ob die Strahlen von dem Maschinenraum magisch angezogen wurden. Einige Sekunden später explodierten die großen Schiffe in einem grellen Feuerball. Jeder Schuss eines lantranischen Schiffes sorgte für die Vernichtung eines Feindschiffes.

Major Travis hatte den Einsatz der lantranischen Geschütze mitbekommen. Er schüttelte seinen Kopf.

»Sie haben noch viele Entwicklungen vor uns versteckt«, dachte er. » Bei diesen Strahlen handelt es sich um reine Vernichtungswaffen. Die Schiffe der Adramelech haben keine Chance. Gut, dass die Lantraner auf unserer Seite stehen. «

Zwischenzeitlich waren Verbände der redartanischen Flotte eingetroffen. Die Flotte der Adramelech wurde umzingelt. Die Breitseiten der Schiffe schossen ihre Strahlen auf die Kreuzer der Mächtigen. Sie wurden nachhaltig ausgedünnt. Mit der Wut der Verfolgten trieben 120 Schiffe der Redartaner einen Keil in die feindliche Flotte. Drei Eindämmungsfelder kollabierten. Es breitete sich eine blaue Gaswolke vor den vordersten Schiffen der Verteidiger aus. Der redartanische Commander befahl geistesgegenwärtig den Rückschub. Der Befehl konnte jedoch nicht so schnell umgesetzt werden. Die sich weiter ausbreitende blaue Wolke legte sich bereits über die vordersten Schiffe. Die Schutzschirme der betreffenden Schiffe funkelten plötzlich in bunten Regenbogenfarben, doch sie ließen die gasförmige blaue Energie nicht eindringen. Nach und nach leiteten die Schirmfelder die Energie ab. Das Zusatzmodul der Sorganis hatte seinen Test bestanden.

Jubel breitet sich auf der Brücke der Termar 1 aus. Die Crew hatte das Manöver von Teilen der redartanischen Flotte mitbekommen. Nach mehreren Minuten des Luftanhaltens wurde die Freude über den Erfolg hinausgeschrien.

Der Major hatte eine Konferenzschaltung zu den Commandern der Flotte hergestellt.

»Hier spricht Major Travis«, sprach er in das Gerät. »Der Schutzschirm ist sicher. Die Zusatzmodule verrichten einwandfrei ihren Dienst. Alle Schiffe können den Angriff intensivieren.«

»Die Bestätigungen kommen herein«, meldete Funkoffizier Farmer. »Sie haben das Manöver der redartanischen Flotte mitbekommen. «

Major Travis unterbrach die Verbindung. Er blickte Heinze, Niras-Tok und Adra'Metun an

.

»Wo befindet sich das Schiff ihres Mentors? «, fragte er. » Wir brauchen ihn lebend. «

»Darf ich einen Funkspruch, an die Flotte meiner Artgenossen richten? «, erkundigte er sich. » Ich möchte gezielt den Widerstand ansprechen. «

Major Travis nickte Sergeant Farmer zu.
Dann reichte er Adra'Metun den Communicator. Dieser ergriff das kleine Gerät.

»Hier spricht Adra'Metun, der Jüngere«, sprach er in das Gerät. »Als ein Mitglied der Widerstandsgruppe "Freiheit für Drame'leur", kämpfe ich für ein freies Drame'leur. Ich stehe auf der Seite der Humanoiden. Sie haben mich vor dem sicheren Tod gerettet. Stellt die Kampfhandlungen ein und zieht euch zurück. Dann werdet ihr nicht angegriffen. Die Flotte der Humanoiden ist euch überlegen. Unsere blaue Energie ist gegen ihre Schutzschirme nutzlos. Zieht euch unverzüglich zurück.

Übernehmt das Kommando über eure Schiffe. Stellt alle Kampfhandlungen ein und formiert euch am Rand dieses Systems. Ich bin Adra'Metun, ein Schüler von Mentor Adra'Sussor. Sein Angriff ist auf den Ehrgeiz seines Egos zurückzuführen. Er treibt euch alle in den Untergang. Verzichtet auf weitere Angriffe. Nur so kann ich euer Schiff und euer Personal retten. Die Humanoiden werden uns in die Freiheit führen. Der Regent wird von seinem Thron gestoßen. Vertraut mir bitte. Das ist unsere einzige Chance. «

In dem System der Redartaner tobte eine verbitterte Raumschlacht. Im Salventakt feuerten die Lasertürme der Gemeinschaftsflotte auf die Feindschiffe. Die unzähligen Strahlen erinnerten an ein gewaltiges Blitzgewitter. Wie eine Feuerwalze rasten die Salven der Gemeinschaftsflotte den Schiffen der Adramelech entgegen. Ausgeschleuste Jäger und Jets der Adramelech verglühten in den heißen Strahlen der redartanischen Systemabwehr.

Wie unzerstörbare Festungen durchpflügten die Schiffe der Kaiser-Klasse die Linien der Angreifer und feuerten beidseitig ihre Geschütztürme auf die gegnerischen Schiffe. Mehrere feindliche Schiffe explodierten in einem Atombrand und wirbelten verglühende Wrackteile ins All. Der Funkverkehr zwischen den Schiffen der Mächtigen brach zusammen. Die vorrückende Gemeinschaftsflotte meldete immer mehr erfolgreiche Abschüsse. Die Flotte der Lantraner fraß sich tief in die Flotte der Mächtigen vor. Jeder ihrer Spiralstrahlen ließen nur Sekunden später die feindlichen Schiffe explodieren. Major Travis ahnte die Befriedung, mit der die Bezahlung ihrer offenen Rechnung eingefordert wurde. Die Flotte der Adramelech schmolz weiter in sich zusammen.

Flotte des Mentors Adra'Sussor

Die Flotte des Mentors hatte die Koordinaten des abtrünnigen Adra'Metun ermittelt. Mehrere Gedankenspürer in der Flotte hatten seine Gedanken lokalisiert. Lord Leitho'Greytin konnte die eingehenden Hinweise der Gedankenspürer und der Begleitschiffe nicht länger ignorieren. Widerwillig schwenkte er auf den neuen Kurs ein. Er schaute auf die Systemkarte.

»Das System der Humanoiden liegt scheinbar in einem Randgebiet unseres Imperiums«, dachte er. »Es ist ein Gebiet, das von uns als uninteressant und nicht besiedlungsfähig eingestuft wurde. Wofür dieser ganze Aufwand?«

»Wie viele Sprünge sind es dorthin? «, fragte er seinen Steuermann.

Der blickte auf die Instrumente.

»Mit aufgefüllten Sprungtriebwerken können wir unsere Reichweite verdoppeln. Dann wären es nur ganze fünf Intensiv-Sprünge. «

»Also gut«, antwortete der Schiffsführer. »Programmieren sie die Sprungdaten ein«, antwortete er. »Wir lösen das Problem unseres Mentors. Holt ihn aus seiner Kabine. Er darf persönlich seine Befehle geben. Es ist seine Mission. «

Angewidert drehte sich Lord Leitho'Greytin ab. Das ewige Abschlachten unterlegener Species in unserem Hoheitsgebiet widerstrebte ihm kolossal.

»Der Hass unseres Regenten ist auf den Mentor übergesprungen«, dachte er. » Er ist nicht mehr Herr seiner Sinne. Ob das etwas mit dem Auferstehungszentrum zu tun hat. Werden bereits dort alle Gefolgsleute unseres Regenten manipuliert? «

Er wusste keine Antwort hierauf. Er war sich sicher, dass er niemals in den Genuss einer Auferstehung kommen würde.

»Achtung, wir springen in den Hyperraum«, teilte der Steuermann mit.

Dann verwischten sich die Sterne. Das Schiff hatte in den Hyperraum gewechselt. Nach wenigen Sekunden tauchte es wieder in den Normalraum auf.

»Schnellladung der Sprungtriebwerke wird eingeleitet«, vernahm er den Maschinisten rufen.

»Lord Leitho'Greytin, Mentor Adra'Sussor ist auf der Brücke eingetroffen«, hörte er einen Sicherheits-Soldaten sagen.

Er drehte sich mit seinem Kommandosessel um und blickte den Mentor in die Augen.

»Haben sie sich wieder gefangen? «, fragte er. » Fühlen sie sich in der Lage die weiteren Befehle zu geben? «

Der Mentor nickte.
»Ich war nie von Sinnen«, antwortete dieser und blickte den Lord herablassend an. »Ihnen ist aber sicherlich bewusst, dass ich ihr Vorgehen unserem Regenten melden werde. «

»Machen sie, was sie nicht lassen können«, antwortete Lord Leitho'Greytin ärgerlich. »Ich werde nicht wegen eines Mentors unsere Flotte leichtsinnig in Gefahr bringen. Das sollten sie jetzt eigentlich verstanden haben? Das gleiche erwarte ich von einem Abgesandten unseres Regenten. «

Der Mentor setzte sich in einen Sessel neben dem Lord. »Achtung, Sprung in den Hyperraum«, sagte der Steuermann.

Erneut wechselte das Schiff in den übergeordneten Raum und nahm den nächsten Sprung vor. Es vergingen nur Sekunden, bis das Schiff wieder in den Normalraum eintauchte.

»Auffüllung der Sprungtriebwerke wird vorbereitet«, meldete der Maschinist.

Lord Leitho'Greytin blickte den Mentor an. »Was erwartet uns an unserem Bestimmungsort? «, fragte er. » Wie ist die Abwehr der humanoiden Species einzuordnen? Haben sie entsprechende Informationen für uns? «

»Sie sind hilflos«, lachte der Mentor. »Unser erster Angriff mit nur 3.000 Schiffen hat ihre halbe

Verteidigungsflotte vernichtet. Jetzt geben wir ihnen den Rest und vernichten ihre ganze Brut. Sie haben in unserem Imperium nichts verloren. «

»Sie vergaßen zu erwähnen, dass die Flotte von Admiral Gordra'Wetun vernichtet wurde«, antwortete der Lord.

»Verluste wurden einkalkuliert«, antwortete der Mentor.

Er blickte den Schiffsführer kalt an.
»Was tun uns die Humanoiden an? «, erkundigte sich der Lord. » Haben sie irgendeine Kolonie von uns angegriffen?«

»Nein«, antwortete der Mentor. »Der Geruch ihrer Körper weitet sich von Planet zu Planet aus. Ihr Gedankengut vergiftet unsere Kultur. «

Lord Leitho'Greytin schüttelte seinen Kopf.
»Ich hoffe, dass sie mit ihren Vermutungen Recht haben«, antwortete er. » Ansonsten gibt es einen kurzen Kampf. «

»Wir sind die Mächtigen des Universums«, lachte der Mentor. »Noch nie konnten uns minderwertige Species gefährlich werden können. «

»Irgendwann gibt es immer ein erstes Mal«, erwiderte der Lord. »Das sollte auch ihrer Weisheit nicht entgangen sein. «

Der Mentor winkte ab.
»Achtung, der Sprung in den Hyperraum wird durchgeführt«, teilte der Steuermann mit.

Die Flotte von 5.000 Schiffen wechselte in den Hyperraum und überbrückte eine weitere Strecke bis zu ihrem Zielort. Nach wenigen Sekunden tauschte sie wieder in den Normalraum ein.

Lord Leitho'Greytin schaute auf seine Instrumente.
»Haben wir Ortungen? «, fragte er.

»Nichts«, antwortete Hyrin'Oytor, der Ortungs-Offizier des Schiffes. »Alles ist ruhig. Es gibt keine Hinweise auf fremde Species. «

Der Lord blickte den Mentor an:
»Wir werden noch zwei Sprünge absolvieren«, sagte er. »Dann haben wir das Gebiet der humanoiden Kolonie erreicht. Sind sie dann zufrieden? «

Der Mentor starrte auf den zentralen Monitor.

»Wir werden sie auslöschen«, kreischte er plötzlich. »Die Zeit der Abrechnung ist endlich gekommen. Erst wenn keiner mehr von ihnen lebt, ist meine Aufgabe abgeschlossen. Dann kann ich wieder vor unseren Regenten treten und ihm meine Vollzugsmeldung mitteilen. «

»Achtung, Sprung in den Hyperraum wird durchgeführt«, warnte der Steuermann.

Die Offiziere der Brücke hielten sich an den Haltestangen fest. Ein kurzes Vibrieren des Bodens auf der Brücke des Schiffes, teilte den erfolgreichen Wechsel mit. Das gleiche wiederholte sich Sekunden später.

»Zeichnen wir Ortungsreflexe? «, erkundigte sich der Lord erneut.

Wieder verneinte Hyrin'Oytor.
»Alles ist weiterhin ruhig«, antwortete er. »Nichts deutet auf fremde Schiffsverbände hin. Der Sektor ist wie ausgestorben. «

Lord Leitho'Greytin griff nach dem Communicator.
»Öffnen sie einen Kanal zu der Flotte«, befahl er seinem Funkoffizier.

Dieser legte einige Schalter um.

»Sie können sprechen«, antwortete er. »Die Verbindung zu unserer Flotte baut sich auf.

»Hier ist Lord Leitho-Greytin«, sprach er in das Gerät. »Wir werden gleich unseren letzten Sprung durchführen und in den Heimat-Sektor der Humanoiden eintauchen. Es ist mit starken Kampfhandlungen zu rechnen. Nach dem Eintritt in das System sind unverzüglich die Schutzschirme aller Schiffe zu aktivieren. Bereiten sie die Umwandlung der blauen Energie vor. Bestätigen sie meine Befehle an das Flaggschiff des Mentors. Ende der Mitteilung. «

»Die Bestätigungen treffen ein«, meldete der Funkoffizier. »Unsere Flotte ist informiert. «

Lord Leitho'Greytin lehnte sich in seinem Kommandosessel zurück und blickte auf den Bildschirm. Es wunderte ihn, dass so nahe an dem Heimatsystem der humanoiden Kolonie kein reger Schiffsverkehr registriert wurde.

»Etwas stimmt nicht«, dachte er grübelnd. »Sind die Humanoiden über unser Eintreffen informiert? «

»Achtung, der Übergang in den Hyperraum wird vorbereitet«, meldete der Steuermann.

Erneut sprang die Flotte in den Hyperraum.

Lord Leitho'Greytin richtete sich in seinem Sessel auf und blickte auf den Bildschirm. Die Sekunden verstrichen nur sehr langsam. Dann änderte sich das Bild. Die Sterne tauchten wieder auf. Die Flotte der Adramelech war in den Normalraum gewechselt.

Langsam baute sich die Anzeige des Bildschirmes auf. Alarmsignale ertönten. Der Bildschirm füllte sich mit roten Ortungsreflexen.

»Sofort die Schutzschirme aktivieren«, befahl der Lord. »Das darf doch nicht wahr sein. «

»Zahlreiche Feindschiffe werden in dem System ausgemacht«, meldete die Hypertronic-KI des Schiffes monoton. »Die Zählung wurde beendet. Es befinden sich exakt 575.500 Schiffe in unterschiedlicher Größe in zahlreichen Abfangformationen. Von einem Angriff wird dringend abgeraten. «

Lord Leitho'Greytin blickte den Mentor an.

»Das habe ich fast vermutet«, lachte er Adra'Sussor zu. »Sie haben diese Flotte erneut in eine kritische Situation gebracht. Können sie mir mitteilen, wie wir mit diesem Gegner fertigwerden sollen. Sie scheinen nicht ganz bei Trost zu sein. Sprachen sie nicht davon, dass die Humanoiden nur noch geringe Schiffsverbände besitzen?«

Dem Mentor hatte es die Sprache verschlagen. Das Prasseln der einschlagenden Laserstrahlen wurde intensiver.

»Wir werden angegriffen«, meldete der Ortungsoffizier. »Starke Schiffsverbände rücken vor. Es handelt sich um Giganten einer 2.000 Meter-Klasse. Sie richten die Waffentürme ihrer Breitseiten auf unsere Flotte. «

Weitere Geschwader der Gemeinschafts-Flotte beschleunigten und flogen auf den Sektor zu, in dem die Schiffe der Adramelech materialisiert waren. Es vergingen nur 5 Sekunden, dann riss der Hyperraum auf und spuckte 30.000 natradische Schiffe aus. Aus allen Geschützrohren feuernd, stürzten sich die Schiffe auf die Einheiten der Mächtigen. Diese waren sichtlich überrascht. Noch reagierten die Schiffe nicht. Erste Kreuzer, der 2.500 Meter messenden Adramelech-Schiffe, verglühten in grellen Detonationen. Die vorderste Angriffsreihe wurde von den Schiffen Admiral Tarins förmlich weggeblasen. Erst jetzt flackerten die Schutzschirme der Adramelech-Schiffe auf. Heftiges Abwehrfeuer fauchte den Schiffen der Evakuierungsflotte entgegen. Doch die neuen Schutzschirme leiteten die Strahlen mühelos ab.

Ein Schiff der Adramelech wurde von zahlreichen Einschlägen getroffen. Der schützende Schirm des Schiffes kollabierte. Die nachfolgenden Einschläge ließen das Schiff angeschlagen trudeln. Sekunden später detonierte es in einer grellen Stichflamme.

Dann waren die Schiffe des Neuen-Imperiums da. Sie feuerten ihre Breitseiten in die Flanken der nachrückenden Feindflotte. Andere Gruppen zielten bewusst auf die Eindämmungsfelder, unterhalb der Schiffe. Im Sekundenrhythmus schlugen die Strahlensalven von jeweils 25 Waffentürmen der Schiffe der Kaiser-Klasse ein. Erste Eindämmungsfelder der blauen Energie zeigten tiefrote Strukturlöcher. Dann zerriss es das Feld des vordersten Schiffes. Die blaue Energie entwich als gasförmiges Element und breitete sich unkontrolliert aus. Fünf nachrückende Schiffe der Adramelech konnten nicht mehr ausweichen und flogen direkt in die blaue Wolke hinein.

»Verluste? «, fragte der Lord. » Warum treffen unsere Lasergeschütze nicht? «

»Bisher 23 eigene Verluste«, meldete der Ortungsoffizier. »Unsere Lasersalven treffen, zeigen aber keine Wirkung. Die Schutzschirme der fremden Schiffe halten die Einschläge mühelos aus. Unsere Energie wird abgeleitet. Die Waffentürme ihrer Schiffe versuchen die Eindämmungsfelder unserer blauen Energie aufzureißen.«

»Unsere Verluste sind auf 98 Schiffseinheiten gestiegen«, fluchte der Ortungs-Offizier. »Wir liegen unter einem massiven Abwehrfeuer. «

»Die blaue Energie freisetzen «, befahl der Lord.

»Negativ«, antwortete der Ortungsoffizier. » Die Eindämmungsfelder benötigen die komplette Energie, um die auftreffenden Laserstrahlen abzuleiten. Es verbleiben keine Ressourcen für die Umwandlung der blauen Energie. «

Weitere Lasersalven rüttelten das Flaggschiff durch. Die Offiziere auf der Brücke mussten sich festhalten, um nicht umgeworfen zu werden. «

»Wie hoch sind unsere Verluste? «, frage der Lord.

»Sind auf 250 Einheiten angestiegen«, antwortete der Ortungs-Offizier. »Wir sind unterlegen. Die Schutzschirme der Fremden können von uns nicht durchbrochen werden. Hier kommen wir nicht mehr lebend raus. «

Lord Leitho'Greytin blickte auf den großen Bildschirm seines Schiffes und bemerkte, wie seine Flotte von allen Seiten intensiver eingekesselt wurde.

An der vordersten Angriffslinie zerriss der feindliche Beschuss bei einem Schiff seiner Flotte das Eindämmungsfeld der blauen Energie. Die freigesetzte blaue Gaswolke hüllte die vordersten Schiffe der Feind-Flotte ein. Er erkannte, wie der Commander der humanoiden Flotte geistesgegenwärtig den Rückschub anordnete. Der Befehl konnte jedoch nicht so schnell umgesetzt werden.

Die blaue Wolke legte sich bereits über ihre Schiffe. Der Lord lächelte. Doch langsam erstarb das Grinsen in seinem Gesicht. Er registrierte, wie die Schutzschirme der humanoiden Schiffe in Regenbogenfarben zu funkeln begannen, doch sie ließen die gasförmige blaue Energie nicht weiter eindringen. Nach und nach leiteten die Schirme die Energie ab.

Der Lord konnte es nicht glauben.

»Unsere blaue Energie ist nutzlos«, erklärte er dem Mentor. »Warum wissen sie das nicht? Wie konnten sie uns in eine solche Situation bringen. «

Er blickte sich auf der Brücke um.

»Das Abwehrfeuer ist zu intensivieren«, befahl er. »Wie viele Verluste notieren wir? «

»Die Zahl ist auf 520 Schiffe gestiegen«, meldete der Ortungsoffizier. »In unserem Rücken greifen Schiffe einer 200-Meter-Klasse an. Ein einzelner Laserstrahl ihrer Geschütze lässt unsere Schiffe innerhalb weniger Sekunden explodieren. Wir sind machtlos gegen die Humanoiden. «

Gehetzt dachte der Lord nach.

»Eingehender Funkspruch«, meldete der Funkoffizier des Schiffes. »Wir werden gerufen. «

»Stellen sie auf die Lautsprecher«, antwortete der Lord. Der Funkoffizier nickte.

»Hier spricht Adra'Metun der Jüngere«, tönte es aus den Lautsprechern. »Ich bin Mitglied der Widerstandsgruppe "Freiheit für Drame'leur". Die Humanoiden haben mich gerettet. Ich bin nicht übergelaufen. Mir geht es gut. Stellt die Kampfhandlungen ein und zieht euch zurück. Dann werdet ihr nicht weiter angegriffen. Die Flotte der Humanoiden ist euch überlegen. Unsere blaue Energie ist gegen ihre Schutzschirme nutzlos. Zieht euch unverzüglich zurück. Übernehmt das Kommando über eure Schiffe. Stellt alle Kampfhandlungen ein und formiert euch am Rand dieses Systems.

Ich bin Adra'Metun, ein Schüler von Mentor Adra'Sussor. Sein Angriff geschieht aus dem Ehrgeiz seines Egos. Er treibt euch alle in den Untergang. Verzichtet auf weitere Angriffe. Nur so kann ich euer Schiff und euer Personal retten. Die Humanoiden werden uns in die Freiheit führen. Sie stoßen den Regenten von seinem Thorn. Hört auf meine Worte. Das ist unsere einzige Chance. Ich habe sie kennengelernt und vertraue ihnen. «

»Wie viele Verluste zeichnen wir? «, fragte Lord Leitho'Greytin verbissen. » Können wir feindliche Abschüsse registrieren? «

Der Ortungsoffizier schüttelte seinen Kopf.
»Kein einziges Schiff der Humanoiden wurde beschädigt«, antwortete er. »Unsere eigenen Verluste sind auf 1.493 Schiffe gestiegen. Je länger wir in diesem Raumsektor

bleiben, umso mehr Schiffe unserer Flotte gehen verloren. Wir sollten Verstärkung anfordern. «

Der Lord schüttelte seinen Kopf.
»Noch mehr Schiffe in den Untergang schicken? «, fragte er. » Das kann ich nicht verantworten. «

Lord Leitho'Greytin fasste einen Entschluss. Er winkte seinen Sicherheits-Soldaten.

»Führen sie Mentor Adra'Sussor ab«, befahl er. »Er hat uns nachweislich in eine Falle manövriert. Der Grund hierfür ist sein unüberwindbarer Hass auf humanoide Lebensformen. Er wird sich vor dem Regenten rechtfertigen müssen. «

Dann stand er auf und schlug Adra'Sussor rechts und links mit der flachen Hand ins Gesicht.

»Bringen sie unseren Mentor weg«, befahl er den Soldaten. »Ich kann ihn nicht mehr ertragen. «

Unter lautem Protest wurde der wütend schreiende Mentor von der Brücke geführt und in eine Zelle gesperrt.

»Öffnen sie mir einen Kanal zu unserer Flotte«, befahl der Lord.

»Sie können sprechen«, teilte der Funkoffizier mit.

»Hier spricht Lord Leitho'Greytin«, sagte er. » Ich rufe unseren Widerstand auf, alle infiltrierten Schiffe zu übernehmen. Wir gehen auf den Vorschlag unseres Freundes Adra'Metun ein. Wir senken unsere Waffen und ziehen uns aus dem Kampfgeschehen zurück. Alle anderen Einheiten empfehle ich das gleiche zu tun. Wir sind massiv unterlegen. Die Raumschlacht weiterzuführen würde bedeuten, alle Schiffe und unser Personal zu opfern. Mentor Adra'Sussor wurde von mir der Befehlsgewalt enthoben und in Gewahrsam genommen. Er wird nicht noch mehr Personal unserer Flotte opfern. Lord Leitho'Greytin, Kommandeur der Flotte, Ende der Mitteilung.«

Er blickte seine Offiziere an. Das Schott öffnete sich und Sicherheits-Soldaten stürmten auf die Brücke. Mit gezogenen Strahlern führten sie die Offiziere ab, die nicht dem Widerstand angehörten.

»Fliegen sie uns in den Randbereich des Systems«, befahl er. »Hier können wir nichts mehr gewinnen. «

»Eingehender Funkspruch, von unseren Schiffen«, meldete der Funkoffizier.

»Stellen sie laut«, befahl der Lord. »Hören wir uns an, wie sich unsere Kollegen entscheiden. «

»Hier ist Lord Mythor'Rasin«, tönte eine Stimme aus den Lautsprechern. »Ich habe das Kommando über die Flotte übernommen. Lord Leitho'Greytin, sie sind ein mieser Verräter an unserem Regenten und unserem Volk. Wir werden bis zu der Vernichtung kämpfen und die humanoide Kolonie aus unserem Hoheitsgebiet entfernen. Hüten sie sich davor, noch einmal Drame'leur anzufliegen. Wir werden dafür sorgen, dass sie ihre Titel, ihre Güter und ihre Ehre verlieren. Ab heute sind sie geächtet, für jeden Adramelech Freiwild. «

Lord Leitho'Greytin machte eine Handbewegung. Der Funkoffizier beendete die Verbindung.

»Damit war zu rechnen«, bemerkte der Lord. »Bringen sie unsere Schiffe in den Randbereich. Für uns ist der Kampf beendet. Wir werden uns nur noch um die Freiheit von Drame'leur kümmern. Vielleicht kommt diese schneller, als wir erwarten. «

»Die Schiffe des Widerstandes brechen den Kampf ab«, teilte Adra'Metun freudig mit. »Sie reagieren auf meine Funknachricht. Wie viele Schiffe sind es? «

»Exakt 179 Schiffe verlassen die angreifende Flotte und ziehen sich in den Randbezirk des Systems zurück«, meldete Sergeant Dantow.

»Geben sie der Flotte den Befehl durch, diese Schiffe nicht zu verfolgen, oder anzugreifen«, befahl der Major. »Wie viele Angreifer bleiben noch übrig? «

»Unsere Hypertronic-KI hat nur noch 2.349 Schiffe der Adramelech registriert«, teilte Sergeant Dantow mit. »Die Zahl nimmt jedoch ständig weiter ab. «

Major Travis blickte auf den Bildschirm. Die massiven Lasersalven der Gemeinschaftsflotte ließen im Rhythmus von Sekunden feindliche Schiffe in grellen Explosionen vergehen.

»Sie geben nicht auf«, bemerkte Commander Brenzby. »Sie verstehen einfach nicht, dass sie unterlegen sind. «

»Sturheit und Fanatismus gegenüber unserem Regenten«, erwiderte Adra'Metun. »Unser ganzes Leben ist bisher nur den Kämpfen unseres Regenten gewidmet. Vielen Adramelech reicht das aber nicht mehr. Sie wollen endlich frei sein. «

»Die gegnerische Flotte ist auf 1.498 Schiffe geschrumpft«, meldete der Ortungs-Offizier. » Unsere Flotte hat sich auf die Adramelech eingeschossen. «

Major Travis blickte auf den Bildschirm. Selbst die redartanischen Schiffe griffen jetzt in Gruppen an und löschten die anvisierten Ziele gnadenlos aus.

»Öffnen sie mir einen Kanal zu der Flotte der Adramelech«, sagte der Major. »Ich möchte ein letztes Mal versuchen, dass sie ihren Angriff einstellen. «

»Sie können sprechen«, antwortete Sergeant Farmer. »Die Verbindung ist offen. «

»Hier spricht Major Travis, Befehlshaber der redartanischen Flotten-Verbände«, sprach er in das Gerät. »Ich rufe den Kommandeur der Schiffe der Adramelech. Stellen sie ihren Angriff ein. Sie sind unterlegen. Nach Beendigung der Kampfhandlungen bringen wir sie zu ihrem Heimatplaneten zurück. Sie haben nichts von uns zu befürchten. «

Es knisterte in der Leitung.
»Hier spricht Lord Mythor'Rasin«, tönte es aus den Lautsprechern. »An alle Schiffe der Mächtigen. Der Angriff wird fortgesetzt. Wer die Waffen senkt, wird als

Verräter behandelt und vor Gericht gestellt. Alle Schiffe werden bis zu dem Endsieg weiterkämpfen. Das ist der Befehl des Regenten. «

Die Verbindung brach ab.

»Es nützt nichts«, sagte Adra'Metun. »Sie führen den Befehl unseres Regenten weiter aus. Vermutlich sind sie noch nicht in der Lage, eigene Entscheidungen zu treffen.«

»Sie täuschen sich«, antwortete Kanzler Tarn-Lim. »Weitere 700 Schiffe verlassen die Kampfzone und nehmen Kurs auf den Randbezirk des Systems. Die Schiffe haben ihre Waffentürme eingefahren. «

Major Travis griff nach dem Communicator.

»Ich rufe Aritron, Befehlshaber der lantranischen Flotte«, sprach er in das Gerät.

Nach einem kurzen Knistern meldete sich der Führer des lantranischen Volkes.

»Hier ist Aritron«, antwortete der Lantraner. »Eigentlich hätten wir gar nicht dabei sein müssen«, sagte er. »Die Abwehr der 5.000 Schiffe hätten die Redartaner auch allein hinbekommen. «

»Dank des Zusatzmoduls der Sorganis«, antwortete der Major. »Das ist ja noch nicht unsere eigentliche Mission. Brechen sie bitte ihre Verteidigung ab. Fliegen sie zu den Schiffen des Widerstandes der Adramelech und halten sie diese im Zaum. Die letzten Angriffs-Schiffe überlassen wir den Redartanern. «

»In Ordnung«, antwortete Aritron. »Wir sichern die Schiffe des Widerstandes. «

Major Travis erkannte auf dem großen Bildschirm, wie die lantranischen Schiffe ihren Beschuss einstellten und Kurs auf die 879 Schiffe der Adramelech nahmen, die nicht mehr an dem Kampf teilnahmen.

Die letzten 542 Schiffe der Mächtigen lieferten sich eine massive, aber einseitige Raumschlacht mit den Schiffen der Redartaner. Doch trotz eines intensiven Beschusses, konnte der neue modifizierte Schutzschirm der Schiffe nicht durchdrungen werden.

Immer mehr Schiffe kesselten die verbliebenen Kreuzer der Adramelech ein. Ein Höllenfeuer wurde entzündet. Innerhalb von Sekunden, wurde die ganze vorderste Angriffslinie der Mächtigen ausgeschaltet. Für Außenstehende sah es so aus, als ob ein Silvesterfeuer abgebrannt wurde. Von hinten rückten

Abwehrgeschwader der Redartaner näher und brannten ein Laserfeuer ab. Nach einer Stunde intensiven Gefechtes, trat schlagartig Ruhe in dem Kampfgebiet ein. Die letzten Schiffe der Angreifer waren vernichtet worden.

»Befehl an die Flotte, alle Einheiten sollen in ihre Formation zurückfliegen«, befahl der Major.

»Der Befehl wurde weitergeleitet«, antwortete Commander Brenzby. »Die Schiffe ziehen sich zurück.

Major Travis blickte Adra'Metun an.
»Rufen sie die Schiffe ihres Widerstandes«, sagte er. »Sie sollen sich um die Rettungskapseln ihrer Artgenossen kümmern. Sie können sich frei bewegen. Wir greifen nicht an. «

»Danke«, antwortete der Adramelech. »Wir haben den Standort des Mentors ermittelt. Er befindet sich auf dem Flaggschiff von Lord Leitho'Greytin. Er wird froh sein, wenn er seinen Passagier an uns übergeben darf. «

Dann griff er nach dem Communicator und gab die Anweisung durch, nach den Rettungskapseln Überlebender zu suchen.

Major Travis blickte Kanzler Tarn-Lim an.

»Unser erstes Ziel ist erreicht«, sagte er. »Die Gefahr für das redartanische System ist abgewendet. Wir werden uns auf ihrem Planeten neu besprechen. Ich lasse auch den Mentor von Adra'Metun holen. Er kann uns weitere Informationen geben. «

»Vielen Dank für ihre Unterstützung«, sagte der Kanzler. »Ein Stein fällt von unserm Herzen. Ein entsprechender Saal wird vorbereitet. Wir freuen uns alle Mitglieder des Neuen-Imperiums bei uns empfangen zu dürfen. Ich lasse Speisen und Getränke vorbereiten. «

»Freuen sie sich nicht zu früh«, lächelte Major Travis. »Die schwerste Aufgabe steht noch vor uns. Das hier war dazu eine Spielerei. Denken sie auch an die Uylaner, die uns noch in die Suppe spucken können. «

Major Travis erkannte, wie sich Falten in dem Gesicht des Kanzlers ausbreiteten.

***

Einige Stunden später. Der große Saal, in der ehemaligen kaiserlichen Verwaltungs-Pyramide auf Redartan, war mit hochrangigen Offizieren gefüllt. Admiral Tarin und seine engsten Offiziere, sowie Aritron und seine Begleiter waren das erste Mal zu Gast. Sie standen auf dem großen Balkon und blickten über die große Stadt.

»Beeindruckend«, sagte Admiral Tarin. »Überall im Universum finden sich neue Splittergruppen des natradischen Volkes. Während des großen Krieges hatte ich nicht über diese Möglichkeit nachgedacht. Damals wollte ich lediglich die überlebenden Natrader retten und sie einer besseren Zukunft übergeben. «

»Die Saat des Lebens breitet sich von allein aus«, antwortete Aritron. »Das haben wir auch erkennen müssen. Viele unserer unterstützten Zivilisationen haben mit ihren Nachbarn vernichtende Kriege begonnen und sich selbst ausgelöscht. Aus diesem Grunde unterstützen wir instabile Rassen nicht mehr. «

»Doch bei den Terranern machen sie eine Ausnahme? «, erkundigte sich der Admiral.

»Sie sind etwas ganz besonders«, lobte Aritron die Menschen. »Brontan hat sein allwissendes Rad gedreht und festgestellt, dass die Terraner irgendwann die Führung der Milchstraße übernehmen werden. Unter ihrer Leitung wird es keine kriegerische Rasse mehr wagen, diese Sterneninsel anzugreifen. Sie werden sich immer weiter entwickeln, neue Technik erfinden und diese erforschen. Vermutlich werden sie schnell unser technisches Verständnis eingeholt haben. «

»Sie scheinen von den Barbaren von Tarid begeistert zu sein? «, fragte der Admiral. » Eine solche Unterstützung wurde uns Natradern nie angeboten. «

»Warum wohl? «, antwortete Aritron. » Weil die Kaiser ihres Geschlechtes immer nur ihren eignen Vorteil im Sinn hatte. Sie haben alle Gespräche mit uns abgebrochen, weil wir die Vorstellungen von einem gemeinschaftlichen Zusammenleben aller Rassen in der Milchstraße vorgeschlagen hatten. Das lehnten ihre ehemaligen Kaiser grundsätzlich ab. «

»Ich verstehe«, antwortete Admiral Tarin. »Aus dieser Perspektive habe ich das nie betrachtet. Aber sie werden Recht haben. Zu den Hochzeiten unseres Imperiums wurden alle Befehle unseres Regenten, ohne nachzudenken ausgeführt. «

In dem großen Saal trat Kanzler Tarn-Lim mit seinen Führungs-Offizieren auf Major Travis zu. Tart 1 und Tart 2 standen hinter ihrem Befehlsbefohlenen. Trotz seiner sichtbaren Erschöpfung lächelte der Kanzler über sein ganzes Gesicht. Er hielt dem Major seine Hand hin. Hinter ihm standen Commodore Run-Lac, Admiral Darn-Garel, der Kommandeur der imperialen Sicherheits-Flotte, Admiral Firn-Sadan, der Kommandeur der schnellen Kampfverbände und Lord Tirn-Sarock, der Befehlshaber der redartanischen Bodentruppen.

»Ich danke ihnen und dem Neuen-Imperium«, sagte er. »Ihre Gemeinschaftsflotte hat den befürchteten Schaden von unserem System abgewendet. Ohne die neuen Super-Schutzschirme hätten wir das nicht geschafft. «

Major Travis erwiderte den Händedruck.
»Wir haben gerne unseren Freunden geholfen«, antwortete er bedrückt. »Trotz allem war es ein schrecklicher Tag. Wir dürfen nicht vergessen, dass heute viele Adramelech ihr Leben verloren haben. Nur durch das unsinnige Verhalten ihres Regenten und dem Mentor Adra'Sussor konnte es hierzu kommen. Betrachten sie bitte ihre Feinde auch als Lebewesen, die in ihrer Denkweise von ihrer Führung beeinflusst werden. Sehen sie in Adra'Metun einen Adramelech der neuen Generation. Er ist im Widerstand tätig. Diese Personen haben den Wahnsinn erkannt, wie ihr Regent mit seinen Untergebenen umgeht. Unterstützen wir ihn dabei, das Imperium der Mächtigen auf neue Füße zu stellen. «

»Können wir ihnen trauen? «, erkundigte sich Commodore Run-Lac.

Major Travis blickte ihn an.

»Ich bitte sie, Commodore«, antwortete er. »Denken sie an ihren eigenen Freiheitskampf. Auch in dem Volk der Redartaner keimte der Wunsch nach Freiheit auf. Erst Lorin und Admiral Rings-Stan konnte die Flamme richtig entfachen. «

Der Commodore lächelte.

»Das ist noch nicht lange her«, bemerkte er. »Ihre Amazone hat unseren Hass auf Kaiser Quoltrin-Saar-Arel freigelegt. «

»Machen sie es besser als ihr ehemaliger Kaiser«, antwortete der Major. »Ihr Volk hat es endlich verdient, in Ruhe und Frieden leben zu durfen. «

»Das ist durch ihre Unterstützung möglich geworden«, sagte Kanzler Tarn-Lim. »Wir haben die Flotte der Mächtigen besiegt. «

»Die Schiffe der Mächtigen haben den Kampf nicht beendet«, sagte Commander Brenzby. »Eine Kapitulation kam nicht in ihren Sinn. Ob sie Angst besaßen, vor ihren Regenten zu treten? «

»Das wird ein Grund gewesen sein«, antwortete Major Travis. »Abgesehen von den Schiffen des Widerstandes, haben ihre Schiffsführer bis zum letzten Schiff gekämpft. Wenn das ein Sieg für uns ist, dann will ich mir nicht vorstellen, was eine Niederlage in ihrem Heimatsystem für Folgen hat. «

Bedächtiges Schweigen breitete sich aus.
Major Travis blickte die redartanische Führung an.

»Die Adramelech haben 4.821 Schiffe, tapfere Offiziere und ihr Schiffspersonal verloren. Wir konnten sie durch die Überzahl unserer Gemeinschaftsflotte nicht einschüchtern. Sie glaubten bis zum Schluss, dass ihr geballter Hass gegen alle humanoiden Lebensformen sie zum Sieg führen würde. Diesmal haben sie sich die falsche Species ausgesucht. «

»Der Krieg hat sich zu unseren Gunsten gewendet«, antwortete Commodore Run-Lac. »Der Wunsch des Neuen-Imperiums nach Frieden hat sich durchgesetzt und die Mächtigen vernichtet. «

Ein Service-Roboter kam mit einem Tablett Getränke vorbei. Kanzler Tarn-Lim ergriff ein Glas und reichte es Major Travis. Die weiteren Gäste bedienten sich selbst. Der Kanzler hob sein Glas.

»Lassen sie uns anstoßen«, sagte er. »Auf das Neue-Imperium und seine mutigen Mitglieder.«

»Auf das Neue-Imperium«, wiederholte der Major den Trinkspruch.

Ein Sicherheits-Offizier kam auf den Kanzler zugeschritten.

»Das Schiff des Widerstandes ist soeben gelandet«, sagte er. »Unsere Truppen haben die Besatzung festgenommen. Der gesuchte Mentor ist dabei. Möchten sie ihn sprechen? «

Der Kanzler nickte.
»Führen sie ihn in das Besprechungszimmer nebenan«, befahl er. »Wir haben dringende Fragen an ihn. «

Kanzler Tarn-Lim blickte Major Travis an.
»Es ist so weit«, bemerkte er. »Wir können den Mentor verhören. «

»Ich rufe die anderen Befehlshaber zusammen«, antwortete Major Travis.

Er blickte Commander Brenzby an.

»Suche bitte Heinze, Niras-Tok und Adra'Metun«, sagte er. »Ich möchte sie bei dem Gespräch dabeihaben. «

Dann drehte er sich ab und ging auf den Balkon hinaus.

»Der Mentor wird in den Besprechungsraum geführt«, informierte er Admiral Tarin, Aritron und die Offiziere. »Folgt mir bitte, Kanzler Tarn-Lim erwartet uns. «

Auf dem Weg aus dem Saal bemerkte Major Travis Morass und Admiral Dragphan, die sich angeregt unterhielten. Er bat sie ebenfalls, ihm zu folgen.

Gespannt warteten die Kommandeure der Gemeinschaftsflotte auf das Eintreffen des Mentors. Tart 1 und Tart 2 standen hinter Major Travis. Ihre Augen leuchteten tiefrot. Sie hatten in den Kampfmodus geschaltet. Vierundzwanzig redartanische Elitesoldaten hatten sich an den Wänden verteilt. Sie sollten für die nötige Sicherheit sorgen.

Fußtritte von Stiefeln wurden hörbar. Eine Gruppe von Soldaten näherte sich der offenstehenden Türe.

Lord Grun-Baris, der Kommandeur des Geheimdienstes trat in den Saal. Er verbeugte sich vor dem Kanzler. Das Verhältnis zwischen dem Kanzler und dem

Oberbefehlshaber des Geheimdienstes hatte sich normalisiert. Beide hatten sich ausgesprochen und verständigt. Der Kanzler hatte eingesehen, dass Grun-Baris lediglich die Befehle des ehemaligen Kaisers ordnungsgemäß umgesetzt hatte.

»Der Mentor und der Kommandeur des Widerstandes sind eingetroffen«, teilte er mit. »Sie werden von meinen Soldaten bewacht. Möchten sie mit ihnen sprechen? «

»Führen sie die Gefangenen bitte herein«, antwortete der Kanzler. »Wir sind gespannt auf sie. «

Der Kommandeur des Geheimdienstes salutierte, drehte sich um und schritt zur Türe zurück. Dort winkte er seinen Soldaten. Der Mentor Adra'Sussor wurde in einem Fesselfeld vorgeführt. Der Anführer des Widerstandes lediglich durch Handfessel gesichert.

Der Mentor blickte sich um und spuckte auf den Boden. »Ein Raum voller minderwertiger Individuen«, fluchte er. »Euer Gestank betäubt meinen Geist. «

»Das lässt sich leider nicht ändern«, antwortete Kanzler Tarn-Lim. »Sie sind unser Gefangener. Ob sie jemals wieder in die Freiheit gelangen werden, das hängt von ihrer Kooperation ab. «

»Aus mir bekommen sie nichts heraus«, keifte der Mentor. »Niemals werde ich diesem Tribunal Informationen preisgeben, die unseren Regenten hintergehen. «

»Das hier ist kein Tribunal«, antwortete der Kanzler. »Wir sitzen lediglich zusammen und beratschlagen, was wir mit ihnen machen sollen. Falls sie nicht kooperieren, dann besitzen wir andere Möglichkeiten, um an ihre Informationen zu gelangen. Wir benötigen kein Gerät zur Gedankenauslesung, wie es auf ihrer Heimatwelt steht. Selbst bei Commander Niras-Tok hat es sich nicht bewährt. «

Der Mentor tobte.
»Wir hätten ihn besser eliminiert, als ihn als Attentäter zu programmieren«, schimpfte er. »Das scheint erstmalig bei einer minderwertigen Kreatur nicht funktioniert zu haben. «

Erst jetzt sah er Adra'Metun auf einem Stuhl sitzen und ihn nachdenklich anschauen.

»Du Verräter«, schimpfte er. »Noch nie hat der Schüler eines Mentors einen Verrat begangen. Du wurdest geächtet. Jeder Adramelech hat jetzt das Recht dich ohne Nachfrage zu töten. «

Adra'Metun war aufgesprungen.

»Welch ein Irrsinn«, antwortete er. »Wenn mich die Redartaner nach der Zerstörung unseres Schiffes nicht geborgen hätten, dann wäre ich längst tot. Ihnen habe ich mein zweites Leben zu verdanken. Ich bezahle meine Schuld und beteilige mich daran, unser Volk auf Drame'leur in die Freiheit zu führen. «

»Das wird nie passieren«, lachte der Mentor schrill auf. »Unser Regent hat andere Möglichkeiten. «

Der Kanzler winkte zwei Ärzten.

»Injizieren sie das Wahrheitsserum«, befahl er. »Schauen wir einmal, wie es bei dem Mentor wirkt. «

Zwei Ärzte schritten auf den Mentor zu. Einer von ihnen hob den Arm von Adra'Sussor. Der Zweite drückte ein Gerät auf seinen Arm, das sich zischend entlud.

»Das Serum wurde injiziert«, bestätigte der Arzt. »Es braucht nur eine kurze Zeit, bis es wirkt. «

Der Mentor wurde sichtbar ruhiger. Sein Gesicht entspannte sich. Er wehrte sich nicht mehr gegen seine Fesselstrahlen.

»Das Mittel scheint zu wirken«, bestätigte ein Arzt.
Er drückte die Augenlider des Mentors auseinander und leuchtete ihm mit einer Stablampe in die Pupillen.

»Seine Augenlinsen haben sich vergrößert«, stellte er fest. »Bitte stellen sie ihre Fragen. Ich empfehle die Fesselfelder abzunehmen. «

Der Kanzler schüttelte seinen Kopf.
»Der Gefangene bleibt in den Fesselfeldern«, antwortete er. »Das ist am sichersten. «

Kanzler Tarn-Lim blickte den Mentor an.
»Können sie uns einige Fragen beantworteten? «, erkundigte sich der Kanzler.

Der Mentor hob seinen Kopf und sah ihn mit glasigen Augen an.

»Wie lautete ihr Auftrag? «, fragte Tarn-Lim.
»Mein Auftrag lautete, die vollständige Vernichtung der humanoiden Kolonie vorzunehmen«, erwiderte der Mentor wahrheitsgemäß.

»Wer gab ihnen den Auftrag? «, erkundigte sich der Kanzler.

»Mein geschätzter Regent, Zadra-Scharun, persönlich«, antwortete der Mentor. » Der einzige Regent des Wissens und der Erleuchtung. Allmächtigkeit und Erleuchtung sei ihm gehuldigt. «

Der Kanzler blickte Adra'Metun an.
»Das ist die Huldigung für unseren Regenten«, erklärte der Adramelech. »Auch unter einer Beeinflussung des Wahrheitsserums spricht der Mentor noch diese Huldigung aus, die von unserem Regenten als Pflicht angesehen wird. Sie erkennen also, wie tief das Pflichtgefühl in diesem Mentor verankert ist. «

Die Zuhörer schüttelten ihren Kopf.
»Der Mentor ist eine Marionette des Regenten«, sagte Admiral Tarin. »Darf ich ihm eine Frage stellen? «

»Bitte«, antwortete der Kanzler. »Versuchen sie ihr Glück.«

»Mentor, sagt ihnen der Name Rigo-Sauroiden etwas? «, erkundigte sich der Admiral.

Mentor Adra'Sussor verharrte einen Augenblick. Dann lachte er schrill auf.

»Diese Rasse ist schrecklich und mordlüstern«, antwortete er. »Sie wurde in den Anfängen des Universums gezüchtet und auf störende Lebensformen losgelassen. Sie haben uns viel Arbeit abgenommen. Ich habe sie lange nicht mehr gesehen. «

»Wurde diese Rasse von ihrem Regenten und ihren Wissenschaftlern gezüchtet? «, fragte der Admiral nach.

Der Mentor lachte erneut schrill auf. Dann verstummte er.

»Beantworten sie bitte die Frage«, fasste der Admiral nach. »Wurde diese Rasse von ihrem Regenten und ihren Wissenschaftlern gezüchtet? «

»Nein«, antwortete der Mentor.

Die Enttäuschung wurde auf dem Gesicht von Admiral Tarin sichtbar.

Nur langsam verarbeitete er die Aussage des Mentors. »Wer hat diese Species gezüchtet? «, fragte er erneut. » Kennen sie die Herren der Rigo-Sauroiden? «

»Diese Rasse wurde von unseren Herren ins Leben gerufen«, antwortete der Mentor. »Sie haben uns und die Rigo-Sauroiden, sowie andere Herrenrassen gezüchtet. «

Ein Aufschrei kam über die Lippen von Adra'Sussor und Lord Leitho'Greytin, dem Kommandeur des Widerstandes.

»Die Aussage kann nicht stimmen«, bemerkte Adra'Sussor. »Hierüber ist mir nichts bekannt. «

»Du bist ein verlogener Sklave des Regenten«, sprach er seinen ehemaligen Mentor an. »Deine Aussage entspricht nicht der Wahrheit. «

Wieder lachte der Mentor abwertend auf. Nur langsam beruhigte er sich.

»Diese Informationen stehen Schülern nicht zur Verfügung«, verkündete er. »Erst durch eine erfolgte Auferstehung werden diese geheimen Informationen vervollständigt. «

»Das bedeutet, dass die Adramelech auch von einer Herrenrasse gezüchtet wurden? «, fragte Admiral Tarin nach.

»Das entspricht der Wahrheit«, antwortete der Mentor kurz. »Alle Lebewesen entstammen Züchtungen. Hieran ist nichts Besonderes. «

»Wie heißt diese Rasse, die euch und die Rigo-Sauroiden gezüchtet hat? «, fragte der Admiral.

»Unsere Herren nennen sich Arthropoden«, teilte der Mentor mit. »Ihre Rasse ist alt und liegt an der Spitze der Evolution. Ihre Körper gleichen einer spinnenartigen Lebensform. Die Eier ihrer Brut werden in wissenschaftlichen Zentren manipuliert. Hieraus entstehen die Samen für die unterschiedlichen Species, die sie im Universum ausstreuen. Ein Teil dieser Aussaat entwickelt zu königlichen Wirten. Sie besitzen die hoheitliche Aufgabe, die Anführer von starken Zivilisationen zu befallen. Hat sich ein Wirt erst einmal in einen Körper eingenistet, wird dieser von seinen Befehlen gesteuert. Die Wirte sind vergleichbar mit Parasiten. Sie sind programmierbar und kennen nur ein Ziel. Die Befehle der Arthropoden umzusetzen. «

»Wo finde ich den Lebensraum dieser Arthropoden? «, fragte der Admiral.

Der Mentor schien nachzudenken.

»Ihr Lebensraum ist das graue Universum, dort wo alles seinen Anfang nahm«, antwortete er. »Der Weg dorthin ist schwer zu finden und gut abgesichert. Niemand darf ohne Einladung die dunkle Zone der Arthropoden einfliegen. «

»Der Mentor benötigt eine weitere Dosis«, bemerkte ein Arzt. »Das Serum scheint schwächer zu werden. «

»Einen Augenblick noch«, sagte der Admiral.

Er blickte den Mentor an.
»Kennen sie den Weg in diese dunkle Zone? «, fragte er den Mentor.

»Ich kenne ihn«, antwortete Adra'Sussor.
Die Stacheln auf seinem Kopf richteten sich plötzlich spitz auf.

»Doch ich werde ihn euch nicht mitteilen«, tobte er hasserfüllt.

Trotz des Fesselfeldes, das seine Arme umschlungen hatte, senkte er seinen Kopf und stieß die Stacheln seines Kopfes dem neben ihm stehenden redartanischen Soldaten in den Brustkorb. Der sah den Angriff nicht kommen und reagierte zu spät. Die Stacheln hatten sich tief durch seine Uniform in seine Brust gegraben. Mit einem entsetzten Blick brach der Soldat zusammen.

Lord Grun-Baris riss seinen Laserstrahler aus dem Holster und feuerte zweimal auf den Mentor.

»Nicht«, befahl Kanzler Tarn-Lim. »Doch es war zu spät. Blutend brach der Mentor zusammen und lag verkrümmt auf dem Boden. Zwei qualmende Einschusslöcher von Energiestrahlen klafften in seiner Brust.

Die Ärzte eilten heran und beugten sich über den Mentor. Auch Commander Breckphan eilte zu dem am Boden liegenden Mentor. Er berührte ihn mit seiner flachen Hand. Dann fühlte er seinen Puls.

Ein Arzt schüttelte seinen Kopf.
Der andere blickte Kanzler Tarn-Lim an.

»Der Gefangene lebt nicht mehr«, teilte er mit. »Wir können nichts mehr machen. «

Commander Breckphan ging zu den Offizieren zurück.
»Da war nichts mehr zu machen«, antwortete er.
»Verdammte Schweinerei«, sagte Admiral Tarin. »Jetzt erfahren wir nicht mehr, wo sich diese Rasse versteckt hält. «

»Es gibt immer Wege«, beruhigte Aritron den Admiral. »Warten sie es einfach ab. Spuren lassen sich nicht so leicht verwischen. «

Mit einem ärgerlichen Blick schaute der Kanzler Lord Grun-Baris an.

»War das nötig? «, fragte er.

»Ich bitte um Entschuldigung«, antwortete der Lord. »Das war eine Reflexhandlung. Ich wollte unseren Soldaten retten. «

Dieser lebte noch schwerverletzt und wurde von den Ärzten abtransportiert.

»Lösen sie die Handfesseln des Anführers des Widerstandes«, befahl Tarn-Lim. » Dann ziehen sie sich mit ihren Soldaten zurück. Ihr Einsatz ist beendet. «

Lord Grun-Baris salutierte, winkte seinen Soldaten und verließ den Raum.

Der Kanzler blickte den gefangenen Adramelech an. »Habe ich ihr Wort, dass sie keinen Fluchtversuch unternehmen werden? «, fragte er.

»Das haben sie«, antwortete Lord Leitho'Greytin. »Ich habe mit meinem Freund Adra'Metun noch eine schwere Aufgabe zu lösen. «

Dieser stand auf und schritt auf den Lord zu. Als Lord Leitho'Greytin die Handschellen abgenommen bekommen hatte, begrüßte der den Kommandeur des Widerstandes herzlich.

»So sieht man sich wieder«, lächelte er. »Ich freue mich, sie zu sehen. «

Lord Leitho'Greytin nickte.
»Ganz meinerseits«, antwortete er. »Sie haben viel Staub unter unserer Bevölkerung aufgewirbelt. Überall auf Drame'leur brechen Widerstandsherde aus. Das ist ausschließlich ihr Verdienst. «

»Dessen war ich mir nicht bewusst«, antwortete der Schüler des Mentors. »Dann ist der Ruf nach Freiheit in der Zeit meiner Abwesenheit gewachsen. «

Der Kanzler stand auf, begleitet von Major Travis, Heinze und Commander Breckphan, ging der auf Lord Leitho'Greytin zu.

»Ich bin Kanzler Tarn-Lim«, stellte er sich vor. »Sehen sie in mir den obersten Regierungsvertreter der redartanischen Republik. Ihre Entscheidung auf den Hyperkomm-Funkspruch von Adra'Metun zu vertrauen, hat ihnen und den Besatzungen ihrer Schiffe das Leben gerettet. Alle anderen Schiffe ihres Volkes haben bis zu ihrer Vernichtung gekämpft. «

Lord Leitho'Greytin senkte seinen Blick zu Boden.
»Das ist ein ausdrücklicher Befehl unseres Regenten«, erklärte er. »Falls wir mit unseren Flotten unterlegen sein sollten, kämpfen wir weiter bis zu unserem letzten Schiff. Nur so kann unsere Ehre dem Tod in eine andere Dimension folgen. «

»Ich verstehe«, antwortete der Kanzler. »Ihr Glaube ist so ausgerichtet.

»Nein«, erwiderte der Lord. »Unsere hohen Glaubensdiener bestätigten die Aussagen unseres Regenten. Die Ehre öffnet nach dem Tod eines Adramelech das Tor in eine andere Dimension. Nur wenige werden von dem Regenten wiedererweckt. Diese haben noch eine besondere Aufgabe für den Regenten zu erledigen. So war es auch im Fall des Mentors Adra'Sussor. «

»Jetzt ist er wieder gestorben«, sagte der Kanzler. »Wird er erneut auferstehen? «

»Das hängt von der Entscheidung unseres Regenten ab«, antwortete der Lord. »Nur er ist in die komplizierte Steuerung des Auferstehungszentrums von den Alten unseres Volkes eingewiesen worden. Kein anderer erhält Zutritt zu diesem Artefakt. «

Major Travis trat vor.
»Warum sprechen sie die natradische Sprache so gut? «, erkundigte er sich. » Diese Region des Weltalls ist weit entfernt von dem Einfluss des ehemaligen natradischen Imperiums. «

»Ich weiß nichts von einem natradischen Imperium«, antwortete Lord Leitho'Greytin. »Uns werden in jungen Jahren viele tote Sprachen von untergegangen Species implantiert. So auch die natradische Sprache. Der Regent ist der Ansicht, dass es hilfreich ist, wenn wir auf Artefakte dieser verstorbenen Rassen treffen sollten. «

Major Travis nickte.
»Ist denn über eine Ausdehnung ihres Hoheitsgebietes nachgedacht worden? «, erkundigte er sich.

Der Lord lachte.

»Unser Regent will immer mehr«, antwortete er. »Leider überschätzt er seine Ressourcen und presst das Volk dramatisch aus. Er will seine Reinigungskriege auch in andere Sterneninseln tragen. «

Der Major blickte die hinter ihm stehenden Offiziere an. Sie wussten, was das bedeuten konnte.

»Der Mentor war nicht gerade hilfreich, was die Beantwortung unserer Fragen betraf «, sagte Major Travis. »Kennen sie die Koordinaten ihres Heimat-Systems? «

»Offiziell sind mir diese nicht bekannt«, antwortete der Lord. »Doch wir Widerständler sind nicht so verrückt, wie die Sklaven des Regenten, die alle seine Befehle ausführen, ohne selbst hierüber nachzudenken. Ich habe die Koordinaten von Drame'leur in der Hypertronic-KI meines Schiffes abgelegt. Ein Rückflug ist problemlos möglich. «

Er blickte die Offiziere an, die sich sichtbar freuten.

Major Travis bemerkte das entsetzte Gesicht des Adramelech.

»Keine Sorge«, sagte er. »Wir haben nichts Schreckliches vor. Bitte verstehen sie aber, dass wir mit ihrem Regenten sprechen müssen. Nur wenn er uns als humanoide Rasse akzeptiert, dann können wir in Frieden leben. Heute hat er sie und den Mentor Adra'Sussor mit 5.000 Schiffen zu uns geschickt. Ihr Befehl war es, unsere humanoide Kolonie auszurotten. Einen Morgen darf es nicht mehr geben. Aus diesem Grunde möchten wir ihren Regenten überzeugen, von seinen Vernichtungsplänen abzulassen.«

Der Lord zeigte immer noch ein ernstes Gesicht.
»Sie wissen sicherlich selbst, dass unser Regent solche Gespräche nicht führt«, antwortete er.

Major Travis blickte Heinze an.
Dieser bestätigte die Aussage des Adramelech.
»Er sagt sie Wahrheit«, flüsterte Heinze. »Ihm ist lediglich an der Freiheit seines Volkes gelegen. «

Lord Leitho'Greytin blickte Heinze an. Er wirkte irritiert.
»Ihr Freund ist ein Gedankenleser«, erkannte er stockend.
»Ich bemerke, wie er mein Gehirn ausliest. Mir ist es nicht möglich, hiergegen etwas zu unternehmen. «

»Es ist nur eine seiner Fähigkeiten«, erwiderte Major Travis. »Das ist unsere Art, an Informationen zu gelangen.

Es entstehen keine Schmerzen, wie bei der Apparatur ihres Regenten. Leider musste Commander Niras-Tok diese erleiden. «

Der Lord nickte.

»Der Mentor war unserem Regenten hörig«, antwortete er. »Niemand konnte die Ausführung der Befehle durch ihn ändern. Ich entschuldige mich für dieses Verhalten. Es ist nicht der Wunsch unseres Volkes, andere Lebewesen zu quälen. «

»Wir werden mit ihnen fliegen und ihrem Regenten einen Besuch abstatten«, sagte Major Travis. »Er muss endlich einsehen, dass andere Rassen auch ein Recht haben, sich zu entwickeln. «

»Er wird ihnen nicht zuhören«, sagte Lord Leitho'Greytin. »Er spricht nicht mit humanoiden Lebensformen. Ferner wird er sich derzeit nicht mit solchen Fragen beschäftigen. Er hat andere Sorgen. Die Uylaner, ein von uns erschaffenes kriegerisches Hilfsvolk ist in unser Gebiet eingedrungen und will den Regenten von seinem Thron stoßen. Falls es ihnen gelingt, dann erübrigen sich ihre Gespräche. «

»Vielleicht hört er auf einen anderen Angehörigen ihrer Rasse? «, fragte Major Travis.

Er nickte Commander Breckphan an. Dieser verstand sofort.

»Adra'Metun ist geächtet worden«, erinnerte Lord Leitho'Greytin. »Er hat keinen Einfluss mehr in unserem Imperium. Vielmehr ist sein Leben gefährdet, wenn er von den Gefolgsleuten des Regenten erkannt wird. «

»Wir haben noch eine dritte Person, die mit ihrem Regenten reden kann«, sagte Kanzler Tarn-Lim. »Bitte treten sie vor, Mentor Adra'Sussor. «

Lord Leitho'Greytin glaubte nicht richtig zu hören. Vorsichtig drehte er seinen Kopf zur Seite.

Erschreckt sprang er einen Schritt zurück. Neben ihm stand der Mentor lebend und in voller Größe.

Ungläubig starrte der Lord ihn an.
»Das ist Zauberei«, stutzte er. »Verfügen sie auch über ein Auferstehungs-Zentrum. Ich habe ihn tot gesehen. «

»Wunder gibt es überall«, antwortete Commander Breckphan in der Gestalt des Mentors.

Die Sprache von Adra'Sussor stimmte perfekt überein.

»Das gibt es nicht«, sagte der Lord. »Wie haben sie das gemacht? «

»Sie erkennen die Vorteile, wenn man nicht alle andersartigen Species ausrottet, sondern sie als Freunde gewinnt«, erklärte Major Travis. »Commander Breckphan ist ein Worgass. Bekanntlich besitzt diese Rasse die Eigenschaft, jede beliebige Form annehmen zu können. «

»Er ist ein Worgass? «, staunte Lord Leitho'Greytin. » Aber auch Worgass befinden sich in den Diensten unseres Regenten? «

»Diese nicht«, antwortete Major Travis. »Sie befanden sich unter der Knechtschaft der Zierrakies. Wir konnten sie in die Freiheit tühren. «

Major Travis blickte den Anführer des Widerstandes eindringlich an.

»Wird dieser Mentor ein Gespräch mit ihrem Regenten führen können? «, fragte er erneut.

Der Lord nickte.
»Adra'Sussor wird von dem Regenten geschätzt«, antwortete Lord Leitho'Greytin. »Er wird ihn zumindest

anhören. Was danach passiert, das entzieht sich meiner Kenntnis. «

»Was könnte im ungünstigsten Fall passieren?«, erkundigte sich der Kanzler.

»Falls die Antworten des Mentors unserem Regenten nicht gefallen, dann könnte er Adra'Sussor an Ort und Stelle töten«, erklärte er. »Andernfalls ist es auch möglich, dass der Regent auf seinen Wunsch eingeht. «

Admiral Tarin, Aritron und Morass waren zu der Gruppe getreten. Mit aufgerissenen Augen blickte der Adramelech den Green-Lizard an.

»Sind sie einer dieser Rigo-Sauroiden? «, fragte er irritiert.

Morass schüttelte seinen Kopf und zeigte seine Reißzähne.

Erschreckt trat der Adramelech einen Schritt zurück. Dann antwortete er dem Lord in natradischer Sprache.

»Wir sind es ebenfalls leid, als Rigo-Sauroiden eingestuft zu werden«, beklagte er sich. »Auch wir wurden jahrtausendelang als Hilfsvolk für eine Herrenrasse ausgenutzt. Erst das Neue-Imperium brachte uns die Freiheit. Wir sind Verbündete von Kanzler Tarn-Lim.«

»Jetzt verstehe ich endlich«, antwortete Lord Leitho'Greytin. »Sie alle wollen den Regenten von seinem Thron stoßen. «

»Kommt das ihrem Wunsch nicht gelegen? «, erkundigte sich der Kanzler. » Wollten sie nicht die Freiheit für ihr Volk? «

»Nicht wenn unser Volk hierfür leiden muss«, erwiderte der Lord. »Wir streben eine Lösung an, die lediglich das Militär und den Regenten betrifft. «

Der Kanzler blickte Major Travis, Admiral Tarin, Aritron, Admiral Dragphan, Morass und Heinze an.

»Wir werden keine zivilen Ziele angreifen«, antwortete Major Travis. »Falls ihr Regent nicht bereit ist, mit uns zu reden, falls er die Konfrontation sucht, dann werden wir uns verteidigen. Sie haben erkannt, dass ihre blaue Energie unseren Schutzschirmen nichts anhaben kann. Besser wäre es, wenn er sich gesprächsbereit zeigen würde. «

Der Adramelech zuckte mit seinen Schultern.

»Wer weiß schon, wie sich unser Regent Zadra-Scharun verhält«, antwortete er. » Niemand hat bisher sein vollständiges Gesicht gesehen. Er verbirgt es unter einer Kapuze. Hin und wieder kommt einem der Gedanke, dass er gar kein Adramelech ist. «

Der Lord blickte Adra'Metun an.
»Was denkst du mein Freund? «, fragte er. » Sollen wir deinen Gastgebern die Koordinaten unseres Heimat-Systems geben? Vertraust du ihnen? «

Adra'Metun nickte.
»Sie haben mich gerettet«, teilte er mit. »Sie haben mir nichts angetan, mich nicht gefoltert und mich ehrenvoll behandelt. Ich vertraue ihnen. Sie wollen lediglich ihr eigenes Hoheitsgebiet vor Angriffen schützen. Ist das nicht das Recht von jeder Rasse? Wir sollten die Chance ergreifen und den Regenten absetzen. Er ist nicht gut für unser Volk. Eine bessere Gelegenheit findet sich nicht mehr. «

Lord Leitho'Greytin nickte.
»Ich stimme dir zu«, erwiderte er.

Er blickte Major Travis an.
»Ich werde die Koordinaten unseres Heimatsystems an sie überspielen«, sagte er. »Wann fliegen wir los? «

»Morgen früh«, sagte Aritron. » Wir treffen derzeit noch Vorbereitungen. Seien sie bis dahin unser Gast. «

»Was ist mit meinen Schiffen? «, erkundigte sich der Adramelech.

»Sie fliegen mit uns«, sagte Major Travis. »Befehlen sie ihre Schiffe von unserem Schiff aus. Überzeugen sie ihren Widerstand, dass wir auf ihrer Seite stehen. Leiten sie den Angriff ihrer Bodentruppen auf den Palast ihres Regenten. Um alles Weitere kümmern wir uns. «

»Was ist, wenn die Uylaner vor uns eingetroffen sind? «, fragte der Lord. » Werden die diese aus dem Weg räumen? «

»Eine gute Frage«, erwiderte Major Travis.

Er blickte seine Kollegen an.
»Wir können nicht zulassen, dass die Uylaner den ganzen Planeten der Adramelech verwüsten«, sagte Kanzler Tarn-Lim. »Sie werden von uns aufgefordert, sich unverzüglich zurückzuziehen. «

»Gegebenenfalls besitzt ihr Regent weitere Informationen über die Arthropoden? «, fragte Admiral

Tarin.« Mehr Hinweise, die Flugrouten in ihr Gebiet, oder andere Erkenntnisse über sie wären sehr hilfreich. «

Lord Leitho'Greytin blickte den Admiral an.
»Wie sie bereits wissen, sagt mir der Name nichts«, antwortete er. »Ich bin dieser Species niemals begegnet. Der Mentor war sicher der Einzige von uns, der hierzu etwas sagen konnte. Möglicherweise existieren weitere Daten auf unserer Heimatwelt. «

»Geben sie mir bitte einen Communicator«, sagte der Lord. »Ich lasse ihnen die Koordinaten übermitteln. «

Kanzler Tarn-Lim beauftragte Commodore Run-Lac, sich hier um zu kümmern. Der lief aus dem Saal und kam nach wenigen Sekunden zurück.

»Rufen sie ihr Schiff«, sagte er. »Die Verbindung steht bereits. «

Der Commodore hielt den Lord einen Communicator hin.
»Danke«, sagte der Lord.

Er griff nach dem Gerät und schaute es sich an. Dann sprach er hinein.

»Hier spricht Lord Leitho'Greytin«, sagte er. »Wir werden nicht in Gefangenschaft geraten. Morgen fliegen wir zurück zu unserer Heimatwelt. Die Humanoiden begleiten uns und erbitten ein Gespräch mit unserem Regenten. Ferner unterstützen sie uns bei unserem Freiheitskampf. Der Zeitpunkt unseres Starts wird noch bekanntgegeben. Stellt eine Verbindung zu Sitron'Vuton her. Ich möchte mit ihm sprechen. «

»Einen Moment, ich leite weiter«, tönte es aus dem Gerät. Dann war die Stimme des Wartungs-Offiziers zu hören.

»Hier ist Lord Leitho'Greytin«, sagte der Adramelech erneut. »Sitron, sende bitte die Daten mit der Kennzeichnung Mentor-Adra'Sussor, 7.4-Drame'leur, an meine Position. Ich brauche sie hier. «

»Wird erledigt, mein Lord«, antwortete der Offizier. »Ich rufe die Daten ab und übersende sie komprimiert. Sie kommen gleich durch. «

»Danke«, antwortete der Lord. »Ich melde mich wieder.«

Der Adramelech gab den Communicator zurück.

»Die Daten werden gleich eintreffen«, sagte er. »Es ist eine komprimierte Raumkarte mit den Navigationspunkten.

»Danke«, sagte der Kanzler. »Damit haben sie uns sehr geholfen. «

Er wies Commodore Run-Lac an, sich um die eingehenden Daten zu kümmern. Dieser stürmte aus dem Raum und lief in die Kommunikationsabteilung.

Der Kanzler winkte zwei Sicherheits-Soldaten herbei.
»Sie können gern bei uns bleiben«, sagte er. »Essen und trinken sie etwas. Adra'Metun wird ihnen gerne alle Fragen über uns beantworten. Wir sind zwar Humanoide, aber nicht so schlecht, wie uns ihr Regent darstellt. Die Soldaten dienen nur ihrer Sicherheit. Bitte haben sie hierfür Verständnis. «

Die Gruppe ging in den Festsaal zurück. Dort wurden bereits lautstark Gespräche geführt. Die unterschiedlichen Offiziere tauschten Informationen aus und kamen sich näher. «

Der nächste Tag war angebrochen. Eine letzte Besprechung war von Kanzler Tarn-Lim einberufen worden. An einem großen Bildschirm konnte die überspielte Raumkarte von Lord Leitho'Greytin eingesehen werden. Sie zeigte die Adramalon-Spiralgalaxie mit allen ihren unzähligen Sternensystemen. Ein unübersichtlicher Haufen von Sonnen und Planeten strömte auf die Offiziere der Gemeinschaftsflotte ein.

Major Travis blickte auf die Karte.
»Das müssen Tausende von autarken Systemen sein«, bemerkte er. »Jetzt wird mir klar, warum die Adramelech nicht ihr ganzes Hoheitsgebiet absichern können. Das Gebiet ist eindeutig zu groß. «

Lord Leitho'Greytin nickte.
»Aus diesem Grunde wurde von dem Regenten bei anstehenden Reinigungskriegen jedes Mal seine gezüchteten Hilfsvölker aktiviert«, erklärte er. »Das Gebiet wurde förmlich aufgeteilt. «

»Wo befinden wir uns? «, fragte Kanzler Tarn-Lim. » Nach unserer Einschätzung sollte sich unser System im Randbezirk der Spiralgalaxie befinden. «

»Das entspricht den Tatsachen'«, erwiderte der Lord.

Er zeigte mit seinem Laserstab auf den nordöstlichen Rand der Galaxie.

»Ein von uns wenig beachtetes System, am Rand der großen Leere«, ergänzte er. »Vermutlich wurde aus diesem Grunde ihr System auch nicht früher entdeckt. In unseren Archiven wird dieser Bereich als nicht interessant deklariert. So kann man sich täuschen. «

Er malte einen kleinen Kreis um das redartanische Heimatsystem.

»Dieser Bereich wird sicherlich von ihnen als ihr Imperium betitelt«, sagte der Lord. » Schätzungsweise handelt es sich um einige Hunderte kleinerer Sternensysteme, die von ihnen kolonisiert wurden, oder als Erz- und Mineralplaneten benutzt werden? «

Der Kanzler nickte beiläufig.
»Das ist so«, antwortete er. »Wir hatten 100.000 Jahre Zeit, um auf diesen Planeten Erzabbau- und Fördereinrichtungen zu installieren. Sie werden nur gelegentlich von Wartungstechnikern besucht. «

Der Adramelech zeigte auf ein Planeten-System in der Mitte der Adramalon-Spiralgalaxie. Es lag nicht weit von dem großen schwarzen Loch entfernt, das wie ein gefräßiges Seeungeheuer in der Mitte der Sterneninsel seine Gravitationskräfte ausstieß. Weder Materie, Licht-

oder Radiosignale konnten seine nähere Umgebung verlassen.

Der Lord hielt den Laserpointer auf das System und ließ das Bild zoomen.

»Hier ist es«, sagte er. »Das Heimatsystem der Mächtigen und Sitz unseres Regenten. Eine große Doppel-Sonne wird von 15 Planeten umrundet. Der sechste Planet ist Drame'leur. Bedingt durch die Nähe unseres Systems zu dem schwarzen Loch mit seiner gewaltigen Gravitation und durch eine ebenfalls starke Gravitation unserer Doppelsonne, entstehen immer wieder Gravitationsstürme in unserem System. Diese verursachen von Fall zu Fall Strukturriss des Zwischenraumes. Hierdurch kommt es zu zahlreichen Entladungen der blauen Energie. Durch diese besonderen Eigenschaften sind unsere Wissenschaftler auf die Zeitwellenfelder aufmerksam geworden. Die haben herausgefunden, dass mit Energie und starker Gravitation Zeitwellentunnel geöffnet werden können. «

»Adra'Metun hat uns hierüber berichtet, dass ihr Regent über diese Technik verfügt«, bemerkte Aritron. »Wie lässt sich denn ein solches Zeitfeld steuern? «

»Ich bin der Commander eines Raumschiffes, Anführer des Widerstandes, aber kein Wissenschaftler«, antwortete der Lord. »Stellen sie diese Frage gelegentlich unseren Experten. Ich hoffe sehr, dass noch welche auf unserem Planeten zu finden sind, wenn wir eintreffen.

»Sie sprechen die Uylaner an? «, fragte Major Travis. » Wie sollen sie so schnell die Koordinaten ihres Heimatsystems finden? «

»Das ist reine Glückssache«, antwortete der Lord. »Doch sie konnten unseren Abfangflotten jedes Mal aus dem Wege gehen. Seltsamerweise nähern sie sich unbewusst unserer Zentralwelt. «

Lord Leitho'Greytin blickte die Offiziere der Gemeinschaftsflotte an.

»Sie kennen jetzt die Position unseres Heimatsystems«, sagte der. »Helfen sie uns bitte den Regenten von seinem Thron zu stoßen. Nur dann kann sich das System der Mächtigen degenerieren und sich zu einer lange überfälligen Selbstverwaltung durch unser Volk verändern. «

»Ich habe noch eine Frage, sagte Aritron. »Wer kontrolliert die Technik dieser Zeitwellenfelder? Ist sie von dem Palast des Regenten zu steuern, oder sind hierzu zahlreiche Abläufe nötig? «

Lord Leitho'Greytin dachte nach.

»In dem Palast unseres Regenten befindet sich einer großer Maschinenpark«, erklärte er. »Dort laufen alle Fäden zusammen. Sind erst einmal die zahlreichen Reaktoren der Zeitwellentürme aktiviert, dann reicht ein Befehl des Regenten aus, um unseren Planeten in eine andere Zeitzone zu versetzen. Er besitzt eine überlagernde Steuerung vieler Systeme. «

»Es ist noch anzumerken, dass es bisher noch nie praktiziert wurde«, beteiligte sich Adra'Metun an dem Gespräch. »Aber der Regent braucht nur einen Hebel umzulegen, um den Prozess in Gang zu setzen. «

»Ich verstehe«, antwortete Aritron. »Nach meiner Meinung wird es dann für uns sehr schwierig werden, den Regenten zu ergreifen. Falls er seine Niederlage und den Fall der Zentralwelt erkennt, wird er sicherlich nicht lange zögern, um seine Welt zu versetzen, um diese vor unserem Angriff zu retten. «

»Ihre Vermutung könnte zutreffen«, bestätigte Lord Leitho'Greytin. »Es ist unserem Widerstand nicht möglich, die Zeitwellentürme zu sabotieren. Sie werden alle mit einer ganzen Garnison seiner Sicherheits-Soldaten abgesichert. «

»Verfügen ihre Schiffe über die Tarntechnik? «, fragte Major Travis.

»Tarntechnik? «, erkundigte sich der Lord. » Was kann ich hierunter versehen? «

»Ein Energiefeld, vergleichbar mit einem Schutzschirm wird aktiviert und hüllt ein Raumschiff, oder einen anderen Gegenstand ein«, antwortete der Major. »Dann nach wenigen Sekunden moduliert der Energieschirm ein Tarnfeld. Das Schiff, oder der Gegenstand wird optisch nicht mehr wahrgenommen. Er ist für mögliche Bobachter verschwunden und nicht mehr existent. Der Gegenstand ist getarnt. «

»Ich verstehe«, erwiderte der Lord.
Dann schüttelte er seinen Kopf.

»Leider verfügen wir über diese Tarn-Schirme nicht«, antwortete er. »Sie wären sicherlich bei Spionage-Missionen sehr hilfreich. «

Major Travis lächelte die beiden Adramelech an.

»Sie lernen sehr schnell«, antwortete er verwundert. »Warum vergeudet ihr Regent diese Fähigkeiten in Kriegen mit anderen Species? «

»Sind die Zeitwellentürme schnell zu identifizieren? «, erkundigte sich Admiral Tarin. » Woran erkennen wir ein solches Bauwerk. «

Lord Leitho'Greytin blickte den Admiral verständnislos an.

»Sie verfügen nicht über die Technik der Zeitwellenverschiebung? «, fragte er erstaunt.

Admiral Tarin schüttelte seinen Kopf.
»Mit diesen Möglichkeiten haben sich unsere Wissenschaftler noch nicht auseinandergesetzt«, erklärte er. »Aber vielleicht sind sie uns behilflich, diese Technik zu verstehen. «

Lord Leitho'Greytin lachte laut auf.
»Wenn das so einfach wäre, dann hätten nicht Generationen von Wissenschaftlern an dieser Technik getüftelt«, antwortete er. »Es hat lange gebraucht, bis wir diese Technik verstanden haben. Die Zeitwellentürme sind die höchsten Bauwerke auf unserem Planeten. Es sind reine Turmbauten, mit spitz zulaufenden Dächern.

Früher waren sie viereckig erstellt worden. Am Fuße dieser Türme befindet sich ein massiver Sockel, der Platz für zahlreiche Energiegeneratoren bietet. Diese speisen den Zeitwellenturm mit ausreichender Energie. Heute werden die Türme meistens dreieckig erstellt. Diese Technik wurde im Laufe der Jahre optimiert. «

»Wir müssen also nach drei- und vieleckigen Türmen Ausschau halten? «, fragte Admiral Tarin.

Der Lord nickte.
»Sie können sie nicht verfehlen«, sagte er. »Sie sind in Sichtweite zueinander aufgebaut. Es ist eine ungeheure Menge an Energie nötig, um sein solches Zeitfeld für einen ganzen Planeten zu initiieren. «

»Was würde passieren, wenn ein Zeitwellenturm aus dem Netz ausfällt? «, erkundigte sich Major Travis.

»Nichts«, antwortete der Lord. »Es stehen genügend Ersatztürme zur Verfügung. »Die Energieversorgung würde sofort auf einen intakten Turm umschalten. «

»Lassen sie sich nicht alles aus der Nase ziehen«, sagte Admiral Tarin. »Wie viele Türme müssen ausfallen, dass dieses Zeitfeld sich nicht aufbaut? «

Lord Leitho'Greytin blickte ihn an.

»Das ist schwer zu sagen«, antwortete er. »Ich bin über das Verfahren informiert, aber nicht über den Fortschritt unserer Technik. Wie gesagt, sie wurde noch nie zum Einsatz gebracht. Es ist möglich, dass unser Zeitfeld einmal aktiviert, gar nicht mehr kollabieren kann? Der größte Anteil der Energie wird für den Aufbau des Feldes benötigt. Wenn der Energiestrudel einmal rotiert, dann ist nach meiner Ansicht nur noch ein geringer Energiebedarf nötig. Das Zeitfeld versorgt sich ab diesem Zeitpunkt selbstständig mit Energie aus dem Zwischenraum. «

»Ihre Technik macht mich wahnsinnig«, ärgerte sich der Admiral. »Es muss doch eine Möglichkeit geben, den Aufbau dieses Zeitfeldes zu verhindern? «

»Die nannte ich ihnen bereits«, lächelte der Adramelech. »Sie müssen verhindern, dass unser Regent den Hebel für die Aktivierung bestätigt, oder alle Generatoren für die Energieversorgung sabotieren. Dann wird sich das Feld nicht aufbauen. «

»Es nützt alles nichts«, sagte Aritron. »Ich schlage vor, dass wir ein Wurmloch aufbauen, das uns in einen Sektor vor dem Heimatsystem der Adramelech bringt. Den letzten Weg wird unsere Flotte dann per Hypersprung absolvieren. Vorher sollten wir getarnte Drohnen in das System einschleusen. Sie werden uns mit allen Informationen versorgen, die wir benötigen. Vor Ort entscheiden wir dann, wie wir weiter vorgehen. Es ist möglich, dass sich die Mächtigen bereits in einem Kampf mit den Uylanern befinden. Dann wird es ein Leichtes sein, ihre Zeitfeldtürme durch getarnte Jäger auszuschalten. «

Major Travis blickte die Befehlshaber der Gemeinschaftsflotte an.

»Haben sie irgendwelche Einwände? «, erkundigte er sich.

»Keine«, antworteten die angesprochenen Offiziere. »Die Flottenverbände von Admiral Dragphan und unserem Freund Morass, halten sich in dem Gebiet der Adramelech weiterhin in unserem Rücken auf«, ergänzte der Major. Durch die noch nicht vorhandenen Zusatzmodule ihrer Schutzschirme, sind sie weiterhin verwundbarer als unsere bereits modifizierten Schirmfelder. «

Er blickte die beiden Befehlsführer an.

»Halten sie uns den Rücken frei«, sagte er. »Sorgen sie dafür, dass keine Jäger, oder Jets der Adramelech Schaden anrichten können. «

»Wir haben verstanden«, antworteten Morass und Admiral Dragphan. «

Major Travis blickte Admiral Tarin an.
»Sie besitzen die meisten Schiffe in unserer Flotte«, lächelte er. »Würden sie den Frontalangriff fliegen? Die Flotte des Neuen-Imperiums wird die rechte Flanke übernehmen, die lantranische Flotte die linke Flanke aufreißen. Die redartanische Flotte wird einen Flug-Korridor wählen, der oberhalb der Flotte von Admiral Tarin liegt. Sie wird spitz von oben auf das System der Adramelech zustoßen. Wären sie alle hiermit einverstanden? «

»Nichts lieber als das«, antwortete der Admiral. »Ich habe gerne klare Linien. Ein Frontalangriff ist die beste Art der Abschreckung. «

»Dann ist es so weit«, sagte Major Travis. »Begeben wir uns auf unsere Schiffe und bereiten den Start vor. Aritron wird uns informieren, sobald seine Wissenschaftler das Wurmloch programmiert und geöffnet haben. «

»Viel Erfolg für uns alle«, sagte Kanzler Tarn-Lim.

Flottenverband der Uylaner

Die Armada der Uylaner hatte 24 Hyperraumsprünge absolviert. Der Doronger hatte befohlen, die Spuren von ihren letzten Anschlag auf den Flottenträger 13 zu verwischen. Die Flugroute führte die Armada in das Zentrum der Spiralgalaxie Adramalon.

Doronger Furgun Marey saß in seinem Kommandosessel und blickte auf den großen Bildschirm des Flaggschiffes.

»Zeichnen wir Ortungsreflexe? «, erkundigte er sich. » Sind Patrouillen der Adramelech auszumachen? «

»Alles ist ruhig«, antwortete Offizier Turgan, der Ortungsoffizier des Schiffes. »Seit einigen Sprüngen bekomme ich keine Ortungsanzeigen mehr. Die Mächtigen haben unsere Spur verloren. «

»Das ist gut«, lachte der Befehlsführer. »Sie sind nicht in der Lage uns zu folgen. Ihre Flottenverbände agieren zu weit verstreut in ihrem Hoheitsgebiet. «

»Sollen wir einen weiteren Sprung initiieren? «, erkundigte sich Murgan, der Steuermann.

Der Doronger schüttelte seinen Kopf.
»Ich denke, wir sind hier in diesem Sektor sicher«, antwortete er. »Die Adramelech suchen uns im Umkreis ihres vernichteten Flottenträgers. Sie rechnen nicht damit, dass wir bereits 24 Hyperraumsprünge durchgeführt haben. «

»Möchten sie, dass wir die angrenzenden Sektoren erkunden lassen? «, fragte Bruksill.

Der Doronger blickte ihn an.
»Lassen sie 10.000 Drohnen von unseren Schiffen ausschleusen«, befahl er. »Jede soll einen einzelnen Sektor anfliegen, das Gebiet scannen und Ortungen vornehmen. Dann sollen sich die Drohnen auf den Rückflug begeben und ihre Informationen an unser Flaggschiff senden. «

»Eine weise Entscheidung«, bemerkte der 1. Offizier.
»Sie hoffen immer noch, das Heimatsystem der Mächtigen zu finden? «

»Irgendwo muss ihre Zentralwelt sein«, fluchte der

Doronger. »Ich rechne mit einem Sternensystem mit mindesten 10 Planeten. Neben ihrer Heimatwelt werden dort auch ihre Rohstoff -, Werft - und Garnison-Planeten finden. Sie können nicht alle ihre Flotten auf ihrem Heimatplaneten stationieren. «

»Sie mögen Recht haben«, antwortete der 1. Offizier. »Dort bei der Größe der Adramalon-Galaxie suchen wir die Stecknadel im Heuhaufen. Es ist uns nicht möglich, alle Systeme dieser Sterneninsel zu prüfen. Vorher werden uns die Flottenverbände der Mächtigen aufgespürt haben. «

Der Doronger lächelte ihn an.
»Das Glück ist dieses Mal auf unserer Seite«, freute er sich. »Wie sonst wäre es möglich gewesen, dass wir unbehelligt 5 Flottenträger und die Schutzflotten vernichten konnten? «

Offizier Bruksill nickte
»Wir haben alles versucht«, antwortete er. »Man kann uns nichts vorwerfen. «

»Das reicht nicht«, erkannte der Doronger. »Wir haben eine Mission zu erfüllen. Wir werden nicht unverrichteter Dinge wieder abziehen. Unser Traum wird in Erfüllung gehen. Die Adramelech werden für die Jahrtausende lange Manipulation an unserer Rasse bestraft. Darüber sind wir uns wohl einig? «

»Natürlich«, antwortete der 1. Offizier. »Sie haben das Kommando. «

Dann drehte er sich ab und schritt auf den Maschinisten zu.

Der Doronger blickte auf den Bildschirm und zoomte unterschiedliche Sternensysteme heran. Doch bei keinem konnte ein Schiffsverkehr geortet werden.

»Die Drohnen sind startbereit«, meldete Dragun, der Maschinist des Schiffes. »Die Ausschleusung beginnt jetzt. «

»Danke«, antwortete der Befehlsführer.
Er sah, wie aus unterschiedlichen Schiffen seiner Armada die Such-Drohnen ausgestoßen wurden. Sie zündeten ihre Antriebe und schossen auf unterschiedlichen Flugrouten davon.

Der Doronger lehnte sich in seinem Stuhl zurück. Er wusste, dass er jetzt abwarten musste. Sein Wunsch war es, endlich das Heimatsystem der gehassten Herrenrasse zu finden.

Heimatsystem der Adramelech

Im Orbit über Drame'leur flogen Tausende von schweren Abwehrschiffen der Mächtigen. Sie hatten einen kompletten Blockaderiegel um den 6. Planeten aufgebaut. Die schweren Lasertürme der Schiffe waren ausgefahren, die Breitseiten der Schiffe in den Raum des Heimatsystems gerichtet. Exakt 85.000 Schiffe der 2.500 Meter-Klasse sicherten den Sektor der Zentralwelt. Unzählige Geschwader durcheilten den nahen Raum. Auf dem Boden des Planeten waren alle Abwehranlagen in Bereitschaft befohlen. Regierungsgebäude und wertvolle Anlagen des Planeten wurden zusätzlich mit einem Energieschirm gesichert. Man bereitete sich auf alle möglichen Eventualitäten vor. Bisher war es der Flotte nicht gelungen, die Armada der Uylaner abzufangen.

Der Regent ließ sich stündlich über die aktuelle Situation informieren. Er war sich sicher, dass die Uylaner es nicht wagen würden, das Heimatsystem der Mächtigen anzugreifen.

Er hatte seine Berater und die Führungsoffiziere versammelt.

»Wie weit sind die Flottenverbände von Admiral Jordin'Rorxon und Prinz Dadra'Katyn noch von unserem System entfernt? «, erkundigte er sich.

»Sie werden in zwei Tagen bei uns eintreffen«, antwortete ein Offizier des Flottenkommandos. »Die Eingreifflotte muss auf die Träger Rücksicht nehmen. Ihre Geschwindigkeit kann nicht mit unseren Kriegsschiffen mithalten. «

»Warum muss die ganze Flotte auf sie warten? «, fragte der Regent. » Hätte eine einfache Eskorte nicht ausgereicht? «

»So wie in den Sektoren, in denen sie stationiert waren? «, fragte der Offizier. » Unsere Schutzflotten von 25.000 Schiffen haben nicht ausgereicht, um die Uylaner aufzuhalten. Wollen sie weitere Träger verlieren? «

»Die Träger sind mir in diesem Moment egal«, bemerkte der Regent. »Sie sind zu ersetzen. Unser Heimatplanet nicht. Befehlen sie die Verbände von Jordin'Rorxon und Prinz Dadra'Katyn unverzüglich zu uns. Die Träger sollen ihren Flug allein fortsetzen. Die komplette Eingreifflotte soll mit der möglichen Höchstgeschwindigkeit zu uns fliegen. «

Der Offizier verbeugte sich.

»Wie sie befehlen«, antwortete er. »Ich gebe ihre Anweisung sofort an die Flotte durch. «

Dann drehte sich der Offizier um und eilte aus dem Saal.

»Bekommen sie jetzt kalte Füße? «, fragte Lord Pidra'Borxon. » Sie befahlen uns doch, nur 85.000 Schiffe als letzte Verteidigungslinie in unserem Heimatsystem zu belassen. Diese Krisensituation hätte gar nicht entstehen müssen. «

»Mein Wunsch war es, die Uylaner bereits in den Außensektoren unseres Hoheitsgebietes zu stellen und zu vernichten«, antwortete der Regent. »Dank meiner unfähigen Offiziere ist das kläglich misslungen. «

Lord Pidra'Borxon lachte laut auf. Die Röte war ihm ins Gesicht gestiegen. Er bemerkte, wie sein Blut in seinen Adern kochte.

»Mit dieser Aussage war zu rechnen«, erwiderte er schnippisch. »Jetzt sind wieder die Berater und die Führungsoffiziere der Flotte schuld. Fragen sie sich doch selbst einmal, wer sich über unsere Vorschläge hinweggesetzt hat. Ich spreche hier für alle Offiziere. Sie sind mit der derzeitigen Situation völlig überfordert. Noch nie musste sich unsere Flotte einer vergleichbaren Armada stellen. Alle von uns ausgelöschten Species verfügten nur über kleine Schiffsverbände. Mit unserer Technologie war es leicht, sie zu vernichten und auszurotten. Jetzt aber kommen ihre eigenen Kreaturen, die unsere Wissenschaftler im Reagenzglas erzeugt haben. Sie wollen ihnen ihre Kutte vom Körper reißen.

Der Hohn an dieser Situation ist jedoch, dass sie Schiffe verwenden, die wir ihnen zur Verschrottung überlassen haben. Ich frage mich ernsthaft, ob sie noch in der Lage sind, unser Imperium zu führen. Überall auf Drame'leur bilden sich Widerstandsgruppen gegen sie. Unser Volk ist ihre Regentschaft leid. Ich fordere sie hiermit ausdrücklich auf, ihre Regentschaft in andere Hände zu legen. Danken sie ab und genießen sie ihren Ruhestand. «

Fassungslos blickte der Regent einen engsten Berater Lord Pidra'Borxon an.

Die Berater und die Offiziere in dem Saal starrten mit aufgerissenen Augen fassungslos den Regenten an. Sie befürchteten das Schlimmste.

Erst nach wenigen Sekunden fand Zadra'Scharun Worte, um zu antworten. Er war von seinem Thron aufgesprungen.

»Ich dachte immer, sie wären mein engster und treuester Berater? «, knurrte er in einem zischenden Ton. » Doch ich habe mich in ihnen getäuscht. Sie sind noch schlimmer als der ärgste Feind, den sich ein Regent vorstellen kann. Niemals werde ich abdanken und mein Werk in andere Hände übergeben. Ich bin der Führer der Mächtigen. Wir werden bis zu unserem Untergang kämpfen. «

Der Regent drückte auf einen Knopf auf seinem Stuhl. Sicherheits-Soldaten kamen in den Saal gestürmt. Lord Pidra'Borxon blickte ihnen entgegen. Er riss mit seiner rechten Hand einen Laserstrahler hoch und drückte zweimal auf den Regenten ab. Die Laserstrahlen ließen einen Individual-Schutzschirm aufflackern, der den Regenten einhüllte. Wirkungslos wurden die Laserstrahlen abgeleitet.

Lord Pidra'Borxon hörte noch das schreckliche Lachen des Regenten, als er von den Soldaten überwältigt wurde. Spöttisch blickte der Regent ihn an.

»Lord Pidra'Borxon«, entschied er. » Sie werden den Tod in unserem Schmerzverstärker erleiden. Sämtliche Titel, alle Güter und Ländereinen, sowie ihr Vermögen werden der Regierung übereignet. Ihre Familie und ihre Angehörigen geleiten sie auf diesem Weg. Sie haben

Schande über unser Imperium gebracht. Nur mit ihrem Tod und der Auslöschung des Namens ihres Geschlechtes kann diese Tat gesühnt werden. «

Wieder lachte der Regent schrill auf.
»Führt ihn ab«, befahl er. »Er ist nutzlos für uns geworden. «

Die Geräuschkulisse in dem Saal hatte sich verstärkt. Die Berater und die Offiziere diskutierten über die Vorgehensweise des Regenten.

Lord Suito'Beytun trat vor. Er war ein Mitglied der Obersten Vollkommenheit.

»Im Namen der Obersten Vollkommenheit protestiere ich über ihre Maßnahme«, sagte er. »Lord Pidra'Borxon war ein wichtiger Stratege für unser Imperium. Sein Verlust ist nicht zu ersetzen. «

»Jeder ist zu ersetzen«, antwortete der Regent gelassen. » Möchte sich jetzt auch die oberste Vollkommenheit mein Wohlwollen verscherzen? «

»Ich bitte sie lediglich um eine Volksbefragung«, antwortete Lord Suito'Beytun. »Ihr Berater wurde sehr geschätzt und besitzt viele Anhänger. Sie können das Volk nicht vor den Kopf stoßen. Das wird ihr Untergang sein. «

»Die oberste Vollkommenheit sollte sich nicht in die Politik einmischen«, erwiderte der Regent. » Sorgen sie dafür, dass ihr Glauben uns zum Sieg verhilft. Ich bin das Volk. Das sollten sie eigentlich mittlerweile wissen. «

Lord Suito'Beytun verbeugte sich und trat einen Schritt zurück. Er hatte sein Möglichstes versucht.

»Commodore Fuito'Jeyfun«, sagte der Regent. »Treten sie vor. «

Der Commander blickte den Regenten an und tat wie ihm befohlen. Vorschriftsmäßig verbeugte er sich.

»Allmächtigkeit und Erleuchtung sei dir gegeben«, huldigte er dem Regenten. Dann richtete er sich auf.

»Vorbildlich«, lachte der Regent. »Sie werden in den Rang eines Lords befördert. Trauen sie sich zu, die Aufgaben des verurteilten Lord Pidra'Borxon zu übernehmen? «

»Selbstverständlich«, stammelte der Commander. »Ich führe unsere Flotte zum Sieg. «

»Sind sie auch der Ansicht, dass meine Anweisungen falsch waren?«, erkundigte sich der Regent.

»Nein, geschätzter Regent«, antwortete der neue Lord. »Sie sind über alle Anschuldigen erhaben. Sie können nicht falsch entscheiden. Sie besitzen das Wissen und die Erleuchtung. «

»Das wollte ich hören«, entgegnete der Regent. Er blickte die versammelten Offiziere und Berater an.

»Seht, eurer neuer Oberbefehlshaber steht vor euch«, verkündete der Regent. »Befolgt seine Befehle und Anordnungen. Er spricht in meinem Namen und steht unter meinem besonderen Schutz. Höre ich Ablehnung über ihn, dann werden diese Personen unserem Lord Pidra'Borxon unverzüglich in den Schmerzverstärker folgen. Ist das allen klar? «

Die Berater und Offiziere nickten und verbeugten sich. »Allmächtigkeit und Erleuchtung sei dir gegeben«, huldigten sie.

Es klopfte an der Türe. Ein Adjutant der Flottenführung kam hereingestürmt. Ungehalten verfolgte der Regent seinen Gang. Der Adjutant suchte mit seinen Blicken Lord Fuito'Jeyfun. Dann hatte er ihn gesichtet. Er schritt auf ihn zu und übergab ihm eine Folie. Der Lord blickte kurz hierauf.

»Es wurden Suchdrohnen identifiziert, die nicht von uns stammen«, teilte er dem Regenten mit. »Vermutlich stammen sie von den Uylanern. Ihre Bauweise gleicht unseren Modellen, bis auf kleinere Abweichungen. Sie haben unser System gescannt. Abfangverbände konnten sie nicht erreichen. Wir haben zahlreiche Ortungshinweise aufgezeichnet. Kurz hiernach sind die Drohnen wieder aus dem System gesprungen. «

»Wie lange brauchen unsere Verbände, bis sie bei uns eintreffen? «, erkundigte sich der Regent erneut.

Der Adjutant der Flottenführung blickte ihn an.
»Wir haben ihren Befehl bestätigt bekommen«, teilte er mit. »Die Flotten von Admiral Jordin'Rorxon und Prinz Dadra'Katyn sind in den Hyperraum gesprungen und nähern sich mit Höchstgeschwindigkeit. Sie werden noch 10 Stunden Flugzeit benötigen, ehe sie Drame'leur erreichen. «

»Das ist zu lange«, fluchte der Regent. »Die Uylaner werden uns früher erreichen. Fahrt die Generatoren der Feldwellentürme bis zur maximalen Leistung hoch. Wir müssen für alle Situationen bereit sein. Falls unsere

Heimatflotte die Uylaner nicht aufhalten kann, dann werden wir unsere Zentralwelt in eine andere Zeit versetzen. Programmiert die Steuerung auf 500.000 Jahre vor unserer Zeit. Von dort aus können wir den Heimatplaneten der Uylaner auslöschen. «

Der neu ernannte Lord Fuito'Jeyfun blickte den Regenten an.

»Was ist mit den Flottenverbänden von Admiral Jordin'Rorxon und Prinz Dadra'Katyn? «, fragte er. » Wir brauchen sie für den Einsatz gegen die Uylaner. «

»Falls sie nicht rechtzeitig bei uns eintreffen, dann sind sie auf sich selbst gestellt. Wir werden nicht auf sie warten. Teilen sie ihnen mit, wir brauchen sie hier. Sie sollen alle verfügbaren Energien in ihre Antriebe leiten. Auch die aus den Schutzschirmen. Auf diese Art sollten den Schiffen 25 Prozent mehr Leistung zur Verfügung stehen. «

»Das werden die hochgezüchteten Triebwerke nicht lange aushalten«, antwortete der Lord. »Wir werden reihenweise Ausfälle zu beklagen haben. «

»Das ist mir gleichgültig«, erwiderte der Regent. »Sagen sie ihnen, sie hätten nur diese Wahl. Ansonsten müssen sie ohne ihre Zentralwelt in dieser Zeitepoche weiterleben. «

Schiffs-Armada der Uylaner

Der 1. Offizier des Flaggschiffes der uylanischen Flotte blickte auf den Bildschirm. Er erkannte, wie die ersten Drohnen zurückkamen und ihre Schiffe anflogen. Er griff nach dem Communicator.

»Hier spricht Bruksill, vom Flaggschiff des Doronger Furgun Marey«, sprach er in das Gerät. » Ich befehle alle Informationen der Drohnen auszulesen und diese unverzüglich an unser Schiff zu übermitteln. Bitte bestätigen sie die Anordnung. «

»Die Bestätigungen treffen bereits ein«, teilte der Funkoffizier mit.

»Ich erhalte Daten«, meldete der Ortungs-Offizier.
Dann schüttelte er seinen Kopf.

»Ein großer Teil der Drohnen konnte nur belanglose Informationen aufzeichnen«, ergänzte er. » Es sind keine Energieemissionen, kein Schiffsverkehr und keine bewohnten Planeten auszumachen. Die Scans scheinen ohne Erfolg zu ....«

Er stoppte plötzlich in seiner Auskunft.

»Moment«, stutzte er. »Ich analysiere neue Daten. Da ist etwas. «

Der Doronger war aufgesprungen.

»Was haben sie? «, sprach er den Ortungsoffizier an. » Legen sie die Daten auf den Bildschirm. «

Die Offiziere der Brücke blickten gespannt auf den Monitor des Schiffes.

»Moment noch«, antwortete der Offizier. »Die Daten werden von unserer Hypertronic-KI ausgewertet.

Dann wurde der Bildschirm mit Daten überflutet. Der Ton immer lauter werdender akustischer Signale überflutete die Brücke. Das Auftreffen fremder Ortungsreflexe wurde sichtbar. Unzählige rote Feindzeichen wurden auf dem Bildschirm abgebildet. Der Bildschirm zeigte ein Sternen-System mit einer Doppelsonne an. Sie wurde von 15 Planeten umrundet. Der sechste Planet schien besonders wichtig zu sein. Eine Flotte der Adramelech sicherte ihn. Weitere Flottengeschwader verteilten sich in dem Sektor.

»Meine Auswertung wurde beendet«, meldete die Hypertronic-KI. »Das vermeintliche Heimatsystem der

Adramelech wurde gefunden. In dem System befinden sich derzeit 85.000 schwere Einheiten ihrer Schiffe. »Ganze 20.000 Kampfschiffe sichern den sechsten Planeten des Systems. Von ihm gehen gewaltige Energie-Emissionen aus. Meine Analyse bestätigt, dass unzählige Generatoren anlaufen. Ein Teil der Bodenanlagen wird durch zusätzliche Schutzschirme gesichert. Es steigen in kurzen Abständen weitere Schiffe und Jets und Jäger von dem Boden des Planeten auf. «

»Habe ich richtig verstanden? «, fragte der Doronger nach. » Es befinden sich nur 85.000 Schiffe in dem System? «

»Meine Analyse ist korrekt«, antwortete die Hypertronic-KI. »Die Anzahl der Kriegs-Schiffe beträgt exakt 85.000 Einheiten. «

»Der Tag unserer Abrechnung ist gekommen«, lachte der Doronger. »Jetzt werden wir ihnen den vernichtenden Schlag versetzen. «

Der blickte seine Offiziere an.
»Teilen sie mir ihre Angriffspläne mit«, befahl der Doronger.

Der 1. Offizier trat vor.

»Mein Vorschlag ist es, mit 150.000 Schiffen in das System zu springen«, erklärte er. »Diese Schiffe drosseln ihre Geschwindigkeit nahe dem 12. Planeten des Systems. Die Adramelech werden überrascht sein und ihre Schiffe auf einen Abfangkurs befehlen. Ihr Ziel ist es, unsere Flotte anzugreifen. Kurz bevor uns die Schiffe erreicht haben, materialisiert unsere restliche Flotte von 300.000 Schiffen vor ihrer Zentralwelt. Unsere Einheiten verteilen sich im Orbit des Planeten und wehren zurückkehrende Schiffe, oder die Jäger und die Kampfjets der Adramelech, ab.

In der Zwischenzeit wird der Turgan-Clan seine Diskusschiffe starten. Diese sind speziell für den Atmosphärenkampf ausgerüstet. Sie tauchen in die Luftschichten des Planeten ein und nehmen alles unter Beschuss, was sich als lohnend auf ihrem Display abzeichnet. Insbesondere die Zeitwellentürme der Mächtigen müssen vernichtet werden. Ihre Flucht in eine andere Zeitepoche sollte verhindert werden. Sind diese ausgeschaltet, dann empfehle ich den Palast des Regenten anzugreifen. «

Der Doronger dachte nach.
»Ein guter Plan«, bestätigte er.

»Wir sollten gleichzeitig unsere Brutkapseln mit unserem Nachwuchs auf den Planeten abschießen«, sagte Offizier

Dragun. »Die Mächtigen werden sich nicht hierum kümmern können. Sie haben mit der Abwehr unserer Schiffe genug zu tun. Unser Nachwuchs kann sich auf dem Planeten ausbreiten und sich ein Versteck suchen. Wenn sie später ausgereift sind, werden sie Überlebende der Adramelech angreifen. «

»Ausgezeichnet«, antwortete der Doronger. »Das ist unser Plan. »Informiert unsere Flotte und teilt die Geschwader ein. Wir müssen das Zeitfenster nutzen, bevor die Adramelech ihre Verstärkung anfordern können. Der Sprung in ihr System erfolgt in 15 Minuten. «

Die Offiziere eilten auseinander. Hektisches Treiben war auf der Brücke zu sehen. Doronger Furgun Marey lehnte sich in seinem Kommandosessel zurück. Er war sichtlich froh, endlich das System der gehassten Mächtigen gefunden zu haben. «

System der Adramelech

Der große Saal des Regenten war mit Technik vollgestopft worden. Zadra-Scharun, der Regent des Wissens und der Erleuchtung hatte den Befehl gegeben, dass er zeitnah über alle Geschehnisse informiert wurde.

Zufrieden blickte er auf den Bildschirm. Er zeigte den Raumsektor des Systems der Zentralwelt an. Exakt 20.000 Schiffe riegelten den Planeten Drame'leur ab. Die restlichen 65.000 Schiffe der Heimatverteidigung hatten sich in Geschwader zu je 500 Schiffen aufgeteilt und durcheilten den Raum zwischen den Planeten des Systems. Die Positionen der Schiffe der Heimatverteidigung wurden grün auf dem Bildschirm angezeigt. Es schien so, als ob die Schiffe die Sicherung des Systems im Griff hatten.

»Haben wir Informationen von den Flottenverbänden von Admiral Jordin'Rorxon und Prinz Dadra'Katyn erhalten? «, fragte der Regent die Offiziere der Flottenführung erneut.«

»Sie fliegen mit Höchstgeschwindigkeit unser System an«, antwortete Lord Fuito'Jeyfun. »Wir rechnen mit ihrem Eintreffen in drei Stunden. «

Der Regent wirkte erleichtert.
»Drei Stunden sind akzeptabel«, antwortete er. »Noch sind die Uylaner nicht aufgetaucht. Gelingt es den Schiffen unserer Heimatverteidigung die Armada der Uylaner so lange zu beschäftigen? «

Der Lord zuckte mit seinen Achseln.

»Wenn wir unsere blaue Energie entfesseln können, dann werden wir die Uylaner von unserem Heimatplaneten fernhalten können«, antwortete er. »Im direkten Kampf sehe ich Probleme. Ihre Schiffe sind wendiger als unsere. In einer Raumschlacht Schiff gegen Schiff, werden wir den Kürzeren ziehen. Die Armada der Uylaner ist uns zahlenmäßig überlegen. «

Der Regent überlegte kurz.
»Falls es zu einer befürchteten Materialschlacht kommen sollte, dann müssen wir die Schiffe der Uylaner näher an die Planeten unseres inneren Systems heranziehen«, teilte er mit. »Die bodengebundenen Geschütze werden weitere Schiffe ihrer Armada erfassen und vernichten. «

»Ich rate zur Vorsicht, « sagte Lord Vussor'Leytin, der Befehlshaber der Heimatverteidigung. »Wir geben den Schiffen der Uylaner zu viel Spielraum. Sie könnten Raketen und Bomben ausschleusen. Es ist fast unmöglich, diese in der Atmosphäre unseres Planeten abzufangen. «

»Sie haben Recht«, bestätigte der Regent. »Das Risiko sollten wir nicht eingehen. Ich bitte um weitere Vorschläge. «

Eisige Stille herrschte in dem Saal der Versammlung. Der Regent blickte auf den Bildschirm. Die Schiffe der

Verteidiger hatten ihre Positionen eingenommen. Sie rechneten mit dem Schlimmsten. Milliarden von Adramelech hatten am Boden der Zentralwelt die Bunker aufgesucht, die ihnen eine relative Sicherheit bieten sollten.

»Wir müssen versuchen die Armada der Uylaner auf Distanz zu halten«, sagte Lord Fuito'Jeyfun. » Sie dürfen nicht in unser System einfliegen und unsere Planeten bombardieren. Das muss unter allen Umständen verhindert werden. «

»Aber wie? «, fragte der Regent plötzlich. » Wir haben zu wenige Schiffe vor Ort. «

»Wir können einen Teil des Raums verminen«, schlug Lord Fuito'Jeyfun. »Dann müssten unsere Schiffe die Flotte der Uylaner in die Minenfelder locken. «

»Lässt sich das bewerkstelligen? «, fragte der Regent. » Jedes vernichtete uylanische Schiff ist hilfreich. «

»Ja«, antwortete Lord Vussor'Leytin. »Wir können die Minenfelder vor dem 8. Planeten unseres Systems und vor dem 4. Planeten unseres Systems ausstreuen. Dann werden wir von zwei Seiten gesichert. «

»Veranlassen sie das«, befahl der Regent. »Es muss sofort erledigt werden. Es bleibt nicht mehr viel Zeit. «

Lord Vussor'Leytin lief zu dem aufgebauten Hyperkomm-Funkgerät und gab seine Befehle an die Heimatflotte der Adramelech durch.

Sekunden später erkannte der Regent, wie 1.500 Schiffe unterschiedliche Positionen anflogen und Treibminen ausschleusten. Sie konnten per Schiffsfunk aktiviert werden. Die Ausschleusung ging schnell vonstatten.

Lord Fuito'Jeyfun hatte zwischenzeitlich die Schiffsverbände informiert und auf die Minenteppiche hingewiesen.

Alarmsirenen heulten durch den Saal. Die Offiziere blickten auf den Bildschirm. Nahe dem 12. Planeten blinkten rote Ortungsreflexe.

»Die Uylaner sind eingetroffen«, sagte der Regent. »Wie viele Schiffe sind es? «

Die zentrale Hypertronic-KI antwortete sofort.
»Eine Flotte der Uylaner ist in das System eingeflogen«, bestätigte sie. »Es handelt sich um exakt 150.000 Schiffe

einer 1.000 Meter-Klasse. Sie haben ihre Waffentürme aktiviert. Es ist mit Kampfhandlungen zu rechnen. «

»Die Schiffe sind sofort abzufangen«, tobte der Regent. »Vernichtet sie, nichts darf von ihnen übrigbleiben. «

»Das kann eine Falle sein«, betonte Lord Vussor'Leytin. »Nach der Einschätzung unseres Flottenkommandos, müsste die Flotte der Uylaner über die dreifache Anzahl von Schiffen verfügen. «

»Sehen sie weitere Verbände? «, kreischte der Regent. »Ich möchte, dass die fremde Flotte sofort angegriffen wird. Die Uylaner haben hier nichts zu suchen. Es sind Tiere. «

»Unsere Schiffe bleiben auf ihren Verteidigungs-Positionen«, antwortete Lord Vussor'Leytin zurück. » Es ist unverantwortlich sie abzuziehen, um die feindliche Flotte anzugreifen. «

»Ich befehle die Flotte sofort anzugreifen«, sagte der Regent. »Wollen sie dem Beispiel von Lord Pidra'Borxon folgen? «

Lord Vussor'Leytin blickte den Regenten an.

»Auf ihre Verantwortung«, entgegnete er. »Alle Offiziere in diesem Raum sind meine Zeugen. Ich beuge mich ihrer Befehlsgewalt. Doch ich rate ihnen von dieser Entscheidung ab. Etwas stimmt hier nicht. «

Der Regent war außer sich. Er ließ die Ratschläge seiner Offiziere nicht bis zu sich vordringen.

»Befehlen sie unverzüglich den Angriff«, tobte er.

Lord Vussor'Leytin nickte und lief erneut zu der Hyperkomm-Funkanlage.

Seine Befehle waren eindeutig. Dreiviertel der Flottenkontingente nahmen Fahrt auf und flogen auf die Koordinaten der uylanischen Flotte zu.

Uylanische Flotten-Armada

»Haben wir Nahaufnahmen des sechsten Planeten? «, fragte der Doronger. » Wir müssen sichergehen. «

»Ich zoome den Planeten heran«, antwortete der Ortungsoffizier.

Schnell wuchs der Planet zu einer großen Kugel heran. Das Bild fuhr durch die Wolken und stoppte, als die Sicht klarer wurde.

Die Offiziere des Flaggschiffes brachen in Jubel aus. Der Doronger lächelte, als er erkannte, was der Bildschirm wiedergab.

Zahlreiche drei- und viereckige Türme wurden sichtbar, die bis in die Wolkendecke reichten. Das hellbraune Tageslicht gab eine bedrückende Stimmung wieder.

»Die Luft des sechsten Planeten ist mit Industrie-Abgasen, verschmutzt«, meldete Offizier Turgan. »Die verdreckte Atemluft hat sich zu einer Schmutzwolke ausgebildet. «

»Das ist uns egal«, antwortete der Doronger. »Unsere bevorzugten Ziele sind klar auszumachen. Die Diskusschiffe des Turgan-Clans werden im Atmosphärenkampf ihre Zeitwellentürme angreifen und diese vernichten. Ihre Schiffe sind hierfür prädestiniert. «

»Geben sie den Angriffsbefehl«, schlug der 1. Offizier vor. »Wir sollten nicht so lange warten, bis ihre Verstärkung eingetroffen ist. «

Der Doronger blickte ihn an.

»Sie haben Recht«, antwortete er. »Wir beginnen jetzt. Befehlen sie 150.000 Schiffen in die Nähe der Umlaufbahn ihres 12. Planeten zu springen. Dort schleusen sie weitere Brutkapseln mit unserem Nachwuchs aus. Sie werden sich auf dem Planeten schnell entwickeln. Die Adramelech werden unsere Ankunft in ihrem System registrieren und uns ein Abfanggeschwader schicken. Sie wissen nicht, dass eine stärkere Flotte folgen wird. Wir reißen ihre Heimat-Verteidigung auseinander. Wir lassen ihnen ein Zeitfenster von 20 Minuten.

Dann folgt unsere zweite Flotte mit 300.000 Schiffen. Wir bilden eine Gabelformation und springen direkt auf die Koordinaten ihrer Zentralwelt. Während sich unsere Kriegs-Schiffe um ihre restliche Heimatverteidigung kümmern, fliegen die Diskusschiffe in die Atmosphäre ihres Planeten ein. Sie zerstören vorrangig die Zeitwellentürme, die Energieversorgungen und ihre Hyperkomm-Funkanlagen. Kein Stein wird auf ihrem Planeten mehr auf seinem Platz bleiben. Bombardieren wir sie, bis die Kruste ihrer Welt glutflüssig wird. «

»Ihre Befehle wurden übermittelt«, meldete der 1. Offizier. »Unsere erste Angriffsflotte wird von den Angehörigen von fünf Clans bereitgestellt und geflogen. «

Der Doronger nickte. Er blickte auf den Bildschirm und sah, wie die 150.000 Schiffe in den Hyperraum wechselten.

»Das Zeitfenster beachten«, warnte er. »In 20 Minuten folgen wir mit unserem Hauptgeschwader und lassen die Mächtigen für ihre Taten bezahlen.

Tief grunzend lachte er auf.

Drame'leur, Heimatsystem der Mächtigen

Alarmsirenen heulten durch die Leitstelle des Oberflottenkommandos der Adramelech.

Die Offiziere blickten auf den Bildschirm. Nahe dem 12. Planeten blinkten rote Ortungsreflexe.

»Die Uylaner sind eingetroffen«, meldete Lord Vussor'Leytin, der aufgeregt in die Leitstelle gelaufen kam. »Der Regent will die Flotte abgefangen haben. Er lässt sich nicht belehren, dass es möglicherweise eine Falle sein kann. «

»Wie viele Schiffe sind es? «, fragte ein Offizier.

Die zentrale Hypertronic-KI antwortete sofort.

»Es handelt sich um exakt 150.000 Schiffe einer 1.000 Meter-Klasse«, teilte sie mit. »Sie haben ihre Waffentürme aktiviert. Es ist mit Kampfhandlungen zu rechnen. «

»Es sind zu viele«, meldete der Offizier. »Wir haben nur 85.000 Schiffe zur Verfügung. «

Lord Vussor'Leytin nickte.
»Es werden im Moment auch nicht mehr werden«, antwortete er. »Befehlen sie 60.000 Schiffen die Flotte der Uylaner anzugreifen. Das ist der ausdrückliche Befehl von Zadra-Scharun. Die Kampfkraft unserer Schiffe ist den Schiffen der Uylanern überlegen. Sie besitzen lediglich alte Ausführungen unserer 1.000 Meter-Klasse Einheiten. Unsere Schiffe sollen ihre Breitseiten und ihre Lasertürme auf die Schutzschirme der Angreifer ausrichten. «

Der Offizier der Leitstelle nickte. Er lief zu der Funkstelle und ließ den Befehl durchgeben.

Es dauerte nur Sekunden, da preschten Geschwader heran, die sich zu einer Flotte von 60.000 Schiffen formierten. Mit maximaler Geschwindigkeit flog sie auf die Eindringlinge zu.

»Programmieren sie einen automatischen Notruf an die Eingreifflotten von Admiral Jordin'Rorxon und Prinz Dadra'Katyn«, befahl Lord Vussor'Leytin. »Teilen sie ihnen mit, dass Drame'leur angegriffen wird. Sie sollen sich beeilen. Der Regent wird bei einer anstehenden Niederlage unseren Planeten in eine andere Zeitzone versetzen. Falls unsere Eingreifflotte nicht rechtzeitig hier ist, kann sie nicht mehr mitfliegen. Der Regent beabsichtigt nicht auf sie zu warten. «

»Sollen wir sie hier der Vernichtung übereignen? «, fragte der Offizier. » Es sind unsere Familien und Angehörige auf den Schiffen. «

»Das ist mir bewusst«, antwortete Lord Vussor'Leytin traurig. »Wollen sie dem Regenten mitteilen, dass wir seinen Befehl nicht ausführen wollen? «

»Unser Verband von 60.000 Schiffen hat die uylanische Flotte erreicht«, meldete der Ortungs-Offizier.

Die Crew der Leitstelle blickte mit gemischten Gefühlen auf den großen Bildschirm der Leitstelle.

Die Schiffe der Adramelech hatten sich in 10 Blockadelinien formiert. Ihre Schiffs-Breitseiten waren auf die langsam näherkommende Flotte der Uylaner gerichtet. Dann brach die Hölle aus.

Dicke Lasersalven donnerten aus den Rohren der Lasergeschütze den feindlichen Schiffen entgegen und entfachten ein Blitzgewitter. Die Schutzschirme der uylanischen Schiffe der vordersten Linie verfärbten sich schlagartig tiefrot. Die im Sekundentakt nachfolgenden Strahlen ließen zahlreiche Schiffe der Uylaner in Atomfeuern verglühen. Mit allen Geschützen feuerten die Adramelech auf ihr ehemaliges Hilfsvolk. Diese machten keinen Anstand abzudrehen. Wieder explodierten zahlreiche Schiffe.

Der Flottenführer der Heimatverteidigung hatte 10 Schiffe mit Freiwilligen an Bord befohlen, unter die anfliegende Flotte der Uylaner zu springen und ihre blaue Energie zu entfesseln. Er wusste, dass die Schiffe nicht mehr zu einem Rückflug imstande sein würden.

Er beobachtete, wie die Flotte entmaterialisierte und unter den Schiffen der Uylaner wieder in den Normalraum eindrang. Innerhalb von Sekunden wurde die bereits umgewandelte blaue Energie in ihrem gasförmigen Zustand freigelassen. Die große Wolke breitete sich aus und hüllte knapp 20.000 Schiffe der Feinde ein. Ein wildes Durcheinander entstand unter den

Schiffen, die in der Mitte der uylanischen Flotte flogen. Verzweifelt versuchten sie Schiffe auszuscheren und sich in Sicherheit zu bringen. Doch es war zu spät. Bereits erste Schiffe der Uylaner detonierten. Die Explosionen weiteten sich aus und griffen auch nach den Schiffen der Adramelech. Die blaue Energie riss ein großes Loch in die Reihen der Angreifer.

Die Abwehrbarriere der Adramelech brachte den Angriff der Uylaner zum Stillstand. Wie von Sinnen flogen sie auf die breite feuernde Wand zu. Immer mehr Schiffe der Uylaner wurden aufgerissen, Brände brachen aus. In einem immer kürzeren Abstand explodierten weitere Schiffe der Feinde. Doch auch die Adramelech mussten bereits Verluste verzeichnen. Einige ihrer Schiffe, die in ein starkes Gegenfeuer gerieten, konnten nicht mehr abdrehen. Ihre Schutzschirme kollabierten. Die nachfolgenden Einschläge beendeten die Existenz der Schiffe.

Die gleißende Lichtfülle war auf den Bildschirmen der Flottenleitstelle und im Kommandosaal des Regenten zu sehen. Ein Schiff der Uylaner blähte sich zu einer Nova auf. Als es explodierte, applaudierten die Berater und die Offiziere des Regenten.

»Der Angriff der Uylaner konnte gestoppt werden«, meldete Lord Fuito'Jeyfun dem Regenten.

Der nickte beachtlich. Sein Gesicht war unter der tief heruntergezogenen Kapuze seines Umhanges nicht zu erkennen.

Die Schiffe der Adramelech feuerten die Breitseiten ihrer Schiffe ab. Noch konnten sie den Angriff der Uylaner vereiteln. Doch das ehemalige Hilfsvolk hatte jetzt den Mächtigen ebenfalls ihre Schiffsseiten zugedreht. Die Breitseiten ihrer Lasertürme feuerten auf die Blockadelinie der Adramelech. Das gnadenlose Feuer der Schiffe verursachte eine schwere Materialschlacht. Schutzschirme rissen auf beiden Seiten auf. Die im Sekundentakt einschlagenden Strahlen bohrten sich tief in das Schiffsinnere. Es dauerte nur Sekunden, dann explodierten die Energiegeneratoren. Gewaltige Explosionen rissen die Schiffe auseinander.

Der Befehlsführer der Schiffe der Adramelech blickte auf den Bildschirm. Mit Erschrecken erkannte er, wie auch die Anzahl seiner Schiffe stetig abnahm.

»Weitere 10 Schiffe mit Freiwilligen sollten unter die Armada der Uylaner springen und ihre blaue Energie freisetzen«, befahl er.

»Die Besatzungen weigern sich«, antwortete der Funk-Offizier. »Ich bekomme keine Freiwilligen mehr zusammen.

»Das ist Befehlsverweigerung«, sagte der Kommandant. »Nur so können wir die Flotte der Uylaner aufreiben. «

»Ich messe eine starke Hyperraumverzerrung nahe vor Drame'leur«, meldete der Ortungs-Offizier.

»Auf den Bildschirm legen«, befahl der Befehlsführer der Flotte.

Die Crew sah, wie drei Lichtminuten vor der Zentralwelt weitere 300.000 Schiffe der Uylaner in den Normalraum eindrangen.

»Das kann nicht sein«, sagte der Kommandant entsetzt. »Eine weitere Flotte greift unsere Zentralwelt an. «

Flotte der Uylaner vor Drame'leur

»Feuern sie auf die Schiffe der Heimatverteidigung«, befahl der Doronger.

Der 1. Offizier gab den Befehl durch. Bevor sich der völlig überraschte Teil der Heimatflotte der Adramelech formieren konnte, wurde sie von Gruppen der uylanischen Flotte angegriffen. Die einzelnen Schiffe mussten sich massiv verteidigen. Auch hier setzte eine starke Raumschlacht ein.

Der Doronger lächelte, als er sah, dass erste Schiffe der gehassten Herren bereits in Glutfeuern vergingen.

»Mit dem Angriff der Diskus-Schiffe beginnen«, befahl er. »Sie sollen in die Atmosphäre eintauchen. «

Der Bildschirm zeigte, wie sich 25.000 Diskusschiffe aus der Flotte lösten und in die Atmosphäre des Planeten eintauchten. Sie drangen tiefer und schickten ihre Bomben aus. Dann durchpflügten sie die Luftschichten und richteten ihre starken Laserstrahlen auf die Zeitwellentürme, die Generatorstationen und auf alle wichtigen Bauwerke.

Die vorsorglich in Schutzbunkern evakuierte Bevölkerung bemerkte das Einschlagen der Bomben. Der Boden zitterte von der Qual der Detonationen. Das dumpfe Dröhnen der Abwehrstellungen verstärkte das ungute Gefühl der Schutzsuchenden.

Ein Netzwerk von zahlreichen Abwehrgeschützen der Adramelech hatte sich aktiviert. Ihre massiven Strahlen schlugen den anfliegenden Diskusschiffen entgegen. Der Schutzschirm dieser Schiffe schien eine Eigenkonstruktion der Uylaner zu sein. Die Schutzwirkung dieser Schirme war geringer als auf ihren Kriegsschiffen. Der Einschlag von drei Treffern der bodengebundenen Abwehrgeschütze genügte, um ein Diskusschiff in einen Glutball zu verwandeln. Trotzdem gelang es vielen Diskusschiffen ihre Bomben und Raketen auszuschleusen. Der Boden wurde tief aufgerissen. Feuer und Lava traten aus. Zahlreiche Zeitwellentürme fielen in sich zu zusammen.

Unzählige Jäger und Jets starteten von ihren Basen und fielen über die Diskusschiffe her. Jetzt waren die Diskusschiffe der Uylaner in der Unterzahl. Gnadenlos feuerten die Jäger die Adramelech auf die Angreifer. Die gebündelten Einschläge zeigten Wirkung. Immer mehr Diskusschiffe explodierten, oder schlugen beschädigt auf dem Boden auf.

Der Regent hatte seine Hand bereits auf den Hebel zur Aktivierung des Zeitfeldes gelegt. Er erkannte, dass der Boden der Zentralwelt schwer beschädigt war. Überall wurden Explosionen von Einschlägen der Bomben und Raketen registriert.

Dann kam die erlösende Antwort.

»Unsere Jäger haben die Diskusschiffe vernichtet«, teilte Lord Fuito'Jeyfun. »Von ihnen geht keine Gefahr mehr aus. «

Erleichtert nahm der Regent die Hand von der Steuerung des Zeitfeldes. «

»Wo bleiben unsere Verbände? «, fragte er. » Wann treffen Admiral Jordin'Rorxon und Prinz Dadra'Katyn ein.«

»Sie sollten eigentlich schon hier sein«, antwortete der Lord. »Das Zeitfenster ist abgelaufen. «

Flotte der Uylaner

Lächelnd bemerkte der Doronger, wie die Diskusschiffe in der Atmosphäre der Zentralwelt der Adramelech wüteten. Ihre Bomben und Raketen rissen den Boden auf. Feuer, Glut und Lava zischten an die Oberfläche. Ein Teil der Zeitwellentürme war getroffen worden. Sie fielen bedeutungslos in sich zusammen.

Das Lächeln im Gesicht des Doronger fror ein. Er sah, wie unzählige Jäger und Jets von dem Boden aufstiegen und ein Kesseltreiben mit den Diskusschiffen veranstalteten.

Immer mehr seiner Schiffe explodierten, andere trudelten beschädigt zu Boden.

Der Doronger tobte.

»Alle restlichen Brutkapseln auf die Zentralwelt abfeuern«, befahl er. »Falls wir keinen Erfolg haben, dann wird unser Nachwuchs die Arbeit vollenden. «

Der 1. Offizier hatte den Befehl weitergeleitet.

Der Doronger sah auf dem Bildschirm, wie tausende von kleinen Kapseln abgeschossen wurden. Sie flogen in die Atmosphäre von Drame'leur und verschwanden aus dem Blickfeld der Sensoren. Der Doronger wusste, dass die Abwehrgeschütze der Adramelech unmöglich alle Kapseln abfangen konnten.

»Wir rücken näher an den Planeten heran«, befahl er. »Die Schiffe sollen einen Bombenteppich ausschleusen. Der Planet soll brennen. «

»Die Schiffe der Adramelech setzen ihre blaue Energie frei«, teilte der 1. Offizier mit. » Es ist gefährlich, näher an den Planeten heranzufliegen. «

Der Doronger registrierte, dass die Abwehrflotte der Mächtigen sich in Gruppen zu drei Schiffen formiert hatte. Sobald diese von Geschwadern der Uylaner angegriffen wurden, setzten sie ihre gasförmige blaue Wolke frei. Diese driftete den Schiffen der Uylaner entgegen.

»Den Angriff intensivieren«, befahl der Doronger.

Der Ortungs-Offizier blickte auf seine Anzeigen.
»Ich registriere starke Hyperraum-Verzerrungen«, teilte er mit. »Vermutlich trifft die Verstärkung der Adramelech ein.«

»Das wollte ich verhindern«, antwortete der Befehlsführer. »Unsere Verbände sollen sich sammeln. Wir werden von einer starken Flotte angegriffen. «

»Ihr Befehl wurde weitergegeben«, meldete der Funkoffizier. »Unsere Schiffe brechen den Angriff auf Drame'leur ab und formieren sich neu. Auch unsere Flotte, die auf den Koordinaten ihres 12. Planeten steht, bricht ihren Kampf ab und nimmt Kurs auf uns. «

Der Doronger nickte und wartete ab. Dann explodierten fremde Ortungszeichen auf dem großen Bildschirm des Schiffes.

Der Doronger sah mit entsetztem Blick, wie ein großer Flottenverband in dem Raum, nahe des 8. Planeten materialisierte. Dieser durchschnitt die Flugroute des Teilgeschwaders der Uylaner.

»Nein«, tobte der Doronger. »Das darf nicht wahr sein. Sie werden zuerst unsere Flotte bei dem 12. Planeten zerstören. «

»Exakt 349.500 Schiffe der Adramelech sind in dieses System eingetreten«, meldete die Hypertronic-KI monoton. »Ein Angriff wird nicht empfohlen. «

»Ich verzichte auf deine Analyse«, murrte der Doronger. »Wir werden nicht unverrichteter Dinge wieder abziehen.«

Er bemerkte, wie sich die eben eingetroffene Flotte aufsplitterte. Exakt 174.750 Schiffe drehten ab und flogen den verbliebenen 130.000 Schiffen der uylanischen Ablenkflotte entgegen, die von dem 12. Planeten aus in das innere System flog.

Das Gesicht des Doronger's verzerrte sich zu einer Grimasse. Ihm wurde klar, dass seine Hauptflotte die bedrohten Schiffe nicht mehr erreichen würde.

Die zweite Flotte der Adramelech sprang in den Hyperraum und materialisierte wenige Sekunden später vor seiner Armada.

»Wir werden angegriffen«, meldete der 1. Offizier. »»Unsere Ortung hat 174.750 auf einen Kollisionskurs ausgemacht. Weitere 40.000 Schiffe greifen unseren Rücken an. Es sind die restlichen Schiffe ihrer Heimatverteidigung. «

»Den Kampf aufnehmen«, befahl der Doronger. »Noch sind wir in der Überzahl. «

Flotte der Adramelech

Mit unverantwortlicher Höchstgeschwindigkeit waren die Flottenverbände von Admiral Jordin'Rorxon, dem militärischen Oberkommandierender des Flottenkommandos und von Prinz Dadra'Katyn, Befehlshaber des Geheimdienstes, zurück ins heimatliche System geeilt. Der automatische Notruf von Drame'leur ließ nichts Gutes vermuten. Leider mussten einige Schiffe zurückgelassen werden, deren Antriebe überlastet ausfielen.

»Wir treten in den heimatlichen Sektor ein«, meldete der Steuermann.

»Ortungsanzeigen? «, fragte der Admiral.

»Wir haben sie«, meldete der Fudro'Cutrin, der Ortungs-Offizier des Schiffes. »Ich registriere 430.000 Feindschiffe. Hiervon liefern sich 130.000 eine Schlacht mit 40.000 Schiffen unserer Heimatverteidigung. Weitere 300.000 Schiffe reiben unsere Schiffe vor Drame'leur auf. Unsere Zentralwelt wird von Bomben und Raketen getroffen.

»Informieren sie sofort Prinz Dadra'Katyn«, befahl der Admiral. »Er soll sich mit seiner Flotte lösen und zu unserer Heimatwelt springen. Unsere dortigen Verbände müssen sofort Verstärkung erhalten. Wir kümmern uns um die Teilflotte der Uylaner. «

»Ihre Befehle wurden weitergeleitet«, meldete der Funk-Offizier.

Der Admiral blickte sich das Szenario an. Dann hatte er einen Plan.

»Wir können uns nicht lange mit den 130.000 Schiffen der Uylaner aufhalten«, sagte er. »Wir führen ein Manöver durch, das noch nie geübt wurde. Alle unsere Schiffe springen synchron in den Sektor. Dann fliegen wir horizontal die Flotte der Uylaner an und lassen unsere blaue Energie frei. «

»Sämtliche Schiffe gleichzeitig? «, fragte der 1. Offizier.

»Alle Schiffe führen das gleiche Manöver aus«, befahl der Admiral. »Wichtig ist, dass der Abstand zu den einer Formation fliegenden Schiffen korrekt eingehalten wird. Wir stoßen im Sturzflug auf die Flotte der Uylaner zu. Kurz vor ihr, öffnen wir die Eindämmungsfelder unserer blauen Energie und lassen sie entweichen. Gleichzeitig fliegen alle Schiffe eine Schleife und springen sofort in den Hyperraum. Die Zielkoordinaten von Drame'leur sind zu programmieren. Durch die Geschwindigkeit unseres Sturzfluges, werden sich die blauen Energiewolken unserer Schiffe verdichten und mit gleicher Geschwindigkeit auf die Schiffe der Uylaner fallen. Sie werden nicht mehr reagieren können. «

»Ich verstehe«, antwortete der 1. Offizier.
Er drehte sich um und ließ den Befehl des Admirals an alle Schiffe durchgeben.

Die Flotte beschleunigte und sprang einheitlich in den Hyperraum. Zielgenau materialisierte sie oberhalb der 130.000 Schiffe der Uylaner. In einer Reihenformation von jeweils 5.000 Schiffen, stürzten sich die Einheiten der

Adramelech auf die Uylaner. Wenige Kilometer vor ihnen öffneten sie die Schutzfelder ihrer blauen Energie. Diese fiel weiter auf die Schiffe der Uylaner zu. Das Abwehrfeuer der überraschten uylanischen Flotte setzte spät ein. Immer mehr Schiffe der Adramelech führten das gleiche Manöver durch. Die blaue Wolke breitete sich immer weiter aus. Ihre Finger griffen nach den Schiffen der Eindringlinge. Diese schossen ihre Laserstrahlen auf die Angreifer. Doch der unkonzentrierte Beschuss nützte nichts mehr. Die blaue Wolke hüllte bereits große Teile der feindlichen Flotte ein.

Noch immer stürzten sich Schiffe der Adramelech horizontal auf die uylanischen Schiffe. Sie alle öffneten die Schutzfelder ihrer blauen Energie. Das Gegenfeuer erstarb. Dann waren die letzten Schiffe der Adramelech mit einer Schleife in den Hyperraum gesprungen. Sie bekamen nicht mehr mit, wie 130.000 Schiffe der Uylaner vollständig von einer blauen Wolke umschlossen wurden. In der Wolke leuchteten Blitze und Explosionen auf. Die blitzende Helligkeit wurde immer stärker. Es sah aus wie Höllenfeuer, hinter einer Nebelwand. Nach wenigen Minuten flachten die Explosionen ab. Die Teilflotte der Uylaner existierte nicht mehr.

Flotte der Uylaner

Die Raumschlacht vor Drame'leur dauerte an. Die gegnerischen Gruppen schenkten sich nichts. Immer mehr Schiffe vergingen in feurigen Explosionen. Verluste gab es auf beiden Seiten. Die Verbände der Adramelech stießen vor und rissen Lücken in eine Flanke der uylanischen Flotte. Ihr kräftiger Beschuss verwüstete in Sekunden mehrere Unterschiffe der Uylaner. Dann wurden die Schiffe von starken Explosionen in den Maschinenräumen auseinandergerissen. Auf anderen uylanischen Schiffen breiteten sich Brände aus, die sich gierig an den Bordwänden entlang fraßen. Wenig später explodierten auch diese Schiffe in feurigen Feuerbällen.

Die ständig eintreffenden Verlustmeldungen von Schiffen machten dem Doronger klar, dass die Flotte der Uylaner nicht gegen die Schiffe der Adramelech gewinnen konnte. Eine Schreckensmeldung folgte der anderen.

»Doronger«, meldete Offizier Bruksill. »Wir haben unsere Ablenkflotte verloren. Alle 130.000 Schiffe wurden von der blauen Energie der Mächtigen vernichtet. «

Das Gesicht des Befehlsführers verzog sich schmerzhaft. »Alle Schiffe wurden vernichtet? «, fragte er nach.

»Sie konnten nichts mehr machen«, erklärte der 1. Offizier. » Die Adramelech haben sich todesmutig auf unsere Schiffe gestürzt und ihre blaue Energie freigelassen. Unsere Abwehrstrahlen waren zwecklos. «

»Wie viele Schiffe besitzen wir noch? «, fragte er. » Unsere Armada ist auf knapp 240.000 Schiffe geschmolzen«, antwortete der Offizier.

»Ich registriere weitere Schiffe, die aus dem Hyperraum kommen«, meldete der Ortungs-Offizier. »Der zweite Teil der Adramelech-Flotte ist eingetroffen. «

Mit Entsetzen blickte der Doronger auf den Bildschirm. Von allen Seiten wurde die Armada der Uylaner eingekesselt.

»Wir verlieren Schiffe an allen Fronten«, erklärte der Ortungs-Offizier. »Geben sie den Befehl zum Rückzug. «

Der Doronger blickte seinen 1. Offizier an.
»Ihre Entscheidung«, sagte dieser. »Wir werden auf Garadum nicht als Helden gefeiert werden. Das ist bereits jetzt klar. «

Doronger Furgun Marey erinnerte sich an die Worte von Urgun, dem 1. Vorsitzenden des Ältestenrates. Er hatte ihn vor den Mächtigen gewarnt.

Wieder blickte der Doronger auf den Bildschirm. Er erkannte, wie sich seine stolze Flotte in kurzen Abständen verkleinerte. Sie löste sich mehr und mehr auf.

Ungläubig verharrte er auf dem Bildschirm. Er erkannte, dass die Adramelech die Oberhand gewonnen hatten. Jetzt war ein Sieg in weite Ferne gerückt.

»Das ist keine Raumschlacht mehr«, dachte er. »Das ist ein Massaker. «

»Alle Kampfhandlungen einstellen«, befahl er. »Wir ziehen uns zurück.

»Der Funkkontakt zu unseren Schiffen ist zusammengebrochen«, antwortete der Funkoffizier. »Sie können uns nicht empfangen. «

»Bringen sie unser Schiff aus der Gefahrenzone«, befahl der Doronger. »Fliegen sie den 12. Planeten des Systems an. Vielleicht können wir noch Rettungskapseln aufnehmen. «

»Wollen sie unsere Schiffe aufgeben? «, fragte der 1. Offizier.

»Nein«, antwortete der Doronger. »Das gleiche gilt auch für unsere Schiffe. Stellen sie endlich eine Funkverbindung her. «

Er blickte den Steuermann an.
»Fliegen sie uns aus der Gefahrenzone«, sagte er.

Offizier Murgan reagierte sofort. »Das Schiff entmaterialisierte und steuerte den 12. Planeten des Systems an. Dort wechselte es wieder in den Normalraum.

»Scannen sie nach Rettungskapseln«, befahl der Doronger. »Wir brauchen Überlebende für eine neue Kolonie.

Gemeinschaftsflotte des Neuen-Imperiums.

Die Flotte hatte Drohnen ausgesandt. Sie übermittelten Informationen, dass in dem Heimatsystem der Adramelech eine große Raumschlacht tobte.

Die Flotte hatte sich genähert und stand an dem äußersten Planeten des Systems. Die lantranischen Schiffe hatten ein Tarnfeld errichtet, welches die Schiffe der Gemeinschaftsflotte vor einer Entdeckung schützte.

Aritron hatte alle Befehlshaber auf sein ausgereiftes Flaggschiff der 1.500 Meter-Klasse gebeten. Er teilte ihnen mit, dass es der sicherste Platz in dem fremden Universum wäre.

Die ausgebrochene Raumschlacht wurde auf dem großen Bildschirm als ein gewaltiges Leuchtfeuer angezeigt. Die Explosionen von tausenden von Schiffen, konnten noch in weiter Entfernung registriert werden. Tiefenscans zeigten, dass vor der Zentralwelt der Adramelech verbittert gekämpft wurde.

»Die Adramelech werden für ihre Taten in der Vergangenheit bestraft«, sagte Aritron. »Niemals hätten sie ihre kriegerischen Hilfsvölker erzeugen dürfen. «

Major Travis zeigte auf eine Flotte, die vor dem 12. Planeten des Systems in eine Raumschlacht verwickelt war.

»Die Uylaner gewinnen die Oberhand«, bemerkte Admiral Tarin. »Sie sind in der Überzahl. «

Aritron nickte.
»Ich frage mich nur, wo die Hauptstreitflotte der Adramelech steckt? «, fragte Aritron.

»Sie wird die Außen-Sektoren unserer Sterneninsel absichern«, antwortete Adra'Metun. » Unser Hoheitsgebiet ist zu groß. «

»Eine starke Flotte materialisiert in dem System«, teilte der Hypertronic-KI des Schiffes mit. »Meine Hyperraumsensoren konnten 349.750 Signale ermitteln.«

Major Travis blickte Aritron an.
Er wusste, dass der Befehlsführer des lantranischen Volkes ihm keine technischen Fragen beantworten würde.

Die Flotte materialisierte, wie von der KI vorausberechnet.

»Es handelt sich um einen weiteren Schiffs-Verband der Adramelech«, teilte die Hypertronic-KI des Evolutions-Schiffes mit.

Die Offiziere beobachteten, die sich die Flotte in zwei Verbände aufteilte. Es vergingen nur wenige Minuten, dann sprangen die beiden Schiffsverbände in den Hyperraum.

Eine von ihnen materialisierte zielgenau oberhalb der 130.000 Schiffe der Uylaner, die bei dem 12. Planeten des

Systems in eine Schlacht verwickelt war. Plötzlich brachen die kämpfenden Schiffe der Adramelech die Schlacht ab. Sie zogen sich zurück und sprangen in den Hyperraum. Die Einheiten der Uylaner mussten sich neuen Verteidigern stellen.

Die Beobachter hielten den Atem an, als sie sahen, wie die eingetroffenen Schiffe der Adramelech sich von einer horizontalen Position in breiten Linienformationen zu jeweils 5.000 Schiffen auf die Einheiten der Uylaner stürzten. Wenige Kilometer vor ihren Schiffen, öffneten sie die Schutzfelder ihrer blauen Energie. Eine blaue gasförmige Wolke raste weiter auf die Schiffe der Uylaner zu. Das Abwehrfeuer des überraschten uylanischen Flotten-Verbandes setzte spät ein. Es richtete sich jetzt auf die neuen Verteidiger. Unbeirrt führten immer mehr Schiffe der Adramelech das gleiche Manöver durch. Horizontal stießen sie auf den Verband der uylanischen Schiffe vor.

Die blauen Wolken verdichteten sich und breiteten sich immer weiter aus. Ihre Finger griffen nach den Schiffen der Eindringlinge. Diese schossen ihre Laserstrahlen auf die gasförmige Wolke und die Adramelech-Schiffe. Doch der unkonzentrierte Beschuss nützte nichts mehr. Die blaue Wolke hüllte bereits große Teile der feindlichen Flotte ein. Noch immer stürzten sich Schiffe der

Adramelech horizontal auf die uylanischen Schiffe. Sie alle öffneten die Schutzfelder ihrer blauen Energie. Das Gegenfeuer erstarb. Dann waren die letzten Schiffe der Adramelech mit einer Schleife in den Hyperraum gesprungen.

Die Beobachter auf Aritrons-Flaggschiff sahen, wie die Schiffe der Uylaner vollständig von der blauen Wolke eingeschlossen wurden. In der gigantischen, sich weiter ausdehnenden Wolke leuchteten Blitze und Explosionen auf. Das Leuchten wurde immer stärker und wurde zu einem grellen Feuerwerk. Nach wenigen Minuten flachten die Explosionen ab. Die Teilflotte der Uylaner existierte nicht mehr.

»So viel zu der blauen Energie aus dem Zwischenraum«, bemerkte Aritron. »Hiermit ist nicht zu spaßen. «

»In einem kurzen Augenblick wurden 130.000 Schiffe der Uylaner vernichtet«, staunte Admiral Tarin. »Hiergegen sind unsere Waffensysteme veraltet. «

»Denken sie nur nicht hieran, diese Technik zu erhalten«, sagte Aritron ernst. »Wir werden das verhindern. Solche Massenvernichtungswaffen gehören nicht in einen Raumkampf. «

»Die Flotte der Adramelech ist vor dem sechsten Planeten materialisiert«, meldete die KI. »Dort verstärken sich die Kämpfe. «

Die Beobachter sahen, wie die Adramelech langsam die Oberhand gewannen. Die Schiffe der Uylaner wurden eingekesselt. Die Raumschlacht entwickelte sich immer mehr zu einer Materialschlacht.

»Wir sollten handeln und die gegnerischen Parteien trennen«, bemerkte Admiral Dragphan. » Die Raumschlacht entwickelt sich immer mehr zu einer Vernichtungsschlacht gegenüber den Uylanern. «

Aritron nickte.
»So eine Aussage hätte ich von einem Worgass nicht erwartet«, antwortete er. »Doch sie haben Recht. Informieren sie ihre Flotten. Wir springen in den Sektor der Raumschlacht. «

»Achtung«, meldete die Hypertronic-KI des Schiffes. »Der Raum zwischen dem 8. und dem 4. Planeten ist mit zahlreichen Minen versehen. Der Heimat-Planet kann nur mit einem Hypersprung erreicht werden. «

»Danke für den Hinweis«, sagte Aritron. »Diese hätten wir doch jetzt fast übersehen. «

Flüchtende Schiffe der uylanischen Flotte waren bereits mit den Minen kollidiert. Ein Teil der Schiffe war explodiert, andere trieben manövrierunfähig im All. Zwar konnten die Minen nicht alle flüchtenden Schiffe zerstören, doch der angerichtete Schaden reichte aus, dass sie nicht mehr an der Raumschlacht teilnehmen konnten.

»Ich empfehle in den Rücken der Raumschlacht zu springen«, empfahl Major Travis. » Es reicht jetzt wirklich. Wir werden dem Töten ein Ende bereiten. «

Die beteiligten Offiziere nickten.
Der Major blickte Morass, Admiral Dragphan und Lord Leitho'Greytin an.

»Bleiben sie mit ihren Schiffen auf der Position des 15. Planeten«, sagte der Major. »Halten sie uns den Rücken frei. Den Flug ihrer Verbände in das innere System der Adramelech halte ich nicht für erforderlich. Schützen sie die Schiffe von Lord Leitho'Greytin vor einer Vergeltung durch die Adramelech. «

Morass und der Admiral Dragphan bestätigten den Befehl.

»Das machen wir«, antwortete der Admiral. »Niemand wird hier eine Vergeltung durchführen. «

Major Travis nickte und blickte Adra'Metun und Lord Leitho'Greytin an.

»Befinden sich auf den kämpfenden Schiffen der Adramelech auch Einsatzkräfte ihres Widerstandes? «, erkundigte er sich.

Der Lord nickte.
»Wir haben damit begonnen die ganze Flotte zu infiltrieren«, antwortete dieser. »Es ist durchaus möglich, dass viele Schiffe unserem Befehl folgen und ihren Kampf abbrechen werden. «

»Das ist gut«, antwortete Major Travis. »Gehen sie beide zurück auf ihre Schiffe. Senden sie einen Hyperkomm-Funkspruch und befehlen sie die Einstellung der Kampfhandlungen. Alle Schiffe, in denen ihr Widerstand die Befehlshoheit errungen hat, sollen sich mit den Einheiten ihrer Flotte am 15. Planeten des Systems treffen und sich dort formieren. Teilen sie ihnen mit, dass ihnen nichts passieren wird. Die Flotten von Morass und

Admiral Dragphan werden sie beschützen. Alle anderen Schiffe, die weiterhin Widerstand leisten, werden von uns bekämpft werden. Richten sie das ihren Leuten bitte aus.«

»Das werde ich«, antwortete Lord Leitho'Greytin. »Danke, dass sie uns verschont haben. «

»Ich hoffe, sie erinnern sich noch hieran, wenn sie irgendwann über humanoide Rassen erzählen«, lächelte Major Travis.

»Das werden wir«, sagte der Lord. »Wenn der Regent nicht mehr die Macht besitzt, dann wird sich das Imperium der Mächtigen grundlegend ändern.«

Wenige Minuten später entmaterialisierte die Flotte zu ihrem letzten Kurzsprung.

Drame'leur - Heimatwelt der Mächtigen

Bereits seit geraumer Zeit hatte man das Eintreffen der Flottenverbände von Admiral Jordin'Rorxon und Prinz Dadra'Katyn registriert. Die Raumschlacht tobte vor dem Zentralplaneten in voller Ausdehnung. Beide Parteien schenkten sich nichts. Die Kontingente der Heimat-Verteidigung hatten sich neu formiert und versuchten anfliegende Bomben und Raketen auszuschalten. Nicht immer gelang es der Heimatverteidigung rechtzeitig die Geschosse vor dem Eintauchen in die Atmosphäre zu zerstören. Die wenigen Bomben und Raketen, die trotz eines intensiven Abwehrfeuers durchkamen, richteten am Boden der Zentralwelt verheerende Schäden an. Der Regent ignorierte diese Einschläge. Er nahm wohlwollend zur Kenntnis, dass die Armada der Uylaner immer weiter schrumpfte. Sie konnten im direkten Kampf, Schiff gegen Schiff, wenig gegen die größeren und stärkeren Schiffe seines Volkes nichts ausrichten. Immer wieder materialisierten kleinere Verbände der Uylaner, welche die Flanken der Adramelech-Flotte attackierten.

Unter den staunenden Augen von Admiral Jordin'Rorxon gelang es den uylanischen Schiffen tatsächlich, wieder einige der übergroßen Schiffe seiner Flotte zur Explosion zu bringen. Bevor weitere Schiffe ihre blaue Energie freisetzen konnten, entwichen die Feind-Schiffe in den Hyperraum. Die Uylaner schienen über sehr viel Antimaterie zu verfügen. Erneut materialisierten Schiffe von ihnen, die vermutlich mit Freiwilligen besetzt waren, unter der Hauptflotte der Adramelech. Durch die Selbstzerstörung dieser Schiffe wurden unzählige Geschwader der Mächtigen in den Untergang gerissen.

Der Admiral schüttelte seinen Kopf. Die Flotte von ihm und Prinz Dadra'Katyn war auf 279.346 Schiffe geschrumpft. Die Uylaner kämpften tapfer. Doch er wusste, dass die Uylaner nicht gewinnen konnten.

»Ihre Selbstmord-Kommandoschiffe sind ein Problem«, dachte er. »Der Regent hat dieses Hilfsvolk immer unterdrückt. Jetzt kommt ihr ganzer Hass ans Tageslicht. Dass alles hätte nicht sein müssen. Wenn es uns gelingen sollte, die Uylaner zu besiegen, dann wird unsere Imperiums-Flotte auf 100.000 Schiffe geschrumpft sein. Hoffen wir einmal, dass nicht in Kürze das nächste Hilfsvolk bei uns eintritt, das nicht gut auf uns zu sprechen ist. «

»Ein Schiff der Uylaner flüchtet«, meldet die Hypertronic-KI. »Es ist in den Hyperraum gesprungen. «

»Das können wir nicht ändern«, antwortete der Admiral. »Alle Kontingente werden hier vor Drame'leur benötigt. Stellen sie bitte eine Verbindung zu unserer Flotte her. «

»Die Verbindung baut sich auf«, antwortete der Funk-Offizier. »Sie können sprechen, Admiral.

»Hier ist Admiral Jordin'Rorxon«, sprach er in den Communicator. »Die Uylaner setzen Schiffe mit

Antimaterie ein. Achten sie darauf, ob ein einzelnes Schiff in ihrer Nähe materialisiert. Aktivieren sie in diesem Fall einen Notsprung in den Hyperraum. Analysen zeigen, dass die zerstörerische Kraft so stark ist, dass mit jeder Explosion 250 unserer Schiffe vernichtet, beschädigt werden. Die Verbände unserer Heimat-Verteidigung haben zwischen dem 8. und dem 4. Planeten Minenfelder ausgelegt. Versuchen sie die Schiffe der Uylaner in diese Falle zu drücken. Wir müssen die feindlichen Einheiten von Drame'leur zurückdrängen. Sie richten zu viele Schäden am Boden unserer Welt an. Bestätigen sie meinen Befehl. «

Er blickte auf den großen Bildschirm. Auf der Heimatwelt wurden zahlreiche Explosionen von eingeschlagenen Raketen und Bomben angezeigt. An unterschiedlichen Stellen stieg Feuer und Qualm bis in die Atmosphäre auf.

»Ob der Regent noch lebt? «, fragte sich der Admiral. » Für uns alle wäre es besser, wenn er hier und jetzt sein Ende findet. «

»Die Bestätigungen der Schiffe treffen ein«, meldete der Funk-Offizier.

»Wie viele Schiffe der uylanischen Flotte sind noch kampfbereit? «, erkundigte sich der Admiral.

»Die Armada ist stark dezimiert worden«, antwortete dieser. »Trotzdem wehren sich 195.000 Schiffe vehement. «

»Wir bilden eine breite Linien-Formation«, befahl der Admiral. »Wir fliegen unter der gegnerischen Flotte durch, in den Orbit von Drame'leur. Von dort aus drücken die die Schiffe der Uylaner in den freien Raum. «

»Ihr Befehl wurde durchgegeben«, meldete der Funk-Offizier.

Der Regent und sein Gefolge erkannte, wie die eigenen Schiffe in den Orbit von Drame'leur flogen. Von dort aus versuchten sie, die Schiffe der Uylaner zurückzudrängen.

Exakt 150.000 Schiffe des Flotten-Oberkommandos tauchten wie ein Heuschreckenschwarm im Orbit des Planeten auf. Sie schossen aus allen Rohren auf die Angreifer. Ihr Blitzgewitter riss die Schirme der uylanischen Schiffe auf. Diese konnten sich nur mit einem Notsprung in Sicherheit bringen. In gemäßigtem Tempo flogen die Einheiten der Adramelech den Uylanern entgegen. Diese versuchten ihr Bestes. Doch mit einem so massiven Gegenschlag hatten sie nicht gerechnet. Unter schweren Verlusten zogen sie sich kämpfend zurück.

»Die Uylaner weichen zurück«, sagte der Regent begeistert. »Der Admiral ist ein guter Stratege. Ich hätte ihn längst belobigen sollen. «

Seine Gefolgsleute schauten ihn widerwärtig an.
»Erste flüchtende Schiffe der Uylaner wurden von unseren Mienen ausgeschaltet«, teilte ein Offizier des Flottenkommandos mit. »Einige ihrer Schiffe sind manövrierunfähig? «

»Diese Schiffe vernichten wir später«, erklärte der Regent. »Wir werden die Schiffe entern, die Körper von den Uylaner pfählen und sie zur Abschreckung aufstellen.«

Ein Adjutant kam in den Saal gelaufen.
»Wir haben eine starke Hyperraumverzerrung geortet«, sagte er. »Eine, oder mehrere Flotten werden in der Nähe unseres Heimat-Planeten eintreffen. «

Das Gesicht der Regenten verfinsterte sich.
»Ich will alle Flotten-Verbände vor Drame'leur wissen«, befahl er. »Rufen sie unsere Schiffe zurück. Sie sollen unsere Zentralwelt verteidigen. «

Lord Fuito'Jeyfun schüttelte seinen Kopf.

»Nicht mit mir«, antwortete er. »Gerade gewinnen wir gegen die Uylaner die Oberhand. Sie glauben doch wohl nicht, dass ich jetzt den Befehl zum Abbruch gebe? «

Verärgert blickte der Regent ihn an.
»Warten sie einfach ab, wer da zu Besuch kommt«, antwortete der Lord. »Schlimmer kann es nicht mehr werden. Vielleicht ist das Glück auf ihrer Seite und es sind Freunde von ihnen? «

Auf dem Bildschirm sahen die Beobachter, wie 450.000 rote Ortungszeichen angezeigt wurden. Die Schiffe waren in dem Sektor der Zentralwelt in den Normalraum gewechselt. Bedrohlich standen sie vor den gegnerischen Parteien, die sich immer noch energisch bekämpften.

»Es werden Schiffe in unterschiedlichen Größenkategorien registriert«, meldete die Hypertronic-KI des Palastes. » Die größten Schiffe müssen einer 5.000 Meter-Klasse zugerechnet werden. «

Der Regent dachte nach.
»Ich habe von diesen Schiffen schon einmal gehört«, sagte er. »Adra'Sussor hat hiervon berichtet. «

Plötzlich fing der Regent an zu toben.

»Das sind Schiffe der Humanoiden, die unser Mentor vernichten sollte«, erklärte er. »Sie sind gekommen, um ihre Rache zu fordern. «

»Eingehender Hyperkomm-Funkspruch«, meldete die KI. »Die kämpfenden Parteien werden gerufen. «

»Stellen sie auf laut«, entschied der Regent außer sich.

»Hier spricht Major Travis«, tönte es aus den Lautsprechern. »Ich bin der Oberbefehlshaber der humanoiden Gemeinschaftsflotte, die sie auf ihren Ortungsanzeigen haben. Stellen sie sofort alle Kampfhandlungen ein, ansonsten werden wir diese unterbinden. Hören sie zwei Angehörigen ihres Volkes zu.«

Der Major gab den Communicator an Adra'Metun weiter. Dieser nickte dankbar und ergriff ihn.

»Hier spricht Adra'Metun«, hörten die unterschiedlichen Parteien den Adramelech sprechen. »Mein Mentor war Adra'Sussor. Ich habe die Gastfreundschaft dieser humanoiden Wesen erleben dürfen. Sie haben mich vor dem Tod gerettet, dem ihr mich übereignet hattet. Heute bin ich mit ihnen zurückgekommen. Sie werden den Regenten fragen, warum er einen Angriff auf eine ihrer

Kolonien angeordnet hat. Sie haben niemanden etwas getan. Doch durch unseren Angriff mussten sie handeln. Sie bitten uns den Regenten auszuliefern und ebenso seine Handlanger von der Obersten Vollkommenheit. Diese werden einem Gericht überstellt. Die Zeit der Erneuerung bricht jetzt an. Erhebt euch und verhindert den Untergang unseres Volkes. Entledigt euch des Regenten und der Mitglieder der Obersten Vollkommenheit. «

Adra'Metun gab den Communicator weiter an Lord Leitho'Greytin.

»Hier ist Lord Leitho'Greytin«, sprach er in das Gerät. »Ich rufe alle Widerstandsgruppen unserer Heimatwelt auf. Die Zeit ist gekommen. Erhebt euch und stoßt den Regenten vom Thron. Fegt seine persönliche Sicherheitsgarde hinweg, als ob ein Sturm unsere Welt erschauern lässt. Dem Personal unserer Kriegsschiffe erteile ich den Einsatzbefehl. Übernehmt so viele Schiffe, wie möglich. Eine bessere Gelegenheit wird es nicht mehr geben. Stellt die Kampfhandlungen ein und formiert euch bei den 749 Schiffen, die bereits unter dem Kommando des Widerstandes agieren. Bedenkt, der widerwertige Mentor Adra'Sussor ist tot. Er kann euch nicht mehr gefährlich werden. «

Er gab Major Travis das Gerät zurück.

»Ich rufe die Flottenbefehlshaber der Adramelech und der Uylaner«, sprach Major Travis in den Communicator. »Bitte melden sie sich. Wir werden nicht mehr lange zusehen, wie sie sich gegenseitig vernichten. «

»Es ist keine Antwort zu registrieren«, meldete die Hypertronic-KI des Evolutions-Schiffes.

»Hiermit war zu rechnen«, antwortete Aritron.
Die Gemeinschaftsflotte hatte sie formiert. In der Mitte flogen die 500 lantranischen Schiffe, rechtsseitig hatten sich die Schiffe von Admiral Tarin positioniert. Linkseitig die Schiffe des Neuen-Imperiums und die redartanischen Kriegsschiffe. Allein die imposante Anzahl dieser Schiffe, sollte den kämpfenden Parteien einen Schrecken einjagen. Dem war nicht so.

Ein Geschwader von 500 Schiffen der Adramelech preschte oberhalb der Flotte heran und öffnete ihre Eindämmungsfelder. Die blauen gasförmigen Wolken der Energie des Zwischenraumes, regneten langsam auf die Gemeinschaftsflotte des Neuen-Imperiums herab. Diese hatte bewusst auf Abwehrmaßnahmen verzichtet. Sie wollte den Adramelech die Sinnlosigkeit ihres Angriffes demonstrieren.

»Achtung«, sagte Sergeant Dantow. »500 Schiffe der Adramelech gehen auf einen Kollisionskurs zu unserer Flotte.

Commander Brenzby hatte bereits eine Mitteilung ausgegeben, dass keine Gegenwehr ergriffen werden sollte. Das war ein ausdrücklicher Befehl des Majors.

In dem Evolutions-Schiff von Aritron warteten die Befehlshaber der Flotte den Angriff der Adramelech ab. Die Hypertronic-KI des Schiffes hatte kontinuierlich einen Annäherungsalarm ausgelöst.

»Gleich haben wir Gewissheit, ob die Module auch wirksam sind«, lächelte Aritron.

Eine eisige Spannung breitete sich aus. Die Anwesenden wagten nicht einmal mehr zu atmen. Die blaue Energie regnete auf die Schiffe ab. Die Leistung der Schutzschirme war vorsichtshalber auf die maximale Leistung gestellt worden. Nichts war zu hören. Dann hatte die Energie des Zwischenraumes die Flotte erreicht. Gespannt blickten die Befehlsführer auf den Bildschirm. Innerhalb von Sekunden wurde die blaue Energie von den modifizierten Schirmen abgeleitet. Nicht geringste Entladungen von möglichen Überspannungen, oder Kurzschlüssen wurde registriert. «

»Keine Ausfälle«, meldete die Hypertronic-KI des Schiffes. »Alle Schiffe der Gemeinschaftsflotte sind weiterhin im aktiven Modus. «

Jubel brach auf dem Schiff von Aritron aus. Major Travis gab den Lantraner die Hand.

»Ihre Techniker haben eine gute Arbeit geleistet«, sagte er. »Vielen Dank für ihre Mithilfe.«

Aritron lächelte.
»Danken sie nicht mir«, antwortete er. »Ohne Admiral Tarin und die Mithilfe der Sorganis hätten wir die Informationen für die Zusatzmodule der Schirme nicht erhalten. «

Major Travis griff nach dem Communicator.
»Hier spricht Major Travis«, sprach er in die Verbindung. »Sie konnten erkennen, dass die blaue Energie ihrer Eindämmungsfelder unseren Schutzschirmen nichts anhaben kann. Sie ist wirkungslos. Ich fordere sie jetzt noch einmal auf, die Kampfhandlungen zu beenden. Ansonsten schreiten wir ein. «

Es knisterte in der Leitung.

»Hier ist der stellvertretende Flottenführer der Uylaner«, tönte es dumpf aus den Lautsprechern. »Wir sind bereit die Kampfhandlungen einzustellen. Leider sind wir von Schiffen der Mächtigen eingeschlossen. Es ist uns nicht möglich zu beschleunigen, oder einen Fluchtsprung durchzuführen. «

»Wir verschaffen ihnen Platz«, antwortete Major Travis. »Wir dringen jetzt in den kämpfenden Sektor ein und bilden eine Pufferzone zwischen ihren Schiffen und den Schiffen der Adramelech. «

Er blickte Adra'Metun an.

»Wie heißt der Oberbefehlshaber ihres Flottenkommandos? «, erkundigte er sich.

»Das wird Admiral Jordin'Rorxon sein«, antwortete der Adramelech. »Er befiehlt immer persönlich seine Einsätze. «

Major Travis nickte. Er hob den Communicator vor seinen Mund.

»Hier ist Major Travis«, sprach er in das Gerät. »Ich rufe Admiral Jordin'Rorxon. Bitte melden sie sich. «

Erneut knisterte die Leitung. Dann drang die Stimme des Admirals durch die Leitung.

»Hier spricht Admiral Jordin'Rorxon«, meldete er sich. »Den Einflug ihrer Flotte in den Sektor unseres Systems betrachten wir als Kriegserklärung. Ziehen sie sich unverzüglich zurück. «

»Sie sind nicht in einer Position Befehle zu geben«, antwortete der Major. »Ihre Flotte ist auf 269.000 Schiffe geschrumpft. Vermeiden sie weitere Verluste und stellen sie unverzüglich die Kampfhandlungen ein. Wir werden der gegenseitigen Vernichtung nicht länger zusehen. Die Uylaner sind hierzu bereit. «

»Unser Regent möchte die Uylaner ausgelöscht wissen«, antwortete der Admiral. »Ich stehe in seinen Diensten und werde seine Befehle ausführen. «

»Ihr Regent wird zur Rechenschaft gezogen«, antwortete der Major. »Die von ihm ausgesandte Flotte, unter dem Kommando von dem Mentor Adra'Sussor, wurde von uns vernichtet. Der Mentor lebt nicht mehr. Er hatte den Auftrag unsere humanoide Kolonie zu vernichten. Wir sind hier, um mit ihrem Regenten über eine beidseitige Duldung der Lebensformen zu sprechen. Hindern sie uns nicht weiter hieran. Denken sie an ihre Schiffe und ihre Besatzungen. «

»So einfach, wie sie sich das vorstellen, ist die Angelegenheit nicht zu bereinigen«, antwortete der Admiral. »Wir haben einen Befehl von unserem Regenten erhalten. Verweigern wir diesen, werden meine Offiziere und ich dem Tod in unserem Schmerzverstärker übereignet. «

»Schließen sie sich Lord Leitho'Greytin an«, erwiderte Major Travis. »Er ist der Anführer des Widerstandes und wird sicherlich Verwendung für einen guten Admiral haben. Helfen sie mit, ihr Volk aus der Knechtschaft ihres Regenten zu befreien. Wir werden nicht mehr zurückweichen, ohne dass wir ihren Regenten unserer Gerichtsbarkeit überstellt haben. Er ist verantwortlich für den Tod vieler Schiffbesatzungen unserer redartanischen Kolonie. «

Die Verbindung wurde beendet.
»Jetzt warten wir ab, ob etwas passiert«, sagte Major Travis zu den Befehlshabern der Schiffe.

»Wir rücken langsam vor und fliegen in den zentralen Sektor der Raumschlacht«, bemerkte Aritron. »Dann helfen wir den Uylanern, dass sie sich zurückziehen können«.

Die Befehlshaber informierten ihre Flotten. Langsam setzten sich die starken Verbände in Bewegung. Die Schiffe hatten eine Keilformation gebildet und stießen in den Rücken der Adramelech-Flotte vor. Die Geschwader der Mächtigen wichen vor den starken Verbänden zurück. Hektisch versuchten sie ihre Schiffe von den Kollisionsrouten der einfliegenden Einheiten des Neuen-Imperiums fortzubewegen. Antriebe flammten auf und gaben den Adramelech-Schiffen den nötigen Schub.

Immer mehr Schiffe beschleunigten und bildeten einen Korridor. Trotzdem wurden noch vereinzelt Breitseiten von Laserstrahlen von Groß-Kampfschiffen der Adramelech abgeschossen. Sie wurden von den modifizierten Schutzschirmen der Schiffe des Neuen-Imperiums problemlos abgeleitet. Nicht die geringste Rotfärbung zeigte eine Überlastung der Schutzfelder an. Erste Warnschüsse der Schiffe der Kaiser-Klasse wurden vor den Bug der feindlichen Schiffe geschossen.

Admiral Jordin'Rorxon dachte über die Mitteilung von Major Travis nach. Schon lange war ihm der Regent ein Dorn im Auge. Er hatte gesehen, wie die blaue Energie des Zwischenraums von den Schiffen der Humanoiden problemlos abgeleitet wurde. Auch die einschlagenden Lasersalven zeigten keine Wirkung. Er blickte seinen 1.Offizier an.

»Ihre Meinung bitte«, erkundigte er sich. »Wie sollen wir uns verhalten. Unsere Waffen sind wirkungslos? «

Der 1, Offizier lächelte ihn an.
»Zum ersten Mal in unserer Geschichte stoßen wir auf eine Rasse, die technisch weiterentwickelt ist als wir«, antwortete dieser. »Ich möchte nicht wissen, was in dem Palast des Regenten los ist? Er wird außer sich sein. Ich habe eine Nachricht von unserer Flottenführung erhalten. Der Regent hat Lord Pidra'Borxon zum Tode verurteilt. Er soll in den Schmerzverstärker. «

»Seine engsten und treusten Berater? «, stutzte der Admiral. » Das ist mir unverständlich. Er ist der beste Stratege unserer Rasse. Woher stammt diese Nachricht?«

»Sie wurde mir von Lord Fuito'Jeyfun zugespielt«, antwortete der 1. Offizier » Der Regent hat ihn befördert und ihm die Aufgaben des abgesetzten Lord Pidra'Borxon übergeben. «

Admiral Jordin'Rorxon nickte.
»Ich verstehe«, antwortete er.

»Jetzt wissen sie, wie der Regent zu seinen Offizieren steht«, sagte der 1. Offizier. »Wir alle sind nur Werkzeuge für ihn. Er wird es nicht dulden, wenn wir seine Befehle ignorieren. «

»Was bedeutet das jetzt? «, erkundigte sich der Admiral.

»Der Regent muss weg«, antwortete Commander Aidro'Lutin. »Ansonsten werden wir immer weiter sinnlose Kriege führen. Unsere Flotte ist dezimiert. Wir sollten schleunigst sehen, dass wir diese wieder aufstocken. Wenn das in Adramalon bekannt wird, werden andere Rassen uns angreifen, denen wir unsagbares Leid angetan haben. «

»Ich stimme ihnen zu«, bestätigte der Admiral. »Ich versuche, eine Funkverbindung zu Prinz Dadra'Katyn herzustellen. «

Der Admiral gab seinem Funkoffizier ein Zeichen.
»Bitte geben sie mir Prinz Dadra'Katyn«, befahl er. »Ich möchte mit ihm auf einer sicheren Leitung sprechen. «

Es knisterte in der Leitung. Dann meldete sich das Flaggschiff des Prinzen.

»Admiral Jordin'Rorxon«, hörte er den Prinzen sprechen. »Gut, dass sie sich melden«, sagte er. »Unsere Waffen sind unwirksam, wir können nichts mehr ausrichten. Der letzte Weg wird sein, dass wir mit unseren Schiffen versuchen auf einen Kollisionskurs einzuschwenken, um die feindlichen Schiffe zu rammen. «

»Ihnen ist klar, dass die Humanoiden zahlenmäßig im Vorteil sind«, antwortete der Admiral. »Hinzu kommen noch die Schiffe der Uylaner. Wir werden dieses Mal nicht gewinnen können. «

»Was schlagen sie vor? «, erkundigte sich der Prinz.

»Eine Neuausrichtung unseres Imperiums«, antwortete der Admiral. »Ist ihnen bekannt, dass der Regent Lord Pidra'Borxon zum Tode verurteilt hat? Er muss seine Befehle hinterfragt haben. Der Lord soll in dem Schmerzverstärker getötet werden. «

»Seinen engsten und treusten Berater will der Regent opfern? «, fluchte der Prinz. » Das ist nicht zu glauben. Er ist der beste Stratege unserer Rasse. Woher haben sie diese Nachricht? «

»Sie wurde uns von Lord Fuito'Jeyfun zugespielt«, teilte der Admiral mit. »Der Regent hat ihn befördert und ihm die Aufgaben des abgesetzten Lord Pidra'Borxon übergeben. Ein weiterer Einsatz unserer Flotte würde lediglich ein Verlust an Schiffen und unseres Personals bedeuten. Ich bin dafür, den Regenten zu opfern. Er ist für das ganze Übel verantwortlich. «

»Sie wissen, was das bedeutet? «, fragte der Prinz. » Ich habe Informationen meines Geheimdienstes vorliegen, dass der Regent sämtliche Zeitwellentürme auf Drame'leur hat aktivieren lassen. Wenn es zu einer Niederlage kommt, dann wird er unsere Zentralwelt in eine andere Zeitebene versetzen. Wir können ihm nicht habhaft werden. «

»Sämtliche Produktions- Werft- und Industrieanlagen wurden von Drame'leur auf die vorgelagerten Planeten verlagert«, antwortete der Prinz. »Unsere Zentralwelt ist lediglich Sitz des Regenten und der obersten Vollkommenheit, sowie einiger unbedeutender Industriebetriebe. Natürlich ist sie auch die Heimat unseres Volkes. Wir müssten auf einem anderen Planeten neu anfangen. «

»Mir geht es darum, unser Volk zu retten«, antwortete der Admiral. »Kämpfen wir weiter, dann werden unsere restlichen Schiffe aufgerieben, möglicherweise unsere

Welt mit seinen Bewohnern vernichtet werden. Wollen wir das?«

»Nein«, antwortete der Prinz. »Ich schließe mich ihrem Plan an. Wir opfern den Regenten.«

»Gut«, antwortete der Admiral. »Dann rede ich mit den Humanoiden über einen Waffenstillstand.«

»Verwenden sie eine codierte Leitung«, empfahl der Prinz. »Die Berater des Regenten sollten hiervon nichts mitbekommen. Ich sende einen Evakuierungscode an meine Behörde. Sie kümmern sich darum, dass die Bevölkerung mit allen zur Verfügung stehenden Schiffen evakuiert wird. Bitten sie die Humanoiden um einen Schutz dieser Schiffe.«

»Ich verstehe«, antwortete der Admiral. »Viel Erfolg für ihr Vorhaben.«

Die Verbindung wurde beendet.

Der Admiral blickte seine Offiziere an.
»Exakt 59.734 Schiffe scheren aus unserer Formation aus«, meldete der Ortungs-Offizier. »Vermutlich haben Angehörige des Widerstandes die Kontrolle übernommen. Die Schiffe fliegen den wartenden Schiffen

entgegen, die von Lord Leitho'Greytin kommandiert werden. Sollen wir die Verfolgung aufnehmen? «

»Das ist nicht mehr nötig«, antwortete der Admiral. »Ich bin erstaunt, wie viele Besatzungen unserer Schiffe von dem Widerstand infiltriert werden konnten. «

Er blickte den Funk-Offizier an.
»Geben sie mir eine hochverschlüsselte Verbindung zu diesem Major Travis«, befahl er. »Ich möchte ihn sprechen. «

Lord Leitho'Greytin lächelte, als er sah, dass 59.734 Kriegsschiffe aus der Flotte der Adramelech ausscherten und sich auf die Flugroute zu seinen wartenden Schiffen begaben.

»Eingehender codierter Hyperkomm-Funkspruch, von dem Flaggschiff der Adramelech-Flotte«, meldete die Hypertronic-KI des Evolutions-Schiffes. »Admiral Jordin'Rorxon versucht Major Travis zu erreichen. «

»Das Gespräch annehmen und entschlüsseln«, befahl Aritron.

Er reichte dem Major wortlos den Communicator.

»Hier spricht Admiral Jordin'Rorxon«, tönte es aus den Lausprechern. »Ich rufe Major Travis «

»Hier spricht Major Travis«, antwortete der Befehlshaber der natradischen Flotte. »Konnten sie eine Entscheidung treffen? «

»Das haben wir«, antwortete der Admiral. »Wir stellen unsere Kampfhandlungen ein und unterwerfen uns ihrer Überlegenheit. Es ist sinnlos, weiteres Personal und Material zu opfern. Wir kapitulieren bedingungslos. Habe ich ihre Zusage, dass unser Volk nicht angetastet wird? «

»Die haben sie«, erwiderte Major Travis. »Uns reicht ihr Regent. «

Es dauerte einen Augenblick, bis der Admiral wieder antwortete.

»Unser Regent ist eine eigenwillige Person«, teilte er mit. »Er ist unsterblich und führt unser Imperium seit den Anfängen unserer Rasse. Woher sein immenser Hass auf andersartige Lebensformen kommt, das ist uns nicht bekannt. Leider haben wir viel zu lange seine Befehle ausgeführt, ohne diese zu hinterfragen. Diejenigen, die es jedoch gewagt haben, wurden von dem Regenten ohne ein Gerichtsverfahren hingerichtet. «

»Worauf wollen sie hinaus? «, fragte der Major.

»Das möchte ich ihnen mitteilen«, antwortete der Admiral. »Uns wurden Informationen zugespielt, dass der Regent alle Zeitwellentürme auf Drame'leur hat aktivieren lassen. Bei einer absehbaren Niederlage wird er den ganzen Planeten in eine andere Zeitepoche versetzen. Wir können diesen Prozess nicht aufhalten. Mein Kollege des Geheimdienstes informiert in diesem Moment durch einen verschlüsselten Hyperkomm-Funkspruch seine Behörde. Von dort aus laufen Evakuierungs-Maßnahmen für unsere Bevölkerung an.

Wir benötigen noch etwas Zeit, um alle verfügbaren Schiffe mit den Flüchtlingen zu füllen. Der Start der Schiffe erfolgt synchron zu einem gleichen Termin. Nur so ist unsere Bevölkerung zu retten. Darf ich sie bitten, diesen Schiffen ihren Schutz vor der uylanischen Vergeltung zu gewähren? Sie sind auf uns nicht gut zu sprechen. «

»Das haben wir bemerkt«, antwortete der Major. »Wir werden den uylanischen Schiffen befehlen, sich zu ihrem geflüchteten Schiff zurückzuziehen. Vermutlich handelt es sich um ihr Kommandoschiff. Es steht in der Umlaufbahn ihres 12. Planeten. Unabhängig hierzu verspreche ich ihnen, eine Schutzzone um die Schiffe ihres Volkes aufzubauen. «

»Danke«, antwortete der Admiral. »Noch nie haben wir eine humanoide Rasse um etwas gebeten. Es wird Zeit, dass unser Regent von seinem Thron gestoßen wird. «

»Deswegen sind wir hier«, antwortete Major Travis. »Wir möchten mit ihnen über eine friedliche Koexistenz verhandeln. Aber hierzu später mehr. Geben sie den Befehl an ihre Schiffe das Feuer einzustellen und eine Gasse für unsere vorrückenden Schiffe zu bilden. «

»Danke, für ihr Entgegenkommen«, antwortete der Admiral. »Ich werde unsere Flotte sofort informieren. « Die Verbindung brach ab.

Der 1. Offizier des Schiffes nickte dem Admiral zu.
»Wir alle sind ihrer Meinung«, sagte er. »Der Regent hat ausgedient und muss weg. Es ist schon eine Unverschämtheit, dass er sich erdreistet unseren ganzen Planeten zu versetzen. Er ist nicht mehr zu kontrollieren.«

Der Admiral griff nach dem Communicator.
»Ich brauche eine verschlüsselte Verbindung zu unserer Flotte«, sagte er.

»Sie können sprechen« meldete der Funkoffizier. »Unsere Schiffe empfangen sie. «

»Hier ist Admiral Jordin'Rorxon«, sprach er in das Gerät. »Ich ordne an, die Kampfhandlungen unverzüglich einzustellen. Es ist eine absolute Funkstille einzuhalten. Ziehen sie ihre Schiffe von den Uylanern zurück. Bilden sie einen breiten Korridor. Die Schiffe der Humanoiden werden in diesen Korridor einfliegen. Ihre Zerstörer bilden eine Schutzzone, zwischen uns und den Uylanern. Es wurde vereinbart, dass sie sich zurückziehen dürfen. Vermeiden sie ein unkontrolliertes Feuer auf ihre Schiffe. Die Humanoiden werden unweigerlich einschreiten. Sie sind uns technisch weit überlegen. Ihre Commander sind dafür verantwortlich, dass keine Mitteilung an Drame'leur erfolgt.

Prinz Dadra'Katyn bereitet die Evakuierung unserer Bevölkerung vor. Falls der Regent bemerken sollte, dass wir uns gegen seine Befehle stellen, dann wird er unsere Zentralwelt in eine andere Zeit versetzen. Alle Adramelech, die sich dann noch auf dem Planeten befinden, werden ihm in eine ungewisse Zukunft folgen. Wir werden uns auf Planet 5, der Urlaubswelt unserer Regierung, neu einrichten. Verhalten sie sich ruhig und warten sie den Start der Evakuierungsschiffe ab. Der Geheimdienst unter dem Befehl von Prinz Dadra'Katyn leitet diese Mission. Sie darf nicht gefährdet werden. Bestätigen sie meine Befehle. «

Der Admiral lehnte sich in seinem Kommandosessel zurück und blickte auf den Bildschirm. Die Schiffe seiner Flotte führten den Befehl aus und zogen sich zurück. Alle Kampfhandlungen waren eingestellt worden. Auch die Schiffe der Uylaner feuerten nicht mehr. Ein breiter Korridor wurde gebildet.

Dann rückten die Schiffe des Neuen-Imperiums vor. Ihre Schiffsbreitseiten mit den schweren Lasertürmen waren auf die gegnerischen Schiffe ausgerichtet.

Der Admiral pfiff durch seine Zähne, als er die 5.000 Meter messenden Schiffe der Redartaner sah.

»Wer solche Giganten bauen kann, der ist uns technisch weit voraus«, dachte er. »Gut, dass wir einem Ende der Kämpfe zugestimmt haben.«

Immer mehr Schiffe der Humanoiden rückten in den breiten Korridor nach. Sie versperrten die Sicht auf die Schiffe der Uylaner, die sich zu einem Schiffs-Pulk in der Mitte der Zone versammelt hatten.

Plötzlich eröffneten zwei Schiffe der Adramelech unkontrolliert das Feuer auf die Flotte der Humanoiden. Fünf Schiffe der redartanischen Flotte antworteten mit den Lasertürmen, ihrer den Schiffen zugewandten Schiffsseite. Ein Blitzgewitter brach aus. Es vergingen nur Sekunden, dann zerplatzten die Schiffe der Mächtigen unter dem Einschlag unzähliger Laserstrahlen. Die gigantischen Atomfeuer wurden auf den beobachtenden Schiffen deutlich wahrgenommen. Der Respekt vor den Schiffen des Neuen-Imperiums war nochmals gewachsen.

Die Schiffe der Evakuierungs-Flotte von Admiral Tarin, hatten die gegnerischen Verbände unterflogen. Die 195.000 Schiffe positionierten sich um die Heimatwelt der Mächtigen. Die Schiffe scannten und orteten die immer noch aktiven Abwehrgeschütze am Boden. Ihre Strahlen schlugen in die Schutzschirme der natradischen Schiffe ein, wurden aber problemlos abgeleitet. Dann antworteten die Geschütztürme der Flotte. Die Breitseiten der Schiffe feuerten auf die bodengebundenen Abwehrstellungen und schalteten sie nacheinander aus. Überall auf dem Planeten entstanden starke Rauchsäulen, die sich langsam in die Atmosphäre fraßen.

Aritron und die Befehlsführer der Gemeinschaftsflotte sahen, wie die Schiffe der Adramelech ihr Feuer einstellten. Auch die Gegenwehr der uylanischen Schiffe versiegte. Der letzte Versuch wurde von redartanischen Schiffen vereitelt.

»Sie ziehen ihre Schiffe zurück«, bemerkte Morass. »Der Admiral hält Wort. «

»Das ist verwunderlich«, antwortete Aritron. »Bisher haben sie noch nie auf humanoide Lebensformen gehört.«

»Welche Wahl haben sie? «, fragte Kanzler Tarn-Lim. » Hier geht es um ihr nacktes Überleben. «

Admiral Tarin blickte Major Travis an.
»Können sie den Admiral noch einmal kontaktieren? «, fragte er. » Wir benötigen Informationen über die Arthropoden. Vielleicht kann er die Informationen aus den Datenbanken seines Planeten anfordern. «

»Ich kann es probieren«, antwortete Major Travis.
Erneut griff er nach dem Communicator.

»Ich rufe Admiral Jordin'Rorxon«, sprach er in das Gerät. »Bitte melden sie sich. «

»Hier ist Admiral Jordin'Rorxon«, antwortete die Gegenstelle.

»Ich sehe, dass sie unsere Absprache umsetzen«, sagte der Major. »Wir haben mit dem Einflug unserer Flotte in den Korridor begonnen, damit eine Schutzzone aufgebaut wird. Vermeiden sie Kampfhandlungen ihrer Schiffe. «

»Ich habe den Befehl gegeben, die Waffen unserer Schiffe zu deaktivieren«, antwortete der Admiral. »Ich hoffe, unsere Flotte hält sich hieran. «

»Ich habe noch eine kurze Frage«, ergänzte Major Travis. »Besteht die Möglichkeit an Informationen aus ihrer zentralen Datenbank zu kommen? «

»Das ist möglich«, erwiderte der Admiral. »Unser Flotten-Oberkommando hat einen direkten Zugriff auf alle Daten. Um welche Informationen geht es? «

»Ihr Mentor Adra'Sussor teilte uns den Namen Arthropoden mit«, erklärte der Major. »Er sagte, es würde sich bei dieser Rasse um die Herren der Adramelech und der Rigo-Sauroiden handeln? «

»Davon weiß ich nichts«, kommunizierte der Admiral. »Ich kann gerne alle verfügbaren Daten anfordern. Falls sie von dem Regenten gesperrt wurden, dann habe ich leider keinen Zugriff. «

»Versuchen sie ihr Glück«, antwortete der Major. »Das wäre sehr hilfreich für uns.

»Sie hören wieder von mir«, antwortete der Admiral. »Ich versuche mein Bestes. «

Der Regent und seine Berater blickten interessiert auf die Raumschlacht vor Drame'leur. Die Schiffe der Uylaner wurden immer weiter dezimiert.

»Wir werden alle eingedrungenen Schiffe vernichten«, tobte der Regent. »Niemand darf ungeschoren in unser System einfliegen. «

»Wie sollen wir die 450.000 Schiffe der Humanoiden besiegen? «, fragte Lord Fuito'Jeyfun. » Haben sie hierfür auch bereits einen Plan? «

»Wir werden die Schiffe rammen und sie unschädlich machen«, schimpfte der Regent. »Wir haben den Segen der obersten Vollkommenheit. «

Lord Fuito'Jeyfun blickte die Berater des Regenten an. Er schüttelte seinen Kopf.

Gerade wollte er sie ansprechen, doch in diesem Moment öffnete sich die Türe zu dem Besprechungssaal. Ein Adjutant der inneren Sicherheit kam hereingelaufen.

Er verbeugte sich vor dem Regenten.
»Was gibt es? «, fragte Zadra-Scharun.
»Auf unserem ganzen Planeten brechen Revolten aus«, teilte der Adjutant mit. »Die Bevölkerung greift unsere Kasernen an. Sie halten Plakate hoch, mit dem Hinweis, Regent Zadra-Scharun soll endlich abdanken. «

»Schlagt die Revolten nieder«, befahl der Regent. »Wir akzeptieren keine Proteste der Bevölkerung. «

»Das ist nicht so einfach«, antwortete der Adjutant. »Es sind viele Gruppen. Es handelte sich um Tausende von Adramelech, die unsere Truppen angreifen. «

»Fordert Luftunterstützung an und eliminiert sie«, befahl der Regent. »Es werden doch noch einige Jets und Jäger nicht im Weltraum sein. «

In diesem Moment schlug eine Rakete auf dem Balkon des Palastes ein.

Fenster zersprangen, Steinsplitter flogen durch den Saal der Versammlung. Einige Berater und Offiziere bluteten aus kleinen Wunden. Der Regent sprang auf und lief auf den Balkon. Er riss die Türen auf und trat hinaus. Eine schimpfende Meute von 50.000 Adramelech stand vor dem Palast und hob zornig ihre Fäuste in die Luft.

»Wir wollen dich nicht mehr«, riefen sie. »Nieder mit dem Regenten.«

Sicherheits-Soldaten strömten aus dem Palast. Sie schossen wahllos auf die Demonstranten. Panik brach in der Menge aus. Sie strömte aufgebracht auseinander. Die Soldaten rückten weiter vor und knüppelten mit ihren Schlagstöcken auf die Zurückgebliebenen ein. Blutend stürzten viele der Demonstranten auf den Boden.

Von hinten rückten weitere Demonstranten nach. Sie hatten ihre Laserpistolen gezogen. Hasserfüllt feuerten sie auf die Sicherheits-Soldaten. Diese wurden von der Wehrhaftigkeit der Demonstranten völlig überrascht. Es gelang ihnen nicht mehr, ihre Waffen zu ziehen. Die Demonstranten feuerten gezielt auf die Soldaten. Ihr hassverzerrtes Gesicht zeigte keine Bereitschaft mehr zur Gnade. Bereits ein Teil der Sicherheitsgarde brach blutend zusammen. Kampf-Roboter eilten herbei. Sie schossen beidhändig auf die Aufrührer.

Wieder strömen die Demonstranten auseinander. Auch die Roboter kannten keine Gnade. Sie richteten ein Blutbad unter den fliehenden Personen der Demonstration an. Wild schreiend löste sich der Pulk der Demonstranten auf.

Der Regent stand auf dem Balkon und beobachte das Geschehen. Ein Laserstrahl schlug über ihm in der Balustrade eine. Schnell duckte er sich.

»Jetzt haben sie ein Problem«, sagte Lord Fuito'Jeyfun, der hinter ihm auf den Balkon getreten war. »Sie haben es endlich geschafft, das ganze Volk gegen sich aufzubringen. «

Der Regent blickte ihn an.
»Rufen sie unsere Truppen zusammen«, befahl er. »Sie sollten den Palast sichern. Das ist der Widerstand. Er wiegelt die Massen auf. Nur er kann hinter dem Angriff auf die Residenz stecken. «

Lord Fuito'Jeyfun zog den Regenten wieder in den Versammlungssaal. Vorsichtig schloss er die Türen zu dem Balkon.

»Hier sind sie sicher«, sagte er. »Warten wir ab, bis unsere Flottenverbände die Oberhand gewonnen haben. Dann sehen wir weiter. «

Der Regent und seine Berater blickten auf den Bildschirm der Raumüberwachung.

Irritiert schaute der Regent auf das Geschehen.
»Haben wir neue Informationen von Admiral Jordin'Rorxon und Prinz Dadra'Katyn erhalten? «, erkundigte er sich.

Lord Fuito'Jeyfun schüttelte seinen Kopf.
»Im Moment herrscht Funkstille«, antwortete er. »Wir haben keine neuen Daten vorliegen. «

»Es sieht fast so aus, als ob die Kampfhandlungen eingestellt worden sind«, sagte der Regent. »Warum werden die Schiffe der Uylaner nicht weiter angegriffen?«

»Ich frage nach«, erwiderte Lord Fuito'Jeyfun. » Das ist gegen ihren ausdrücklichen Befehl.«

Der Lord lief davon und eilte in die Hyperkomm-Funkabteilung. Der Regent war von seinen Thron aufgesprungen und lief an seinen Beratern vorbei.

»Ich sehe nur lauter unfähige Berater«, sagte er im Vorbeigehen. »Was tragen sie zum Erfolg unseres Imperiums bei? «

Lord Fuito'Jeyfun kam zurückgeeilt.
»Wir haben eine Nachricht von Admiral Jordin'Rorxon erhalten«, teilte er mit. »Er informierte mich, dass die Humanoiden unbekannte Strahlen eingesetzt haben. Diese haben die Antriebe und die Waffen unserer Schiffe ausfallen lassen. Eine Gegenwehr ist im Moment nicht möglich. Die Techniker arbeiten an dem Problem. «

Der Lord teilte dem Regenten die Unwahrheit mit. Dass er von Admiral Jordin'Rorxon aufgefordert wurde, sein Personal zu evakuieren und sich zu einem Fluchttransporter zu begeben, sprach er nicht offen aus.

Der Regent schlug mit seinem Zepter-Stab dreimal auf den Boden auf. Dumpfe Töne durchzogen den Saal.

»Hat sich jetzt alles gegen mich verschworen? «, fragte er. » Wie sollen wir die Humanoiden und die Uylaner ohne intakte Waffentürme zurückschlagen? «

»Bieten sie den Angreifern Gespräche an«, schlug ein Berater vor.

Der Regent wollte bereits losbrüllen, da ergänzte der Berater seinen Vorschlag.

»Natürlich nur zum Schein«, sagte er. »So gewinnen wir Zeit, die Antriebe und die Waffensysteme unserer Schiffe wieder herzustellen. Eine andere Möglichkeit sehe ich im Moment nicht. «

Der Regent dachte nach und nickte.
»Machen sie das«, befahl er. »Fragen sie nach den Forderungen der Humanoiden. «

Dann brach er in ein schrilles Gelächter aus.
Seine Berater und die Offiziere des Flottenkommandos blickten ihn widerwärtig an.

Der Regent blickte auf den zentralen Bildschirm und erkannte, dass sich seine Flotten zurückzogen und einen Korridor gebildet hatten. Als er breit genug war, flogen die Flotten der Humanoiden hinein und bildeten eine Schutzzone für die Uylaner.

Der Regent blickte nachdenklich auf das Manöver.
»Was geht da vor? «, stutzte er. » Unsere Flotten ziehen sich zurück. «

»Vermutlich konnten sie ihre Waffen noch nicht wieder Instandsetzung«, sagte ein Berater. »Was nützen uns vernichtete Raumschiffe. Unsere Flottenführung wird die Humanoiden täuschen wollen. «

Der Regent dachte über die Worte seines befehlsführenden Lords nach.

Ein kräftiges Getöse von draußen ließ ihn zu dem Balkon laufen.

Er öffnete die Türen und sah, dass sich der Himmel über Drame'leur verdunkelt hatte. Tausende von Raumschiffen starteten und flogen senkrecht in die Atmosphäre. Es waren private Maschinen, Personentransporter der Flotte, Jets und Jäger, die gleichzeitig versuchten den Planeten zu verlassen.

Immer neue Raumschiffe starteten von unterschiedlichen Startplätzen der Zentralwelt.

Er drehte sich um und schritt in den Saal.
»Es sieht fast so aus, als ob unsere Bevölkerung den Planeten verlässt«, teilte er mit. »Es starten Tausende von privaten Maschinen, Transporter und Großraumschiffe. «

»Vermutlich wollen sie unsere Flotten verstärken«, antwortete Lord Fuito'Jeyfun. »Ich gehe in die Flottenführung und werde die Koordination durchführen. Erwarten sie meine Informationen, sobald ich in Kenntnis gesetzt wurde.«

Der Lord verbeugte sich und eilte aus dem Saal. Der Regent blickte ihm nachdenklich nach.

Vor dem Gebäude der Flottenführung wartete der letzte Personentransporter mit laufenden Antrieben auf den Lord.

»Sind alle Adramelech evakuiert? «, fragte Lord Fuito'Jeyfun.

Der Pilot nickte.
»Das ist der letzte Flug«, antwortete er. »Alle Personen unserer Bevölkerung sind auf dem Weg ins All. Steigen sie bitte ein. Admiral Jordin'Rorxon erwartet sie. «

Der Lord lief die Rampe des Transporters hoch. Hinter ihm schloss sich das Schott. Erstaunt blickte er sich um. Er sah hochrangige Offiziere des Flottenkommandos und auch Abgesandte der obersten Vollkommenheit dicht an dicht stehen.

»Wir sind die Letzten«, sagte eine Stimme hinter ihm. Erstaunt drehte sich der Lord um. Lord Pidra'Borxon stand hinter ihm.

»Sie haben es auch geschafft«, freute sich der Lord. »Dann ist der Regent mit seinen Beratern allein auf dem Planeten. «

»Mit einigen wenigen Personen, die ihn nicht verlassen wollten«, antwortete Lord Pidra'Borxon. »Ich danke ihnen für meine Befreiung. «

»Nicht der Rede wert«, antwortete der Lord. »Es war ein besonderer Befehl von Admiral Jordin'Rorxon. Er hat uns eine verschlüsselte Botschaft zukommen lassen. «

»Ich verstehe«, erwiderte der Lord.
Die beiden Offiziere bemerkten das Rütteln in dem Boden des Schiffes. Der Personentransporter hatte den Startvorgang eingeleitet. Das Schiff hob ab und beschleunigte. Langsam flog das überladene Schiff dem grauen Himmel entgegen. Es wurde begleitet von zahlreichen Jets und Jägern, die ebenfalls dem Evakuierungsbefehl von Admiral Jordin'Rorxon Folge leisteten.

Die Flotte des Neuen-Imperiums hatte die kämpfenden

Parteien getrennt. Die 190.000 Schiffe der Uylaner verharrten regungslos auf ihrer Position.

»Ich brauche eine Verbindung zu den Uylanern«, sagte Major Travis.

»Die Verbindung wird hergestellt«, antwortete die KI des Evolutions-Schiffes.

Aritron gab dem Major den Communicator.
»Ich rufe die Flotte der Uylaner«, sprach er in das Gerät.
»Bitte melden sie sich. «

Es knisterte kurz in der Leitung.
»Hier ist Citgin Sirgan«, tönte es aus der Leitung. »Ich bin der stellvertretende Flottenführer und Sprecher des Sigan-Clans. Wir hören sie. «

»Fliegen sie jetzt ihre Schiffe aus der Sicherheitszone und sammeln sie ihren Verband an dem 12. Planeten dieses Systems«, sagte Major Travis. »Dort befindet sich bereits ein Schiff von ihnen. Sie werden von 200.000 redartanischen Schiffen begleitet, die sie von allen Seiten eskortieren. Versuchen sie keinen Fluchtversuch. Unsere Schiffe werden das vereiteln. Sie werden noch an Friedensverhandlungen beteiligt. Danach wird über ihren Rückflug entschieden. «

»Ich verstehe«, antwortete der Stellvertreter der uylanischen Flotte. Wir fliegen zu dem Schiff des Doronger-Feiglings. Er ist rechtzeitig geflüchtet, als wir mit den Kampfhandlungen begannen. Wir unterwerfen uns ihrer Übermacht. «

»Gut«, antwortete der Major. »Fliegen sie jetzt aus der Sicherheitszone heraus. Die Schiffe der Adramelech hatten den Befehl, nicht auf sie zu feuern. Ansonsten werden die vernichtet. «

Der Uylaner grunzte etwas in die Leitung, dass sich wie ein Dank anhörte. Dann wurde die Leitung unterbrochen.

Die Flotte des Neuen Imperiums beobachte den reibungslosen Abzug der uylanischen Schiffe. Sie wurden von redartanischen Schiffen eskortiert. Langsam flogen sie aus der Kampfzone heraus. Dann beschleunigten sie und umflogen die Minenfelder der Adramelech.

Aritron zeigte auf den Bildschirm.
Tausende kleiner privater Raumschiffe, Transporter, Frachtschiffe, Jets und Jäger kamen aus der Atmosphäre von Drame'leur geflogen und vereinigten sich mit der Flotte von Admiral Jordin'Rorxon und Prinz Dadra'Katyn. Die Evakuierung der Bevölkerung war gelungen.

Aritron zeigte auf die Flotte der Uylaner. Die Schiffe hatten ihr Flaggschiff erreicht. Dreißig ihrer Schiffe beschleunigten und flogen auf das Schiff des Doronger's zu. Dann eröffneten sie gleichzeitig das Feuer.

Das Flaggschiff von Doronger Furgun Marey hatte seine Schutzschirme deaktiviert. Er rechnete nicht mit dem Angriff von Artgenossen. Mit gemischten Gefühlen wartete Doronger Furgun Marey die Ankunft der Schiffe ab. Sein Gesicht verdunkelte sich, als er die Lasertürme der anfliegenden Schiffe feuern sah. Der Doronger erlebte nicht mehr, wie ein sonnenheißer Feuerball die Brücke seines Schiffes zerfetzte. Der Feuerstoß aus 30 Lasertürmen reichte aus, um das Flaggschiff der Uylaner in einen gigantischen Feuerball zu verwandeln.

Major Travis blickte Aritron an. Beide hatten den Angriff beobachtet.

»Der kommandierende Feigling hat seine Strafe bekommen«, bemerkte der Lantraner. »Diese Art der Strafmaßnahme ist bei Hilfsvölkern noch sehr verbreitet.«

»Eingehender Funkspruch von dem Admiral der Flotte der Adramelech«, teilte die KI des Schiffes mit.

Major Travis griff nach dem Communicator.

»Hier ist Major Travis«, sprach er in das Gerät. »Haben sie ihre Evakuierung abgeschlossen. «

»Ja«, antwortete der Admiral. »Fast die komplette Bevölkerung wurde evakuiert. Nur die Personen, die dem Regenten treu ergeben sind, werden auf dem Planeten bleiben. «

»Halten sie ihre Flotte in Schach«, sagte Major Travis. »Kriegerische Handlungen werden sofort geahndet. Wir nehmen jetzt Kontakt zu dem Regenten auf und fordern seine Kapitulation. «

»Wir werden mithören«, antwortete der Admiral. »Ergreifen sie den Regenten und bringen sie ihn weit von hier fort. Wir wollen ihn nicht mehr. «

»Ich verstehe«, sagte der Major und beendete die Verbindung.

Er blickte Aritron an.
»Haben sie die Möglichkeit die Versetzung des Planeten in eine andere Zeitzone zu verhindern? «, fragte er.

Aritron lachte laut auf.

»Nicht für alles haben wir eine Lösung«, antwortete er. »Wie ich ihnen schon mitgeteilt hatte, experimentieren wir nicht mit der Zeitschleife. Eine einzige Möglichkeit sehe ich. Unsere Schiffe können mit ihren starken Fangstrahlen versuchen, den Planeten auf seiner Position zu halten. Jedoch kann ich nicht voraussehen, wie sich das initiierte Zeitfeld auf unsere Strahlen verhält. «

»Versuchen wir es«, sagte Major Travis. »Der Regent sollte uns nicht entwischen. «

Aritron gab seinen 500 Evolutions-Schiffen den Befehl, in die Umlaufbahn der Zentralwelt der Adramelech zu fliegen.

Der Regent blickte auf seinen Bildschirm. Er konnte es nicht glauben. Seine Flotten ließen die Schiffe der Uylaner abziehen.

»Wo ist Lord Fuito'Jeyfun? «, tobte er.
Er blickte auf seine Berater und erkannte erst jetzt, dass nur noch die Hälfte von ihnen anwesend war.

»Findet ihn«, fluchte er. »Auch er hat mich hintergangen.«

»Das wird im Augenblick schwer sein«, antwortete Lord Suito'Beytun, ein Mitglied der Obersten Vollkommenheit. »Das Flottenkommando hat ihre Offiziere, Techniker und den größten Teil der Bevölkerung evakuiert. Nur ihre Gefolgsleute, und einige Angehörigen unseres Glaubens sind noch auf unserer Zentralwelt. «

»Das ist Verrat«, tobte der Regent. »Warum wurde das zugelassen. «

Der Worte verstummten. Er zeigte auf den Bildschirm.
»Die fremde Flotte ist in unsere Umlaufbahn vorgestoßen«, sagte er erschreckt. »Die Heimatverteidigung ist zusammengebrochen. «

»Eingehender Funkspruch von dem Schiff der Humanoiden«, teilte die KI des Palastes mit.

Ein Berater lief zu dem Kommunikationsgerät.
»Stellen sie laut«, befahl der Regent. »Was wollen die Minderwertigen. «

»Hier spricht Major Travis, von der Kolonie der Redartaner«, klang es aus den Lautsprechern. »Ich rufe Regent Zadra-Scharun, den Befehlshaber der Adramelech. «

Widerwillig ergriff der Regent den Communicator.

»Ich bin Zadra-Scharun, der Regent des Wissens und der Erleuchtung«, antwortete der Regent herablassend. »Was wollen sie, humanoide Kreatur? «

Major Travis stockte der Atem. Noch immer war der Regent herablassend in seiner Art.

»Die Flottenverbände der Adramelech wurden besiegt«, erklärte der Major. »Ihre bodengebundene Verteidigung wurde ausgeschaltet. Wir fordern ihre bedingungslose Kapitulation. «

Schrill lachte der Regent auf.

»Sie wissen nicht, mit wem sie sich angelegt haben«, entgegnete er. »Unsere Schlachten werden nicht nur in dieser Zeit geführt. Wir wissen jetzt, wer sie sind. Ich werde unsere Herren über ihren Überfall informieren. Sie werden ihren Planeten in der Vergangenheit bombardieren und ihre Rasse den Lebensraum in der Zukunft entziehen. Sicherlich ist ihnen das nicht unbekannt. «

Erneut lachte der Regent schrill auf.

»Von welchen Herren sprechen sie? «, fragte der Major nach.

»Ich rede von der Rasse, dessen Kind ich selbst eines bin «, kreischte der Regent
.

Es hörte sich fast so an, als ob er wahnsinnig geworden wäre.

»Wir Arthropoden besitzen die Fähigkeit, den Raum und die Zeit zu krümmen«, erklärte er. »Noch nie wurden wir von einer Species so gedemütigt, wie von ihrem Evolutions-Stamm. Wir werden ihren Planeten finden, so wie wir es schon einmal in der Milchstraße gemacht haben. Doch scheinbar waren die Rigo-Sauroiden nicht gründlich genug. Aus den Trümmern ihrer Welt sind neue humanoide Kreaturen entstanden.

Auch diese Abkömmlinge werden von uns beseitigt werden. Warten sie das Ende ihrer Tage ab. Wir werden uns wiedersehen. Dann wird Zadra-Scharun, der Regent des Wissens und der Erleuchtung zu ihrer Species sprechen und sie über ihre anstehende Vernichtung informieren. Das gleiche gilt auch für die überhebliche Saat der Lantraner. «

Der Regent beendete die Verbindung. Zornig schlug er mit seiner Faust auf den Hebel, der das globale Zeitwellenfeld aktivierte, auf seine maximale Leistungsstufe.

Major Travis und Aritron blickten sich fragend an.

»Wie konnte der Regent wissen, dass sich lantranische Schiffe unter unserer Flotte befinden? «, fragte er.

Aritron schüttelte seinen Kopf.

»Darauf habe ich keine Antwort«, erwiderte Aritron.

»Es wird extremer Anstieg von Energie auf dem Planeten registriert«, meldete die Hypertronic-KI des Evolutions-Schiffes. »Es werden tausende von Energiemeilern hochgefahren. Ich rate dringend dazu, den Abstand zu dem Planeten zu erhöhen. «

»Leite den Befehl an alle Schiffe weiter«, befahl er. »Wir ziehen uns 10.000 Meter zurück. Alle Schiffe sollen ihren Fangstrahl aktivieren und auf meinen Befehl warten. «

»Ihr Befehl wurde übermittelt«, antwortete die KI des lantranischen Flaggschiffes.

Auf dem Bildschirm sahen die Beobachter, wie aus den drei- und viereckigen Zeitfeldtürmen baumstammdicke Laserstrahlen in die Atmosphäre schossen. Es mussten viele Tausende von Energie-Strahlen sein, welche die Atmosphäre des Planeten aufheizten. Außerhalb von ihr, verknüpften sie sich zu einem dichten Netz, das zu pulsieren anfing.

»Der Regent hat das Zeitwellenfeld aktiviert«, sagte Heinze. »Er wird den Planeten versetzen. Die Adramelech verlieren ihre Zentralwelt. Ich empfange den schmerzlichen Aufschrei vieler Zurückgebliebener auf dem Planeten. «

Aritron griff nach dem Communicator.
»Hier spricht Aritron«, sprach er in das Gerät. »Sofort die Fangstrahlen einsetzen. Der Planet baut sein Zeitwellenfeld auf. Die Zugwirkung ist auf die maximale Leistung einzustellen. «

Von allen lantranischen Schiffen lösten sich breite Strahlen, die nach Drame'leur griffen. Die strahlenförmige Energie aus den Türmen der Zentralwelt wurde immer dichter. Schon jetzt waren Tiefenscans auf den Boden des Planeten unwirksam. Die hochentwickelten Maschinen des lantranischen Flaggschiffes der 1.500 Meter-Klasse heulten auf. Dem Schiff erging es nicht anders als den restlichen Evolutions-Schiffe. Für einen Menschen nicht vorstellbare Kräfte zerrten an dem Planeten, um ihn auf seiner jetzigen Position zu halten.

»Die Leistungsgrenze der Fangstrahlen ist erreicht«, teilte die Hypertonic-KI monoton mit. »Eine längere Belastung kann unvorhersehbare Folgen nach sich ziehen. «

»Die stille Reserve zuschalten«, befahl Aritron. »Wir müssen alles probieren. Informiere die Flotte. «

»Ihr Befehl wurde weitergegeben, « meldete die KI.

Aritron blickte Major Travis und die Befehlshaber der Flotte an. Er zuckte mit seinen Schultern.

»Es sieht fast so aus, als ob der Regent über mehr Energie verfügt als unsere Schiffe«, sagte er. »Wir werden die Fangstrahlen nicht mehr lange aufrechterhalten können.«

Alarm wurde in dem Flaggschiff laut. Eine starke Vibration setzte ein. Die Beobachter mussten sich an Haltestangen festhalten, sie wurden förmlich durchgeschüttelt. Die Evolutions-Schiffe versuchten mit einer unvorstellbaren Kraft die Zentralwelt der Adramelech auf ihrer Position zu halten. Die Zeit wurde knapp. Eine aufkommende Hektik setzte bei den Führern der Gemeinschaftsflotte ein.

Die Traktorstrahlen von 500 lantranischen Schiffen waren auf den Planeten gerichtet. Sie versuchten mit all ihren Kräften, die gewaltige Masse des Planeten auf seiner eingebetteten Position zu halten. Das Heulen der Schiffs-

Generatoren spitzte sich zu. Das Licht auf der Brücke des Evolutions-Schiffes flackerte plötzlich.

Aritron hielt sich mit beiden Händen an einer Stange fest. Sein energischer Blick war auf die Energieanzeigen des Fangstahls gerichtet.

In diesem Moment löste sich Drame'leur aus dem Würgegriff der Strahlen und schlüpfte durch ein Zeitfenster in eine andere Epoche. Das Dröhnen der Maschinen ebbte langsam ab.

Enttäuscht blickte Admiral Tarin auf den Bildschirm.
»Da geht er hin«, sagte er. »Er nimmt seinen ganzen Planeten mit und droht uns mit Rache und Vergeltung. Ich hätte so viele Fragen an diesen Regenten gehabt. Wirklich schade, dass wir uns nicht von Auge zu Auge unterhalten konnten. «

Aritron blickte ihn an.
»Ein Sprichwort von Tarid heißt, man sieht sich immer zweimal im Leben «, lächelte Aritron. »Denken sie einmal hierüber nach. Unsere Meinung ist es, die Finger von Zeitexperimenten zu lassen. Man weiß später nie, wo man wirklich herauskommt. Zusätzlich ist das Phänomen des Zeitparadoxons weiterhin ungeklärt. «

»Hier komm ich nicht mehr mit«, sagte Admiral Tarin. »Kann ich mich jetzt in der Zeit vor und zurückbewegen, oder nicht? «

»Wer weiß das schon so genau«, antwortete der Lantraner. »Der Regent scheint sich seiner Technik sehr sicher zu sein. Er hat seinen Planeten in eine andere Zeitepoche versetzt. Von dort aus versucht er seine Drohungen wahr zu machen. Er drohte uns, seine Herren zu informieren. Diese scheinen, wie er auch, von den sagenumwobenen Arthropoden abzustammen. Wir befinden uns in der Adramalon-Spiralgalaxie, in der ihr letzter Kaiser den Fluchtplaneten für Auserwählte seines Volkes gefunden hat. Durch den Wurmloch-Generator der Sorganis, gelangten wir in diese Zeitepoche. Diese liegt von der Realzeit Natrid aus betrachtet ganze 300.000 Jahre in der Vergangenheit. «

Aritron zeigte mit seinem Finger auf Admiral Tarin. »Wer sagt uns denn, dass ihre heutige Mission nicht der Auslöser dafür ist, dass die Rigo-Sauroiden in 200.000 Jahren Natrid angreifen und ihre Kultur auslöschen werden. «

Admiral Tarin blickte den Lantraner an. »Sie scheinen ein besonderes Talent zu haben«, sagte er. »Jetzt bin ich noch irritierter als vorher. Ich weiß nur eines. Die Herren des Regenten, ob sie sich nun Arthropoden, Adramelech, oder Rigo-Sauroiden nennen, werden von uns gefunden werden und ihrer verdienten Strafe zugeführt. «

Aritron, Major Travis und die anderen Befehlshaber der Gemeinschaftsflotte lachten.

»Das wird aber sicherlich nicht mehr an dem heutigen Tage passieren«, entgegnete Major Travis. »Ich sehe die Gefahr durch die Adramelech erst einmal beseitigt. Admiral Jordin'Rorxon scheint eine umgängliche Person zu sein. Wir werden mit ihm Verhandlungen über eine friedliche Koexistenz beider Rassen aufnehmen. Vielleicht entwickelt sich hieraus eine Freundschaft. Später möglicherweise auch ein Bündnis für den Krisenfall. Niemand kann mehr allein eine ganze Sterneninsel, in der Größe wie die Adramalon-Spiralgalaxie, kontrollieren und als sein Hoheitsgebiet beanspruchen. «

Aritron nickte.
»Lassen wir die Besiegten nicht länger warten«, teilte er mit. »Wir sollten auch eine schnelle Lösung für die Uylaner anstreben. Am liebsten würde ich sie wieder nach Hause schicken. Sie sollen sich vor ihrem Ältestenrat verantworten. Hier haben sie nichts verloren. «

Die Offiziere nickten.

»Fliegen wir zu den Adramelech und besprechen die weiteren Details«, schlug Kanzler Tarn-Lim vor. »Ich hoffe sehr, dass sie sich zu ernsthaften Gesprächen bereit erklären. Es geht um ihre Heimat und um die Heimat von Redartan.«

Vorschau

KAMPF UM ADRAMALON

GEHEIMAKTE MARS 19

D. W. McGILLEN